滩涂贝类养殖全程机械化技术与装备

刘鹰　李明智◎主编

化学工业出版社

·北京·

内容简介

本书全面介绍了滩涂贝类养殖生产实践中，从种苗投放到成品加工的全过程机械化解决方案，为贝类养殖业的现代化转型提供了全面的技术指南。从精准播苗、资源调查到机械化采收、清洗分级，再到育肥净化与精深加工，构建了一幅完整的机械化技术配置蓝图。书中不仅深度剖析了国内外先进装备与技术，如离心式滩涂贝类播苗装置、太阳能牡蛎生产技术装备，还详尽介绍了贝类保鲜运输及贝壳综合利用的最新进展，为贝类产业的转型升级提供了科学指导与实践参考。

本书面向广大水产养殖专家、机械工程师以及对滩涂贝类养殖感兴趣的各界人士。通过系统化的知识体系与丰富的案例分析，本书将助力读者掌握前沿技术，激发创新灵感，共同促进我国滩涂贝类养殖业向更高层次、更高质量的方向迈进。

图书在版编目（CIP）数据

滩涂贝类养殖全程机械化技术与装备 / 刘鹰，李明智主编. -- 北京 ： 化学工业出版社，2025. 4. -- ISBN 978-7-122-47741-5

Ⅰ. S968.3

中国国家版本馆CIP数据核字第2025YA8251号

责任编辑：曹家鸿　刘　军　　　　装帧设计：王晓宇
责任校对：赵懿桐

出版发行：化学工业出版社
　　　　　（北京市东城区青年湖南街 13 号　邮政编码 100011）
印　　装：北京天宇星印刷厂
710mm×1000mm　1/16　印张 17¼　字数 296 千字
2025 年 9 月北京第 1 版第 1 次印刷

购书咨询：010-64518888　　　　　售后服务：010-64518899
网　　址：http://www.cip.com.cn
凡购买本书，如有缺损质量问题，本社销售中心负责调换。

定　　价：98.00元　　　　　　　　版权所有　违者必究

编写人员名单

主 编 刘 鹰 李明智

参编人员（按姓氏笔画排序）

丁雪燕 王迎春 王建军 田元勇 母 刚

孙大伟 刘 靖 李秀辰 李建平 张俊新

张 倩 张 涛 李雪燕 陈 琛 张寒冰

李 磊 李 震 侯昊晨 颉志刚 蔡路昀

潘澜澜 霍忠明

前言
Preface

在全球范围内，贝类养殖业作为蓝色经济的重要组成部分，正面临着前所未有的挑战与机遇。随着消费者对食品安全、营养与可持续性的需求不断提升，传统的滩涂贝类养殖方式已难以满足市场需求。在此背景下，机械化、自动化与智能化技术的应用成了推动行业变革的关键力量。本书正是基于这一行业发展要求而生，旨在全面梳理并深入探讨滩涂贝类养殖全程机械化的发展路径与技术革新。

近年来，我国贝类养殖业迅速发展，已成为世界最大的贝类生产国。然而，机械化程度不高、生产效率低下等问题制约着产业的进一步升级。国家"十四五"规划明确提出要加快渔业转型升级，推进渔业机械化、智能化，这为本书的撰写提供了明确的政策导向与广阔的市场前景。本书应运而生，致力于填补滩涂贝类养殖全程机械化技术领域的研究空白，为行业提供理论依据与实践指南。

全书共分为十章，逐步展开对滩涂贝类养殖全程机械化技术的全方位解读。首先概述了我国贝类产业的现状与挑战，接着深入探讨了机械化装备在滩涂贝类养殖各环节的应用，包括精准播苗、资源调查、采收、清洗分级、育肥净化、精深加工与保鲜运输等。每章节均结合国内外最新研究成果，展示了各类装备的设计原理、操作流程与实际效果，力求为读者提供实用且具有前瞻性的技术方案。本书的出版，不仅填补了国内在滩涂贝类养殖全程机械化技术领域的研究空白，更为行业提供了宝贵的技术参考与实践指导。它不仅是科研人员的研究资料，也是工程技术人员的操作手册，更是政府决策者制定政策的依据。

本书的编写凝聚了编委会成员的心血与智慧。邀请了来自浙江大学、大连海洋大学以及行业领先企业的一线专家，共同组建了编委会。历经数月的文献调研、实地考察与技术交流，我们收集整理了大量一手资料与实践经验，确保了内容的权威性与实用性。在编写过程中，我们注重理论与实践的结合，力求使本书既具有学术深度，又具备实操价值。

本书的最大特点是综合性与实用性。不仅覆盖了滩涂贝类养殖全过程的技术装备，还特别关注了技术的集成与优化，旨在提供一个系统化的解决方案。此外，本书还强调了技术的创新与可持续性，倡导绿色、环保的养殖理念，符合国际潮流与国家政策导向。

本书所引用的数据与资料均来源于公开发布的学术论文、行业报告、政府文件以及实地调研。我们严格遵守学术规范，确保所有引用均标注出处，以维护学术诚信。

本书由刘鹰和李明智编写，由编委会成员丁雪燕、王迎春、王建军、田元勇、母刚、孙大伟、刘靖、李秀辰、李建平、张俊新、张倩、张涛、李雪燕、陈琛、张寒冰、李磊、李震、侯昊晨、颉志刚、蔡路昀、潘澜澜、霍忠明进行审阅与修改，确保内容的准确与统一。

在本书出版之际，我们感谢所有参与本书编写工作的作者与审稿人，是你们的专业精神与辛勤工作使得本书得以面世。同时，感谢国家贝类产业技术体系设施养殖岗位（CARS-49）对本书出版的资助。最后，我们还要感谢家人与朋友的理解与支持，没有你们的鼓励与陪伴，我们无法完成这项艰巨的任务。

本书的出版，是团队智慧的结晶，亦是对我国滩涂贝类养殖业未来发展的美好期许。我们诚挚地希望，本书能够为推动我国乃至全球贝类养殖业的现代化进程作出贡献，为行业同仁提供有价值的参考与启示。

编者

2025 年 1 月

目录
Contents

第 7 章
滩涂贝类育肥净化技术与装备

187 ~ 211

第 1 章
绪论

我国是全球第一贝类生产大国，生产方式以养殖为主，2023 年我国贝类产量达 1665.9 万吨，同比增长 4.87%。贝类生产新技术不断涌现、设施装备种类不断增加、生产能力日益增强，为我国贝类产业快速发展提供了良好保障。全国贝类生产作业正向机械化、信息化不断迈进。

1.1
我国贝类产业生产设施装备发展现状

1.1.1　我国贝类产业生产设施装备发展取得显著成效

贝类生产设施装备是发展现代贝类产业的重要条件支撑，是支撑贝类产业机械化发展、生产工艺方式转变、生产质量效益与市场竞争力提升的现实需要。由于国家、高校、科研院所与企业的投入研发，我国贝类的生产技术、设施与装备发展取得明显成效，主要包括以下方面：

（1）育种方面　贝类优质苗种培育技术包括环境综合调控和科学投喂等技术。我国已开展了牡蛎、扇贝等主要养殖贝类的种质资源保护、良种繁育、特色开发等重大关键共性技术研究，培育了适合我国沿海地区养殖的优良品种。同时，建立了与之配套的规模化繁育技术体系，制定了育苗技术规范和标准，研发了配套的设施和设备。

（2）养殖方面　推广立体养殖、间养和套养等贝藻生态化养殖模式。创新升级了栉孔扇贝"春放秋收"的传统养殖方式，集成与创新池塘中间培育技术，构建了滩涂贝类生态养殖技术体系，显著提高了贝类池塘养殖经济效益和生态效益。在养殖设施方面，优化了微藻高效培养和水质调控等新型工厂化养殖技术与装备。研发了池塘中间培育相关设施，开展了贝类滩涂养殖、浅海养殖、筏式养殖设施和装备的设计及配套养殖技术研究，以及开发了贝类机械化采收和产品净化专业装备，提高了生产效率，提升了生产机械化水平。

（3）环境监测与产品质量控制方面　建立了贝类增养殖环境监测体系，开展环境监测，为贝类增养殖提供了基础数据支持。对贝类增养殖区产品质量安全风险因子进行排查，确定了贝类增养殖产品质量评价关键指标，保障了贝类产品的质量安全。

（4）病害防控方面 科学分析了我国主要贝类病害的发生、发展和流行规律，建立了相关病害的风险评估体系。系统研究了几种引起主要贝类病害的主要病原，开展了病原快速检测、筛选技术研究，研发了可实现现场检测、诊断的产品。同时，研究不同养殖模式对贝类免疫及病害发生的影响，开展不同养殖模式下贝类病害防控技术研究，形成贝类病害综合防控技术。

1.1.2 贝类产业多领域生产设施装备需求迫切

贝类产业技术设施装备虽然取得了一定进步，但仍存在很多问题。例如，贝类生产的很多环节仍采用人工作业，辅助简易装备进行劳作，具有劳动强度大、生产效率低、风险高等缺点。贝类产业亟须研制、集成与应用适合现代贝类产业建设的技术、装备和模式，以促进贝类产业发展的转方式调结构、技术突破和产业升级。重点关注以下方面：

（1）多元化的生态养殖与检测评估技术装备 突破贝类多元化生态养殖与检测评估技术装备，优化现有立体养殖、多营养层次养殖、间养等多元化的生态养殖技术。建立立体生态养殖系统推广与示范模式，提高贝类增养殖的环境友好性，为贝类绿色生态养殖提供技术支撑和示范。

（2）贝类养殖场设计规范标准，智能化育苗设施装备 针对贝类养殖场设计规范标准缺乏，智能化育苗设施装备短缺的问题，并结合不同地区贝类不同育种方式以及区域特点，开展了贝类养殖、育种标准化研究，研发智能化育苗设施，提升贝类工业化养殖和育种水平。

（3）绿色高效养殖设施和装备，贝类养殖生产全程机械化模式 研发高效养殖设施标准化改造和尾水处理设施，研发大型养殖网箱、自动饲喂、环境调控、产品收集、疫病防治等设施装备。建立贝类养殖生产全程机械化模式，促使贝类养殖的规模化、机械化、智能化与标准化，以提高单位水体产出率、资源利用率与劳动生产率。

（4）贝类的收获与加工专用装备 贝类的收获与加工专用装备需求量将越来越大，针对需求研发不同养殖模式下贝类的机械化收获专用装备。同时，研发贝类内脏、外壳等副产物综合利用技术装备，开发新材料与新产品，推动贝类产品多元化开发、多层次利用、多环节增值。

（5）贝类冷链物流技术及系统 以成活率、运能等为目标，开展贝类冷链物流技术设施系统研发，依托国家冷链物流网络，研究布局贝类现代冷链物流体系，以降低流通成本。同时，研发贝类产地仓储保鲜和集配设施建设，完善冷却、冷储、冷运、冷销的贝类全程冷链体系。

（6）贝类产业数字化信息化技术　依托和应用5G、人工智能与大数据等技术，围绕数据资源、技术发展、应用场景等研发贝类育种、养殖、收获、加工流通与病害防控的信息化技术。实现产业链各环节的管控信息化、过程监测与智能控制数字化，促进各环节的可视化管理、实时化分析、智能化决策与可追溯。

1.2
推动我国贝类产业生产设施装备建设与发展的对策建议

立足贝类产业发展实际，促转型、重升级，统筹推进我国贝类生产设施装备建设与发展。以适应贝类产业发展方式转变、提质增效为导向，强化设施装备与工艺技术的有机融合，提高设施装备的研制与供给能力。加快先进、安全、可靠贝类设施装备的生产和推广应用，促进我国贝类产业设施装备发展。

（1）建立央地协同机制　建立部门协同、央地联动、合力推进的工作格局，健全部委统筹、省市总责、市县乡抓落实的协调体制，各省渔业主管部门联合省内贝类生产龙头企业、专业院校与科研机构、市、县渔机推广站，研究制定本省贝类生产设施装备发展建设方案，明确目标任务，细化政策措施，明确实施要求，确保规划任务落到实处，建设方案有序推进。

（2）健全行业法规标准　实施推进《中华人民共和国渔业法实施细则》和《捕捞许可管理规定》等渔业行政法规、规章和规范性文件制修订，制定完善渔业行政执法相关规定。优化贝类设施装备产业结构，规范贝类设施装备生产和市场退出机制，避免无序恶性竞争。对涉及人身安全和健康的重点设施装备，包括贝类养殖筏架、采收平台、保活运输车等，尽早起草制定行业标准或规范，建立完善装备设施生产企业与产品的行业规范管理体系。

（3）加大政策支持力度　根据贝类产业设施装备发展需求，围绕贝类产业体系设施装备发展关键环节和短板，制定相关政策，保障设施装备生产用地、环保、财政等发展需求。加大政策支持力度，积极争取建设资金以及地方政府一般性转移支付资金和渔业发展补助资金，发挥财政投入引领作用，鼓励社会力量参与贝类生产设施装备研制，支持和推动贝类生产设施装备产业发展。

（4）加强专业人才培养　加快加强贝类设施装备产业人才队伍建设，建立一批贝类生产设施装备试验示范基地，开展职业教育和技能培训。加强相关高等院校、科研院所、农业机械化技术学校、职业学校农业机械化相关学科专业建设，培养青年科技人才、设施装备专业人才。同时，加强国际合作与交流，针对性地加大贝类国际人才培养力度。发挥水产技术推广体系、水产学会系统、水产流通与加工协会等作用，建设水产技术推广人才队伍，提升公益服务能力。

（5）积极主动宣传引导　加强技术成果示范和宣传，充分调动政府、市场主体、养殖生产等各方面积极性、主动性和创造性，汇聚社会各界智慧和力量，形成群策群力、共建共享的局面，及时总结推广贝类设施装备产业高质量发展和现代化建设的好技术、好设施、好装备、好经验与好做法。主动加强与新闻媒体的沟通合作，加大宣传力度、广度和深度，讲好贝类产业设施装备故事，营造全行业广泛关注和支持的良好舆论氛围，加快贝类设施装备的推广应用，推动贝类产业高质量发展。

第 **2** 章
滩涂贝类全程机械化装备配置

2.1
滩涂围塘养殖贝类全程机械化装备配置

　　围塘底播养殖贝类主要以缢蛏、泥蚶、文蛤等为主，与对虾、青蟹及鱼类一同养殖。通过对池塘结构进行改造，四周和中间挖沟，建成环沟和纵沟，在占池塘总面积约1/3的中央底部平涂整畦，利用池塘四周环沟水体养殖虾、蟹、鱼，池塘底部涂面播养贝类，养殖池中的虾、蟹、鱼的残饵及排出的粪便，可起到肥水作用，促使塘内浮游生物繁殖，给贝类提供丰富的饵料；而贝类通过滤食，又起到净化水质的作用，使两者在同一水体中互相促进，共同生长，达到了提高综合经济效益的目的。针对这种围塘蓄水养殖贝类技术模式，其全程机械化装备配置如表2-1所示。

表2-1　滩涂围塘养殖贝类全程机械化装备配置推荐表

养殖环节	设备名称	具体设备要求	备注
池塘整备	做垄机	农用挖掘机、推土机、做垄机等	选配或可采用社会化服务
	铺网机	泥沙填埋机、自动化铺网机	选配或可采用社会化服务
播苗环节	播撒机	离心式播苗机等	必配
投饵环节	制藻设备	微藻养殖设备	选配
	藻类饵料投放机	电动投饵机、巡航投饵船等	必配
采收环节	采收设备	牵引/履带式贝类采收机	必配
	净化育肥系统	循环水式净化与育肥、海上暂养育肥	选配
	运输设备	贝类清洗分级机、贝类打包机	必配
智能环节	信息管理系统	数据管理与控制设施设备	选配
	动力配置	发电机	必配
保障环节	安全监控系统	池塘安全监控设施设备	必配

2.2
开放水域滩涂埋栖贝类全程机械化装备配置

　　我国滩涂面积广阔，在增加我国粮食及优质动植物蛋白供给方面发挥着重要作用。目前，我国用于增养殖的主要品种包括菲律宾蛤仔、文蛤、青蛤、泥蚶、缢蛏、泥螺和西施舌等。通过构建滩涂贝类生态牧场，可以合理利用当地的贝类资源，辅以人工苗种投放恢复贝类种群，使种群恢复至自我维持状态，从而实现滩涂贝类资源的保护和增殖。在滩涂生态牧场的建设过程中，需要不断提高滩涂牧场的机械化和现代化水平，并保持其可持续利用。针对开放水域滩涂埋栖贝类技术模式，其全程机械化装备配置如表2-2所示。

表2-2　滩涂埋栖贝类全程机械化装备配置推荐表

养殖环节	设备名称	具体设备要求	备注
播苗环节	播苗机	离心式播苗机等	必配
养殖环节	采样机	贝类采集装置、泥沙取样装置	选配
采收环节	采收设备	轮式/履带自走式滩涂贝类采收机	必配
清洗环节	清洗分级机	滚筒式贝类清洗分级机	必配
净化育肥环节	育肥净化系统	循环水式育肥与净化、海上暂养育肥净化	选配
运输环节	打包机	贝类打包机	必配
	保鲜装备	高值贝类保活运输车	选配或可采用社会化服务
智能环节	信息管理系统	数据管理与控制设施设备	选配
保障环节	安全监控系统	滩涂安全监控设施设备	必配

第 **3** 章
精准播苗机械化技术装备

3.1
引言

 　　播苗作为贝类养殖过程中的重要环节，与后续贝类的采捕以及销售密切相关。贝类播苗一般在5月份，整个播苗过程持续1个月左右。播苗按作业条件分为干播和湿播两种方式，干播指在海水退潮滩涂干露时，工人直接进入干露的泥滩或站立于履带式拖拉机的后方车斗上用铁锹、簸箕将贝苗扬撒至滩涂表面，完成播苗作业。湿播指海水涨潮滩涂被海水淹没时，驾驶渔船进入既定海域，工人利用铁锹、簸箕等工具将贝苗扬至海面，完成播苗。当前我国贝类播苗作业仍采用人工播苗方式，存在播苗效率低、成本高、播苗均匀性差、贝苗破碎率高等问题，播苗效果得不到保证，低质量的播苗作业会影响贝类的产量及品质。此外，贝类养殖密度过高及作业规范性差等问题对滩涂资源的破坏日益严重，滩涂贝类能够栖息的环境正逐渐减少。人工播苗已经不能满足大范围、规模化贝类养殖的生产需求，滩涂贝类增养殖产业迫切需要优质高效的机械化播苗技术及设备。

3.2
机械化精准播苗装置

3.2.1　离心式滩涂贝类播苗装置

3.2.1.1　整机结构与工作原理

 　　离心式滩涂贝类播苗装置如图3-1所示，主要由提升、落料及播撒装置构成。播苗装置作业时固定在渔船甲板上或拖拉机车斗中，考虑装置作业效率和空间布局，播苗装置的长、宽、高分别为700mm、700mm、1700mm，主要包括料斗、机架、叶轮盘、落料管、限料挡板、直流电机、激振装置和夹持装置等，在料斗和落料管内侧及叶轮盘表面包覆4mm厚EVA材料，以防止贝苗撞击破碎。料斗固定于机架上，落料管上端与料斗相连接，落料管下端与下料口间布置限料挡板，直流电机固定安装于机架上，叶轮盘通过螺钉与电机输出轴相连并位于落料口正下方。

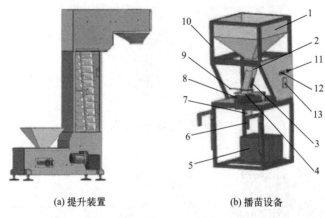

(a) 提升装置　　　　　　(b) 播苗设备

图 3-1　离心式滩涂贝类播苗装置结构示意图

1—料斗；2—落料管；3—激振装置；4—下料口；5—蓄电池箱；6—夹持装置；7—直流电机；
8—叶轮盘；9—限料挡板；10—机架；11—电机调速旋钮；12—转速显示器；13—振动调节旋钮

播苗时，上料装置（提升机等）将贝苗倒入料斗，接通直流电机电源，贝苗受到自身重力和激振装置的协同作用，经落料管进入下料口中，调整限料挡板开度控制贝苗下落量，贝苗掉落到电机驱动的离心叶轮盘面，在一定转速下经由叶片推动，抛落至指定区域，完成贝类播苗。

3.2.1.2　播苗设备设计

机械化播苗设备设计时要结合播苗作业要求及贝苗生物力学特性进行设计，离心式播苗设备关键部件的设计主要包括落料装置中料斗、离心叶轮盘的设计，播撒装置中电机的功率计算及动力源选择。

（1）变量落料装置设计　离心式播苗设备料斗的尺寸为700mm×700mm×480mm，结构如图3-2所示，料斗的容积约为180L，能够盛放约200kg贝苗，在落料口全开的状态下每秒落苗量为1.65kg，满足船速为1～2kn，1t/亩播苗密度情况下播苗需求。

（2）离心叶轮盘设计　离心叶轮盘直径为340mm，结构如图3-3所示，离心叶轮盘由底盘和叶片构成，叶片一端通过螺钉固定于底盘外边缘，另一端通过底盘上的弧形槽的自由滑动实现叶片偏角的改变，用来调整落苗区域及播苗均匀度，可设计成直形、弧形、Z形三种叶片，以达到最佳播苗效果。

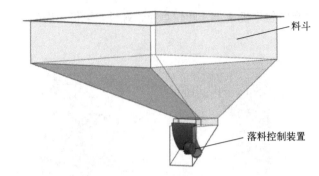

图 3-2　变量落料装置

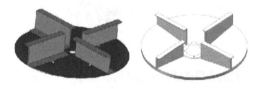

图 3-3　离心叶轮盘

3.2.1.3　滩涂贝类播苗设备样机

离心式贝类播苗设备如图3-4所示，样机参数如表3-1所示。离心式播苗设备由提升装置、落料装置、播撒装置组成，其作业示意图如图3-5所示，试验设备固定在履带式拖拉机或作业渔船上，将装有贝苗的麻袋放置在提升装置的破袋结构上，散落的贝苗掉入提升装置内的弧形斗内，通过链条输送将贝苗提升至一定高度，从料斗上方垂直下落，贝苗受到自身重力，从料斗和落料管缓慢下滑，掉落在叶轮盘表面。叶轮盘以一定速度旋转，将贝苗甩出，完成整个播苗过程。

图 3-4　离心式贝类播苗设备样机

表3-1　离心式贝类播苗设备样机技术参数

样机属性	参数
设备尺寸（长×宽×高）/mm	700×700×1700
接触部件个数 / 个	3
叶片偏置角度 /°	−6 ～ 6
叶轮盘转速 /r · min^{-1}	300 ～ 700
设备行进速度 /m · s^{-1}	0.51/0.77/1.02
设备整体质量 /kg	200

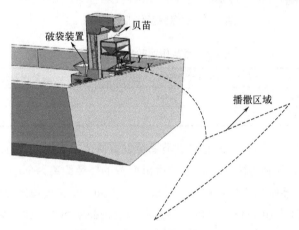

图 3-5　离心式播苗设备作业示意图

3.2.1.4　试验效果

（1）滩涂播苗试验效果　该播苗装备在辽宁盘锦蛤蜊岗滩涂进行了滩涂播苗试验，试验当天晴朗无风。试验设备及作业效果如图3-6所示。通过测试得出，该装备播苗均匀，破碎率较低仅为2.17%，能满足播苗作业需求。

图 3-6　滩涂贝类播苗试验

（2）浅海播苗试验效果　浅海生产试验作业范围20亩，试验当天晴朗无风。图3-7为船只两侧播苗作业实际效果，表3-2为装置与人工播苗效率对比结果。

图 3-7　浅海播苗作业效果

表3-2　播苗作业效率对比

作业方式	平均作业效率/（kg/h）	有效作业时间/h
离心式播苗设备	3000	6
人工播苗	300	4.5

浅海生产试验验证可得，离心式贝类播苗设备播苗相比人工播苗，在播撒范围和播苗均匀性上有显著提升，离心式播苗设备的播苗距离为5m，播撒幅宽为6.5m，工人工作时播撒距离约为1.5m，播撒幅宽为2m，播苗设备播苗作业幅宽区域面积是人工播苗的10.83倍。一台离心式播苗设备的平均作业效率为3000kg/h，人工播苗连续作业效率为300kg/h，播苗设备作业效率是人工播苗的10倍。在一个潮汛周期去除往返作业地点的航行时间，实际作业窗口期约6h。人工播苗时，工人具有疲劳期，一般连续播苗30min需要休息约10min，作业窗口期中有效的作业时间约3.5h，而播苗设备能在整个作业窗口期持续作业，有效作业时间达6h，播苗设备综合作业效率是人工播苗的13.33倍。工人在作业过程中，用铁锹扬撒贝苗，并在装有贝苗的麻袋上踩踏，造成贝苗大面积破碎，离心式播苗设备由于结构设计合理及缓震材质选用得当，实际作业破碎率小于3%，相较人工播苗极大程度降低了贝苗破碎率，播苗均匀度及破碎率都显著优于人工作业。

该装备入选全国水产技术推广总站渔业新装备优秀成果和农业机械化总站底播增养殖轻简化技术装备，解决了我国滩涂贝类播苗无机可用的问题。

3.2.2　底播贝苗船上提升与播撒装置

船上贝苗出舱、播撒作业是贝类底播放流增殖的重要环节之一。然而，传统船上贝苗出舱完全依靠手工作业，通过人力将20kg重的贝苗箱从4m深的舱底连续传递到舱口；同时，贝苗播撒也是依靠手工搬动贝苗箱靠在船舷上向海底播撒，导致播苗速度慢以及海底贝苗底播密度不均匀，从而影响了贝类的产量和效益。另外，工人海上作业劳动强度大、工作环境危险，贝苗损伤也比较严重。因此，研制可以实现贝苗船上自动出舱、均匀播撒的机械装置成为贝类底播产业发展的必然需求。

3.2.2.1　总体结构及工作原理

在总体结构上，首先考虑船上贝苗舱的实际结构和大小，以实现结构合理、紧凑；海上遇大风浪时，机架、连接部件有没有足够的强度、刚度以保证该装置的工作可靠性；结构被海水腐蚀后拆装、更换、保养是否方便。所研制的扇贝苗船上出舱、播撒机械装置由贝苗出舱机、播苗滑槽2部分组成，如图3-8所示。其工作过程为：在舱底由工人将装有贝苗的箱子搬放至出舱机的托架上，托架固定在由电机直接驱动的输送链条上，通过链传动将贝苗箱从船舱底部输送至船舱顶端，实现贝苗的出舱作业；播苗滑槽通过锁紧装置与船舷固定，与出舱机配合使用，工人搬起输送的贝苗箱，通过滑槽内设置的翻转杆和挡杆的作用，将贝苗倒入滑槽，利用水泵提供稳定流量的海水，带动贝苗以一定的速度均匀地播撒到海里，实现贝苗的自动出舱及均匀播撒。同时，为了提高舱底作业的效率，减轻工人劳动强度，在舱底设置输送滑板，便于远距离的贝苗箱依靠自身重力作用自动输送至出舱机旁。

图 3-8　底播贝苗船上提升与播撒装置

3.2.2.2 贝苗出舱机

出舱机是贝苗海上底播出舱作业的关键设备之一，主要用于将贝苗由播苗船舱底输送至甲板。考虑到贝苗船船舱深达5m，贝苗出舱作业输送距离远、输送速度慢和所需功率大等特点，选用链传动作为出舱机主要的传动形式。其中，传动链条垂直布置，主动链轮置于出舱机顶端，主动链轮轴通过联轴器与电机相接，由电机直接驱动，从动链轮位于出舱机底部，并通过下端的调节装置调节链条的张紧程度。同时，为了支撑和固定托架以及保证传动链安全、平稳地输送贝苗箱，采用了双链条传动。出舱机结构如图3-9所示，它主要由驱动电机、头轮组件、输送链条、托架、尾轮组件、贝苗箱支架、外架和头部支架等组成。

图 3-9　贝苗出舱机

3.2.2.3 滑槽播撒装置

滑槽播撒装置用于实现播苗船在行驶过程中贝苗的自动播撒，并控制贝苗海底投放密度，主要由滑槽、贝苗箱挡杆和翻转支撑杆构成，通过锁紧装置与船舱口固定，如图3-10所示。

通过翻转支撑杆实现贝苗箱的翻转，而挡杆则使贝苗箱不会掉入海中，工人作业更安全。另外，其结构简单、质量小、安装方便、操作容易；并且故障率低、消耗劳动力少、投资少。考虑到输送带引起的振动和冲击对贝苗损伤较大，故在滑槽的上端设有多个喷水口，由水泵泵入的海水从喷水口喷出，形成一定厚度的水垫，水垫带动贝苗以一定的速度均匀地播撒到海里，实现贝苗的均匀播

图 3-10　播苗滑槽

撒。与传统的输送带相比，可减少贝苗干露时间，提高贝苗成活率。另外，水垫还避免了贝苗与金属的直接撞击，减少贝苗的损伤。

3.2.2.4　播苗装置生产试验效果

海上贝苗出舱、播撒机械主要技术参数为：电机型号为 YPF80M2；链条提升速度为 0.5m/s；输送高度为 4m；贝苗箱的容积为 20kg；托架的数量为 8 个，两侧各 4 个；链条型号为套筒滚子链 12A-1-400；水泵型号为 IHW 50-100（I）。

选用同一条船上的两个大小相同的贝苗舱进行了作业人数的对比；考虑到该装置从一个舱到另一个舱的安装、调试需要一定的时间，因此选用两条大小相同的船，在相同的天气、海域内进行了作业时间的对比；考虑到生产实际情况，通过影响贝苗破损率和播苗密度的因素来定性分析。试验结果如表 3-3 所示。

表3-3　底播扇贝苗船上提升与播撒装置试验结果

测试项目	贝苗出舱作业人数/人·舱$^{-1}$	播苗作业人数/人·舱$^{-1}$	作业时间/h·船$^{-1}$	影响贝苗破损率的因素	播苗密度
传统方法	10～12	6～8	8	60 个工人随机踩踏；人工体力下降造成整个贝苗箱由空中掉下；贝苗干露时间长	由工人控制（非定速）
使用该装置后	3	2	4.5	20 个工人随机踩踏；贝苗干露时间短	由出舱机提升速度和水垫的流速决定（定速）

由试验结果可知：出舱机的提升速度一定，播苗时依靠一定流速的水流播苗，使播苗速度均匀，播苗密度合理，这样可以充分利用物资和海区，达到高产

的目的；由于采用机械自动出舱装置，减少了由于人工体力下降，贝苗箱由空中掉下以及人工对贝苗的踩踏。另外，在贝苗播撒时，用水垫代替了带输送，减少了在贝苗出舱时的干露时间，使贝苗损伤率降低；由传统的人力将20kg重的贝苗箱从4m深的舱底传递到舱口改为出舱机自动出舱，手工搬动贝苗箱向海底播撒贝苗改为依靠播苗滑槽播撒。

3.3
机械化精准贝苗底播作业系统

针对筏区运输至活水船、活水船暂养环节和底播作业环节存在的问题，构建了包括贝苗的收获、贝苗分级识别与底播全过程精准作业系统。

（1）贝苗的收获环节　针对筏式吊笼养殖设施的结构特征，贝苗的收获作业需要完成浮筏拔梗绳、拔吊笼、收获贝苗、移动船舶的流程，结合作业流程，开展电动拔梗装置、电动拔笼装置、电动抖笼装置、电动筛苗装置与齿形轮滑梗装置等的设计与研制工作，并集成于现使用的扇贝作业船，研制电动机械化采收作业工船。

（2）贝苗的分级作业环节　底播前需要对收获的贝苗进行抽标，筛选出大规格优质苗种，实现优质苗种投放优质海域。因此，为了满足海上收获、分级与底播作业一体化，结合底播作业工艺、贝苗生物与力学特征，开展贝苗活体识别技术、高速排队与规格识别同步关键技术研究，研制满足海上作业需求的面向生产复杂环境下的贝类非接触式贝苗高速规格识别与计数统计装置。

（3）贝苗底播作业环节　为实现贝苗从收获到底播过程始终处于不离水状态，且无需人工搬运、不踩踏，提高贝苗活度。系统性地进行底播作业流程优化，开展半潜式贝苗底播作业船与定量底播网笼设计与研制，提高贝苗活度。

3.3.1　筏式养殖采收作业工船

3.3.1.1　整船改造

筏式养殖作为扇贝养殖的主要模式之一，目前主要采用木质舢板作业船作为采收装备，由于养殖吊笼质量较大，拔吊笼作业需要大量的人力完成。由于作业工人大多集中于船舶的一侧，在受风、浪、流的影响情况下，船舶倾斜严重，作业难度大幅增加，甚至无法作业。因此，为了提高工作效率，对浮筏养殖作业船的升级改造，使其满足复杂海况的作业需求已成为研究热点问题之一。

为了克服上述问题，结合现有舢板作业船结构特征，设计了电动拔笼装置、电动拔梗与齿形轮滑梗装置、电动抖笼与筛苗装置，并集成于舢板作业船，实现电动机械化拔梗绳、拔吊笼、抖笼、筛苗和滑梗等功能，其整船改造方案如图 3-11 所示。其主要作业流程及功能如下：

（1）拔梗作业，启动电动拔梗装置，将梗绳提起后放置于齿形滑轮滑梗装置上；

（2）拔笼作业，将拔笼的挂钩钩于吊笼上，启动电动拔笼装置，使吊笼沿着过渡圆板滑至U形滑槽上，被吊笼带上的海水可沿着U形滑槽滑至船舷外；

（3）拆线作业，当吊笼放置在U形滑槽上后，进行拆线作业；

（4）抖笼作业，待拆线完成后，将吊笼滑至抖笼装置上进行卸苗工作，工作人员只需观察扇贝苗是否被卸干净，待扇贝苗卸净后，将吊笼整理后回收，待下次使用；

（5）筛苗作业，启动扇贝苗电动筛选装置，将进入筛苗箱中的杂质等筛选干净，减轻后续处理工艺。当船侧的吊笼拔取干净后，利用夹梗器夹住梗绳，启动电动拔梗装置使梗绳在齿形轮滑梗装置上滑动，进而使船舶进行小范围移动，避免了尾挂机的频繁启动，提高了工作效率。

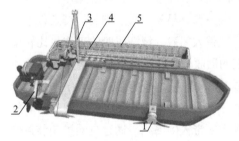

a. 设计方案

b. 改造实船

图 3-11　筏式养殖采收作业船改造方案

1—齿形滑轮滑梗装置；2—拔梗绳及移船装置；3—电动拔笼装置；4—电动抖笼与筛苗装置；5—装贝笼

为了实现作业过程电动化操作，对系统的动力源、执行装置、功能等进行了有效分配，如图 3-12 所示。其中，动力源选择蓄电池分别为拔笼电动绞车、拔梗绳、移船电动绞车和抖笼、筛苗曲柄连杆机构提供动力，完成拔吊笼、拔主梗绳、移动船、抖动吊笼和筛苗作业。

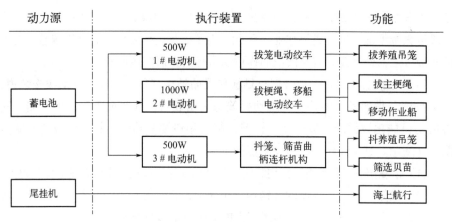

图 3-12　筏式养殖收获作业工船电动动力系统分配

3.3.1.2　筏式养殖作业关键装置

　　从扇贝浮筏养殖的作业方式、作业船只甲板作业形式、作业条件以及安全生产等因素考虑，设计了一系列机械化装置（电动拔笼装置、电动拔梗与齿形轮滑梗装置、电动抖笼与筛苗装置）以取代原来的人工作业方式，大幅提高了工作效率，降低了劳动强度；优化了养殖作业船的作业模式，不仅提高了单船作业工作量，而且降低了总体能耗。

　　（1）电动拔笼装置　贝类养殖吊笼的回收作业在改造前为人工操作，其操作步骤为：拖拽吊笼进入舱室—弯腰抽吊笼线—抓起吊笼—人工卸苗。其工作过程繁琐，费时费力，另外，作业过程中海水被带入船舱，清洗船舱的工作也比较繁琐。设计了电动拔笼装置来完成养殖网笼的回收工作，该装置的结构如图3-13所示，主要由电机、减速器、蓄电池、U形滑槽和过渡圆板等组成。其中，过渡圆板主要作用是防止在拔拽吊笼的过程中挤压扇贝和磨损吊笼；U形滑槽安装于船体两侧的豁口板上用来疏导吊笼拔拽过程中所带入的海水。通过电动拔笼装置使员工由蹲式及弯腰式工作改为站立式工作，不仅减少了搬运步骤，而且降低了劳动强度，提高了工作效率。

　　（2）电动拔梗与齿形轮滑梗装置　在进行拔笼卸苗作业之前，需要将养殖台筏的梗绳提起挂在船侧的梗钩上；拔笼卸苗作业完成后，再启动作业船只进行小范围的移动，进行下一个拔笼卸苗操作。通过设计电动拔梗与齿形滑梗装置，可达到一次拔梗多次拔笼操作，减少了拔梗的操作次数，进而减少了船只的来回移动。该装置的结构如图3-14所示，通过电动拔梗将梗绳提起一段并挂

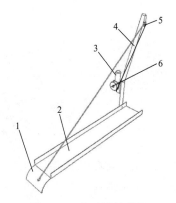

图 3-13　电动拔笼装置

1—过渡圆板；2—U 形滑槽；3—电机及减速器；4—吊杆；5—定滑轮；6—绞绳轮

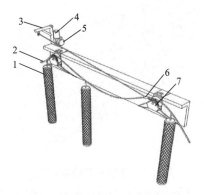

图 3-14　电动拔梗及齿形轮滑梗装置

1—吊笼；2—梗绳；3—拔梗及移船装置；4—电机及减速器；5—绞绳轮；6—夹梗器；7—齿形轮滑梗装置

在作业船只首尾舷侧的齿形滑轮装置上，然后对吊起的网笼，进行逐一的拔笼操作，待船侧一段吊笼回收完毕后，再滑动梗绳进行下一段吊笼的拔笼操作。通过电动拔梗与齿形滑梗装置，使整个操作既省时省力，又减少了作业船只来回移动的油耗。

（3）电动抖笼与筛苗装置　改造前吊笼拆线完毕后，将吊笼放置在抖笼杆上进行人工抖笼工作，而抖笼工作至少需两人同时进行，由于吊笼较重且数量多，因此劳动强度大，工作效率低。而被抖下来的苗直接落入暂养笼中，大米蛤等杂质将随贝苗一起进入暂养箱，由于没有分离装置，后续处理困难。因此，设计了电动抖笼与筛苗装置（如图 3-15、图 3-16 所示），抖笼与筛苗均由电机驱动完成，降低了劳动强度、提高了劳动效率、简化了扇贝苗后续处理工艺。

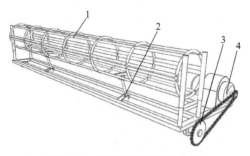

图 3-15　电动抖笼装置结构图

1—笼罩；2—曲轴连杆机构；3—传动机构；4—电机

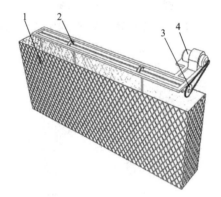

图 3-16　电动筛苗装置结构图

1—筛苗网；2—曲轴连杆机构；3—传动机构；4—电机

3.3.2　贝苗精准分选装置

3.3.2.1　整机结构与工作原理

贝苗精准分选装置，主要由筛选分拣平台、贝苗活体识别与初级排队装置、贝苗差速排队传送装置、贝苗下落导向机构、贝苗规格识别与计数系统等组成，如图3-17所示。

筛选分拣平台采用聚氯乙烯（PVC, Polyvinyl Chloride）材质的孔板，其作用是分拣碎贝、死贝，去除杂贝，筛掉不符合底播要求的贝苗（壳高＜25mm）等；贝苗活体识别与初级排队装置由振动电机（HY-0.1型、220V、15W）、筛网（Φ10mm）、限宽排队挡板等组成，其作用是通过振动实现贝苗活体识别，即经过振动，活性好的贝苗会应激闭口，活性差的贝苗开口，同时利用限宽排队挡板

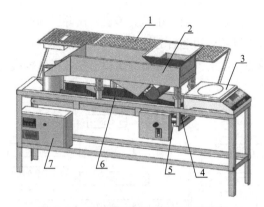

图 3-17　扇贝苗规格识别与计数装置

1—筛选分拣平台；2—贝苗活体识别与初级排队装置；3—电子秤；4—贝苗下落导向机构；
5—光电传感器；6—贝苗差速排队传送装置；7—贝苗规格识别与计数系统

（限宽为 5cm），实现贝苗的排队传送；贝苗差速排队传送装置主要由波纹排队挡板、同步齿轮传送带（长 0.8m、宽 310mm）及交流电机（转速 1650r/min、功率 200W、齿轮减速器 6GN10K）组成，其作用是利用相邻波纹排队挡板与传送带运动方向角度的差异，实现贝苗差速运动；利用排队挡板上波纹结构对贝苗的作用力，实现贝苗的高速旋转。二者的耦合作用，实现贝苗差速旋转排队传送，使相互堆叠的贝苗分离，实现贝苗逐只传送；贝苗下落导向机构由 PVC 材质的凹形板构成，其作用是调整贝苗下落姿态，使贝苗垂直光电传感器光幕下落，实现贝苗规格的精准识别。

　　贝苗规格识别与计数系统主要由电子秤、光电传感器、可编程逻辑控制器（PLC，Programmable Logic Controller）、简易文本显示器和微型打印机等组成，主要功能是采集扇贝苗的质量、数量和规格数据，并显示与输出。其中，光电传感器的型号为 IMS_CXY70×70，分辨率为 1.5mm，检测口径为 70mm×70mm，外部尺寸为 150mm×150mm×11mm，工作环境温度为 −15 ～ 50℃，保护等级 IP65（防尘、防止喷射的水侵入）；电子秤型号 BT418W，最大量程为 15kg，精度为 0.1g；PLC 型号为三菱 FX2N；打印机采用 RD-DH 系列嵌入式微型打印机。

3.3.2.2　工作原理

　　贝苗规格识别与计数装置的工作流程如图 3-18 所示。由电子秤对贝苗进行称质量，其质量数据存入 PLC 中；将称质量后的贝苗放置于筛选分拣平台，人工对混在待检测扇贝苗中的杂贝、死贝和碎贝等进行清除，同时利用平台上的筛孔筛除不符合底播要求的贝苗；初选后的贝苗倒入贝苗活体识别与初级排队装置的投料槽内，贝苗在振动作用下，由投料槽的出口沿限宽排队挡板传送，逐只落入下级差速排队装置。

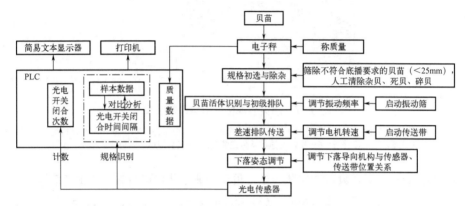

图 3-18　贝苗规格识别与计数装置工作流程

传送过程中，贝苗活体识别与初级排队装置的振动可使活性好的贝苗闭口，活性差的贝苗开口，人工将活性差的贝苗清除，实现贝苗优选；贝苗在差速传送排队装置波纹挡板的作用下，实现传送过程中贝苗旋转与差速传送，让堆叠和互插的贝苗分开，使相邻贝苗在传送过程中保持一定间距；贝苗由差速传送排队装置进入光电传感器前，在下落导向机构作用下贝苗垂直光电传感器光幕下落，实现贝苗规格的精准识别；光电传感器读取的数据自动记录到 PLC 中，PLC 读取传感器光电开关闭合次数，实现贝苗计数，读取传感器光电开关闭合时间数据，并与样本数据进行对比分析，实现贝苗规格识别。贝苗的质量、规格与数量数据由简易文本显示器显示，由打印机输出。

3.3.2.3　贝苗规格识别机理

基于光幕靶的测速原理，检测贝苗通过 ISM 光电传感器时遮挡光幕的时间与遮挡光幕的次数，实现贝苗规格识别与计数的同步检测。设贝苗以恒速度 v_0 垂直经过光电传感器，记录贝苗接触光幕的时刻 t_0 和离开光幕的时刻 t_i，则贝苗遮挡光幕的时间 $\Delta t = (t_i - t_0)$，该数据作为所测贝苗规格的表征。因此，基于 PLC 读取光电传感器检测的数据，实现贝苗规格识别与计数检测。

如图 3-19 所示，贝苗规格识别与计数系统工作为：启动系统并初始化，设定贝苗规格识别阈值（壳高为30 mm贝苗遮挡光幕的时间），启动传送带，检测与采集贝苗遮挡光电传感器光幕的时间与次数，当贝苗遮挡光幕的时间≥设定贝苗规格阈值为大规格贝苗，反之为小规格贝苗，贝苗规格与计数数据存储至PLC寄存器中。重复上述过程，逐只完成贝苗规格识别与计数，待完成后检测数据由微型打印机输出。

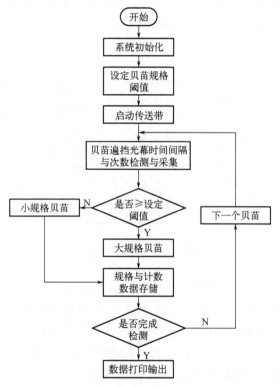

图 3-19 贝苗规格识别与计数系统流程图

3.3.2.4 关键结构设计

为了实现贝苗的精准识别与计数，需要在检测前分拣出贝苗中的碎贝、死贝、杂贝和不符合底播要求的贝苗。因此，设计了筛选分拣平台、贝苗活体识别与初级排队装置、差速排队传送装置和贝苗下落导向机构，为光电传感器数据读取与识别的准确性提供保障。

（1）初筛分拣平台 目前底播贝苗的规格识别与计数要求为：壳高30mm以上（含30mm）为大规格贝苗，壳高25～30mm为小规格贝苗，壳高25mm以下不满足底播要求，直接筛除；同时贝苗中不能混有死贝、碎贝和杂质等。因此，在进行规格识别与计数前，需要人工将不满足底播要求的贝苗和杂质等去除，保证后续的抽标统计准确性。设计了初筛分拣平台，其结构如图3-20所示。平台材质为PVC，尺寸为1200mm×900mm×3mm，平台筛孔为Φ24mm，采用45°错位布置时，可有效筛除25mm以下贝苗。操作人员可在初筛分拣平台对死贝、碎贝等进行初步分拣，不满足要求的贝苗（＜25mm）和杂质由筛孔下落，满足要求的贝苗经过渡圆孔区域由进料口落入精选抽标箱。

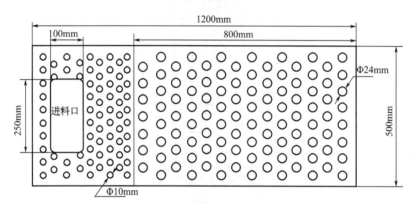

图3-20　初级分拣平台结构简图

（2）贝苗活性识别与初级排队装置　贝苗活性识别与初级排队装置（图3-21），主要由投贝槽、可调节出贝口、初级排队导板和振动电机等组成。其中，投贝槽的尺寸为340mm×260mm×130mm，最大容量为500只贝苗（与实际贝苗规格识别与计数最大量一致），满足海上贝苗规格识别与计数作业需求；振动电机的参数为电压220V、电流0.36A、额定转速2100r/min、振动频率40Hz，利用扇贝苗的应激闭口特性，调整振动电机转速控制装置的振幅，刺激活性好的贝苗闭口，活性差或死贝苗开口，识别优质苗种；贝苗传送过程中始终处于闭口状态，减轻贝苗在传送过程中的互插现象；可调节出料口的作用是控制单位时间内的出苗数量，降低贝苗并排和堆叠传输。因此，出料口的尺寸由贝苗的外壳尺寸和振动筛振幅确定。由于被检测贝苗的尺寸范围为25～40mm（与实际生产一致），通过测试，当可调节出口的宽度为40～60mm（设定依据为最大规格贝苗的壳高≤出口宽度＜最大与最小规格贝苗壳高之和），可有效减少贝苗并排传输；出料口的高度需考虑贝苗外壳的厚度和振动筛振幅。为此，对贝苗在振动筛面上的运动过程进行分析，如图3-22所示。

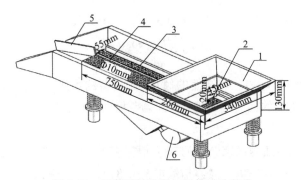

图 3-21　贝苗活性识别与初级排队装置

1—投料槽；2—可调节出料口；3—杂质滤除网；4—初级排队导板；5—出口导板；6—振动电机

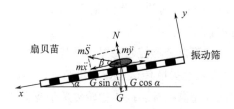

图 3-22　振动筛上贝苗的运动学分析

x，y 分别为贝苗在水平和竖直方向上的位移，m；m 为贝苗的质量，kg；G 为贝苗的重量，N；N 为筛面对贝苗的法向力，N；F 为筛面对贝苗的静摩擦力，N；$m\ddot{x}$、$m\ddot{y}$、$m\ddot{S}$ 分别为贝苗水平、竖直和合加速度，m/s²；α 为筛面倾角；β 为贝苗的抛射角。

根据高频振动筛动力学分析，筛网工作时筛箱的最大加速度为 $A\omega^2$。贝苗在振动筛上的力学方程为

$$\begin{cases} mA\omega^2 \sin\varphi \sin\beta - G\cos\alpha = N \\ mA\omega^2 \cos\beta \sin\varphi + G\sin\alpha = F \end{cases} \tag{3.1}$$

式中，A 为筛面的振幅，m；ω 为筛面激振器不平衡块的回转角速度，$\omega = \dfrac{2\pi n}{60}$，rad/s；$n$ 为振动电机转速，r/min；φ 为筛面激振器轴回转相位角，$\varphi = \omega t$。

振动筛工作时，贝苗脱离筛面被抛起的条件是贝苗对筛面的正压力为 0，即 $N = 0$。公式（3.1）可简化为

$$\frac{A\omega^2 \sin\beta}{g\cos\alpha} = \frac{1}{\sin\varphi} \tag{3.2}$$

贝苗的抛掷指数 $K_v = \dfrac{1}{\sin\varphi}$，且抛掷指数的临界值为 $1 \leqslant K_v \leqslant 3.3$，即当 $K_v \geqslant 1$ 时贝苗处于脱离筛面的极限条件；当 $K_v \leqslant 3.3$ 时贝苗跳动 1 次的时间恰好

等于筛面振动1次的时间。因此，筛面的振幅可表示为

$$A = \frac{K_v g \cos \alpha}{\omega^2 \sin \beta} \tag{3.3}$$

由公式（3.3）可知，若筛面的倾角 α 和贝苗的抛射角 β 已知，通过调节筛面激振器不平衡块的回转角速度 ω（即调节振动电机转速 n），可确定振动筛振幅围。

当振动电机转速为额定转速的70%（即1470r/min）、筛面倾角 $\alpha = 0°$、贝苗抛射角 β 满足 $0° < \beta < 90°$、抛掷指数取 K_v=3.3时，振动筛振幅约 $1 \sim 8$mm。结合贝苗壳厚约为 $3 \sim 5$mm（贝壳附着有石灰虫等），确定可调节出口的高度约为 $15 \sim 25$mm。振动筛上设置有初级排队导板限制贝苗在振动筛的运行轨迹，当限定宽度范围为 $50 \sim 60$mm时，可进一步避免贝苗的并列传送，确保贝苗逐只落入差速排队传送装置中。

（3）贝苗差速排队与下落姿态控制装置　贝苗差速排队与下落姿态控制装置（图3-23）主要由波纹板差速排队传送装置和贝苗下落导向机构组成。其中差速排队传送装置主要由波纹排队挡板、同步齿轮传送带及交流电机等组成。可调节波纹排队挡板共计3个，分别与传送带运动方向的夹角分别为45°、30°和30°；贝苗垂直下落导向机构主要由固定框架、凹形挡板（依据贝类外壳形状设计）等组成，图3-24为贝苗在下落导向机构作用下的运动状态，贝苗离开传送带后做平抛运动，触碰下落导向机构后，贝苗姿态调整为垂直自由落体运动状态，确保了贝苗规格识别的准确性。

贝苗在差速排队装置上的运动情况，如图3-25所示。贝苗在传送带摩擦力 F 的作用下运动，当贝苗碰触波纹挡板1后，力 F 分解为平行于波纹挡板1的滑动

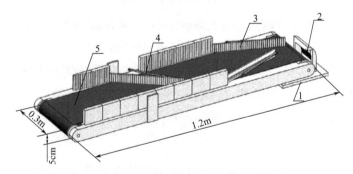

图 3-23　贝苗差速排队与下落姿态控制装置

1—光电传感器；2—贝苗下落姿态导板；3—波纹排队挡板；4—排队挡板调节杆；5—输送带

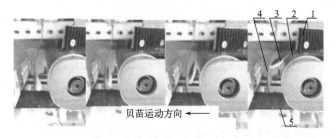

图 3-24　贝苗在下落导向机构作用下的运动状态

1—波纹排队挡板；2—输送带；3—扇贝苗；4—贝苗下落姿态导板；5—光电传感器

力 F_1 和垂直于波纹挡板 1 的压力 N_1，波纹挡板摩擦系数为 μ，贝苗受到波纹挡板 1 的摩擦力为 f_1。各力计算公式为

$$
\begin{cases}
F_1 = F\cos\theta_1 = \dfrac{\sqrt{2}}{2}F \\[2mm]
N_1 = F\sin\theta_1 = \dfrac{\sqrt{2}}{2}F \\[2mm]
f_1 = \mu N_1 = \dfrac{\sqrt{2}}{2}\mu F
\end{cases}
\tag{3.4}
$$

滑动力 F_1 和摩擦力 f_1 产生的力偶矩 M_1 计算公式为

$$
M_1 = f_1 \cdot \dfrac{L}{2} = \dfrac{\sqrt{2}}{4}\mu FL
\tag{3.5}
$$

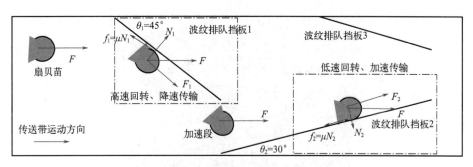

图 3-25　贝苗在差速排队装置上的运动学分析

F 为传送带对贝苗的摩擦力，N；F_1 和 F_2 分别为平行于波纹排队挡板滑动力，N；N_1 和 N_2 为垂直于波纹排队挡板的压力，N；μ 为波纹排队挡板摩擦系数；f_1 和 f_2 为贝苗受到波纹排队挡板的摩擦力，N；θ_1 和 θ_2 分别为波纹排队挡板与传送带运动方向的夹角。

当贝苗碰触波纹挡板 2 后，力 F 分解为平行于波纹挡板 2 的滑动力 F_2 和垂直于波纹挡板 2 的压力 N_2，贝苗受到波纹挡板 1 的摩擦力为 f_2，其计算公式为

$$\begin{cases} F_2 = F\cos\theta_2 = \dfrac{\sqrt{3}}{2}F \\[2mm] N_2 = F\sin\theta_2 = \dfrac{1}{2}F \\[2mm] f_2 = \mu N_2 = \dfrac{1}{2}\mu F \end{cases} \tag{3.6}$$

滑动力 F_2 和摩擦力 f_2 产生的力偶矩 M_2 计算公式为

$$M_2 = f_2 \cdot \frac{L}{2} = \frac{\sqrt{2}}{8}\mu FL \tag{3.7}$$

通过受力分析可知，当贝苗碰触波纹挡板 1 产生的力偶矩 M_1 大于贝苗碰触波纹挡板 2 产生的力偶矩 M_2，产生的滑动力 F_1 小于 F_2，贝苗在波纹挡板 1 区域处于高速回转降速传输，在波纹挡板 2 区域处于低速回转加速传输。因此，贝苗在波纹挡板作用下实现差速运动，并通过回转避免贝苗的堆叠，在传送过程中相邻贝苗间距逐渐增大，贝苗逐只进入传感器。

3.3.2.5　装置性能

（1）试验材料　试验用贝苗选自山东长山岛海区，结合底播贝苗规格要求，试验用贝苗壳高为 20 ～ 40mm。贝苗规格识别与计数装置 1 台，如图 3-26 所示；游标卡尺若干。

图 3-26　扇贝苗规格识别与计数装置试验样机

（2）试验方法　为验证系统的适用性和可靠性，对样机进行了试验。首先进行正交试验，研究各参数对贝苗规格识别与计数准确性的影响，确定最佳参数；根据正交试验结果进行生产实测，进一步验证系统的稳定性与准确性。

系统的识别与计数准确性主要与贝苗的投入量、排队挡板位置、传送带电机转速、下落导向机构与传送带水平间距、传感器与传送带垂直间距、系统设定的贝苗下落时间等因素有关。其中，贝苗投入量主要取决于贝苗活性识别与初级排队装置中振动电机转速、可调节出料口尺寸和初级排队导板限宽。通过试验调试，当振动电机转速为70%额定转速（1 470r/min）、振动筛可调节出料口尺寸的宽和高为50mm和20mm、初级排队导板限宽为55mm时，贝苗逐只落入差速排队传送装置；差速排队挡板的夹角为45°和30°时贝苗排队效果最佳，传动装置线速度为0.4～0.7m/s时，计数准确性最佳。传感器与传送带的相对位置影响识别精度，传感器与贝苗下落点的距离越近，识别精度越高。受传送带厚度影响，传感器距离贝苗下落点的最小距离为5cm。因此，最终确定影响贝苗规格识别与计数准确性的因素为下落导向机构与传送带的水平间距、传送装置的线速度和设定的贝苗垂直通过传感器的时间。根据单因素试验确定上述影响因素的范围分别为15～30mm、0.4～0.7m/s、15～30ms。

取25～29.9mm和30～40mm大小的贝苗各100枚。进行三因素四水平正交试验，试验因素水平如表3-4所示。

表3-4　正交试验因素水平

水平	下落导向机构与传送带的水平间距（A）/mm	传送装置的线速度（B）/（m·s⁻¹）	设定的贝苗垂直通过传感器的时间（C）/ms
1	15	0.4	15
2	20	0.5	20
3	25	0.6	25
4	30	0.7	30

生产试验：海上生产试验在山东长岛海区收苗活水船上进行。试验历时15d，共进行24组，每组检测贝苗数量与生产一致，每组试验重复3次。

人工识别与计数：每组配备作业人员5人，其中1人负责记录（记录检测贝苗总数量、30mm及以上规格贝苗的数量、每组作业时间）、4人利用游标卡尺对贝苗进行测量与计数；利用所设计的装置对人工统计的同一批贝苗进行再次规格识别与计数，配备工作人员1人，负责将贝苗倒入装置中，并记录每次作业时间，统计数据由打印机输出。每次试验完成后，统计机械规格识别与计数相对于人工作业的识别精度（贝苗规格识别精度用识别偏差率 η_1 表示）和作业效率 η_2，计算公式如下：

$$\begin{cases} \eta_1 = \dfrac{\left| N_{jx} - N_{rg} \right|}{N_{rg}} \times 100\% \\[3mm] \eta_2 = \dfrac{N_{cb}}{t_c \cdot n} \times 100\% \end{cases} \tag{3.8}$$

式中，N_{jx} 为机械装置测得的贝苗各规格的数量；N_{rg} 为人工利用游标卡尺测得的贝苗各规格的数量；N_{cb} 为每次检测的贝苗数量；t_c 为平均作业时间，min；n 为作业人数。

（3）试验结果

① 最佳工艺参数确定。根据试验因素水平表，利用SPSS20软件对正交试验进行极差分析，试验结果和极差分析结果如表3-5。

由表3-5可知，最佳工艺参数组合为 $A_3B_2C_3$，即下落导向机构与传送带的水平间距25mm，传送装置的线速度0.5m/s，识别系统设定的样本贝苗垂直通过传感器的时间25ms；各因素对贝苗平均识别统计偏差率影响大小的顺序依次为设定的贝苗垂直通过传感器的时间C、传送装置的线速度B和下落导向机构与传送带的水平间距A。

表3-5　贝苗规格识别正交方案结果

试验编号	下落导向机构与传送带的水平间距（A）/mm	传送装置的线速度（B）/（m·s⁻¹）	设定的贝苗垂直通过传感器的时间（C）/ms	平均识别统计偏差率/%
1	20	0.5	30	11.67
2	20	0.4	20	10.00
3	30	0.4	30	13.67
4	25	0.5	15	11.67
5	25	0.4	25	5.67
6	15	0.6	30	13.67
7	15	0.4	15	14.00
8	15	0.7	20	11.33
9	25	0.7	30	13.67
10	15	0.5	25	4.67
11	30	0.5	20	7.67
12	30	0.7	25	8.67
13	20	0.7	15	13.33
14	25	0.6	20	8.33
15	30	0.6	15	11.67
16	20	0.6	25	7.33

续表

试验编号	下落导向机构与传送带的水平间距（A）/mm	传送装置的线速度（B）/（m·s⁻¹）	设定的贝苗垂直通过传感器的时间（C）/ms	平均识别统计偏差率/%
$k1$	10.918	10.835	12.668	
$k2$	10.582	8.920	9.333	
$k3$	9.835	10.250	6.585	
$k4$	10.420	11.750	13.170	
极差 R	1.083	2.83	6.585	
最佳方案	A_3	B_2	C_3	

② 验证试验。为验证最佳工艺组合的合理性，在贝苗规格识别最佳工艺参数组合 $A_3B_2C_3$ 作3组验证试验，每组重复3次，结果见表3-6。由表3-6可知，贝苗规格识别的偏差率为3.72%，均低于目前已作的规格识别工艺参数的最低偏差率4.67%，说明正交试验优选的作业参数合理。

表3-6　贝苗规格识别验证试验结果

试验编号	平均规格识别偏差率/%
1	4.00
2	3.67
3	3.50
平均值	3.72

③ 对比试验

海上生产对比试验的贝苗规格识别与计数装置的结构参数分别为：活体识别与初级排队装置的振动电机转速为1470r/min、可调节出料口的宽和高分别为50mm和20mm、初级排队导板限宽为55mm；传送装置中波纹排队挡板与贝苗传送方向的夹角分别为45°和30°、传送带线速度为0.5m/s；传感器与传送装置的垂直间距为50mm、导向机构与传送装置的水平间距为25mm；系统设定的贝苗垂直通过传感器的时间为25ms。试验结果如表3-7所示。

表3-7　人工与机械识别与计数试验效果对比

试验组数	规格识别与计数类型及统计量			作业效率/只·min⁻¹·人⁻¹		贝苗规格识别与计数偏差率/%
	贝苗总量	人工计数（贝苗壳高≥30mm）	机械计数（贝苗壳高≥30mm）	人工	机械	
1	400	343	328	48.00	248.28	4.47±0.54[a]
2	250	215	205	40.00	254.24	4.65±0.87[a]
3	250	213	204	42.86	255.68	4.38±0.29[a]

续表

试验组数	规格识别与计数类型及统计量			作业效率 / 只·min^{-1}·人$^{-1}$		贝苗规格识别与计数偏差率 /%
	贝苗总量	人工计数（贝苗壳高≥30mm）	机械计数（贝苗壳高≥30mm）	人工	机械	
4	400	369	353	50.53	247.42	4.43±0.17[a]
5	200	166	159	40.00	229.30	4.42±0.48[a]
6	350	329	315	46.67	256.10	4.36±0.22[a]
7	250	223	214	41.67	258.62	4.04±0.60[a]
8	350	295	282	46.15	260.33	4.29±0.27[a]
9	370	344	331	46.74	260.16	3.88±0.03[a]
10	350	302	309	46.67	259.26	3.93±0.13[a]
11	300	249	269	42.35	262.14	3.93±0.13[a]
12	300	263	265	43.37	225.00	3.76±0.04[a]
13	350	292	310	48.84	261.41	3.74±0.39[a]
14	300	246	264	45.00	225.00	4.00±0.13[a]
15	350	290	314	48.84	256.10	4.08±0.22[a]
16	300	256	264	45.00	221.31	4.00±0.13[a]
17	300	283	272	42.35	221.31	3.77±0.54[a]
18	300	252	276	43.90	223.14	3.95±0.28[a]
19	250	210	233	41.67	250.00	3.73±0.17[a]
20	500	464	471	50.00	263.93	3.69±0.04[a]
21	400	361	368	48.00	245.73	3.76±0.09[a]
22	400	349	361	41.74	240.80	3.73±0.21[a]
23	300	261	271	45.00	224.07	3.80±0.04[a]
24	420	399	386	45.82	231.90	3.67±0.08[a]

注：同列不同小写字母表示差异显著（$P < 0.05$）。

由表3-7可知，机械计数结果小于人工计数结果，偏差率为3.67%～4.65%，平均偏差率为4.02%；机械规格识别与计数偏差率与人工识别偏差率无显著性差异（$P > 0.05$）。结合国内贝类底播增殖作业需求，设计了筛网式扇贝苗分级计数装置，该装置的贝苗规格识别与计数偏差率约为4.465%，作业效率约为180只/（min·人）。优化后的贝苗规格识别与计数装置较筛网式扇贝苗分级计数装置的统计偏差率降低了约0.445%。由此说明该贝苗规格识别与计数统计装置具有较高的准确性和较好的稳定性。

由表3-7还可知，人工完成贝苗规格识别与计数的作业效率为45.05只/（min·人），机械规格识别与计数的作业效率为345.05只/（min·人），约为人工作业效率的5.44倍，筛网式扇贝苗分级计数装置提高了0.92倍。说明该装置具有较高的作业效率，符合扇贝苗底播增殖产业发展需求。

3.3.3　半潜式底播作业船

针对筏区运输至活水船、活水船暂养环节和底播作业环节存在的问题，设计了半潜式贝苗底播作业船，其目的是确保贝苗从收获到底播过程始终处于不离水状态，且无需人工搬运，不存在踩踏等问题，有效提高贝苗活度。

3.3.3.1　半潜式底播作业船设计

底播作业船结构如图3-27所示，主要由网笼电动运载装置、贝苗底播滑道及浮箱等组成。其中，网笼电动运载装置主要由直流电机、传送链条等组成，协助完成位于船舶尾部的电动网笼运载装置的装卸；船舶底部设置有贝苗底播滑道，底播滑道由多块孔板排列而成，每块孔板尺寸为7000mm×150mm×3mm，其上孔径为50mm，且采用直列式布置，滑道迎水面布置，且与水平面呈45°，滑道的间距为100mm；浮力主要由位于船舶两侧的浮箱提供；尾挂机型号ZS195，最大功率9.7kW，标定工况燃油消耗率244.8g/（kW·h），悬挂于船尾两侧，且避开网笼装卸口。该底播作业装置能够确保贝苗从收获到底播始终处于不离水状态，且无需人工搬运，不存在踩踏等问题，可有效提高贝苗活度。

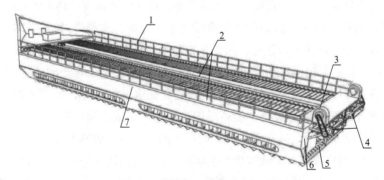

图 3-27　半潜式底播作业船

1—护栏；2—行走操作通道；3—直流步进电机；4—电动网笼运载装置；
5—贝苗底播滑道；6—尾挂机；7—泡沫浮箱

该类型船舶的特点是船底与舷侧均与海水相通，故始终半潜于海水中，其浮力主要由位于船舶两侧的泡沫浮箱提供，通过有效布置可使船舶正浮于海水中。同时贝苗定量底播网笼本身自带辅助浮漂，可使网笼在满载状态下漂浮于船体内部，故船舶装载过程与满载状态下网笼对船舶浮性影响可忽略不计，并且该方式可有效提高船舶的抗沉性。海流对船体的受力如图3-28所示。

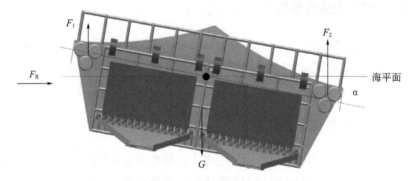

图 3-28　船舶稳性分析

船舶在受到海流 F_R 的作用下发生横向倾斜，假设船舶的入水体积等于出水体积，即 $\nabla_1=\nabla_2$，此时船舶右侧浮筒入水，左侧浮筒出水，存在右侧浮筒提供的浮力大于左侧浮筒提供的浮力，即 $F_2>F_1$，此时 F_2 与 G 形成的力矩始终大于 F_1 与 G 形成的力矩，故船舶具有复原力矩，稳性良好。

3.3.3.2　贝苗定量底播网笼

贝苗底播网笼的设计在满足近海浮筏养殖作业船贝苗收获需求的同时，还要求满足底播作业船快速装卸和定量底播要求。为此，本研究对近海浮筏养殖作业船配套的分选网笼进行改造，如图3-29所示，该网笼尺寸为长3.0m、高1.2m、宽0.35m，主要由起吊绳索、泡沫浮漂、分级抽拉绳索、绳索滑轮等组成。其中，泡沫浮漂固定于网笼四周，可保证网笼在底播作业船内部处于漂浮状态，降低电动网笼运载装置的负荷，提高船舶抗沉性；定量底播抽拉绳索主要目的是实现贝苗的定量底播，其布置形式如图3-30所示，将底播网笼分成3级，每级长度约为1m，当底播时，缓慢抽出1号绳索，前部贝苗落入海中，之后抽出2号绳索，后部贝苗入海，最后抽出3号绳索，中部贝苗入海，同时调整抽绳的快慢可实现对每级贝苗的底播入海量。该布置形式，可有效减少贝苗无序入海，优化底播流程，降低劳动强度与用工数，且实现了贝苗的精准定量底播。

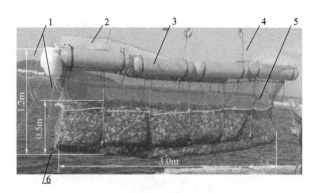

图 3-29　贝苗定量底播网笼结构图

1—分级抽拉绳索；2—防溢网盖；3—浮漂；4—起吊绳索；5—网笼；6—绳索滑轮

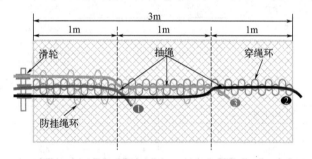

图 3-30　贝苗定量底播网笼网底抽绳布置图

3.3.3.3　底播船数值模型分析

利用有限元仿真分析方法，对工作平台各部件受力情况及流场进行数值模拟。考虑到工作平台在行进过程中可能产生的水面扰动，数值模拟采用气-液双相流的方式进行。由于工作平台在运动中可能产生兴波，为防止流体域边界壁面回波对流场产生干扰，设定流体域宽度为5W。为保证工作平台后方尾流充分发展，设定平台后方流体域为10L，前方为3L。为给水流扰动预留充足空间，设定平台上方流体域为2H，下方为5H。流体域设置如图3-31所示，其中L表示平台长度，W表示平台宽度，H表示平台高度。

为真实地模拟工作平台在航行过程中所受的环境因素影响，以2级海况作为标准，在流体域中生成一个波高0.3m、波长4m、波速2.06m/s（4kn）的正弦浪涌。采用瞬态计算，每0.2s输出一次计算结果，共计算10秒。有限元仿真使用ANSYS FLUENT进行计算，相关参数设定如表3-8所示。

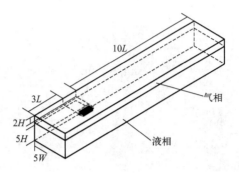

图 3-31　流体域大小

表3-8　有限元仿真分析参数设定

参数	参数设置
多相模型	体积流量
欧拉相数	2, 液态 - 气态
黏性模型	SST k-omega
入口	速度入口，开放通道波
波浪选项	短引力波
平均流速	2.06m/s
波高	0.3m
波长	4m

3.3.3.4　数值分析结果

对计算结果进行分析。观察图3-32（a）所示的湍流动能云图可见，平台下方存在一个涡流区域，该区域将对从上方释放出的贝苗造成扰动，有利于使贝苗散播得更加均匀，并减小贝苗下落速度。观察图3-32（b）所示的流速云图可见，

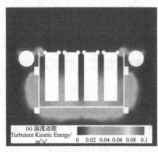
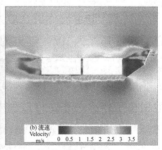

(a) 湍流动能云图　　　　(b) 流速云图

图 3-32　湍流动能、流速

平台头部的船形整流罩有效降低了平台内部的水流流速，网笼附近流场较为平静，未见明显的涡流结构，使得贝苗播撒后可顺利通过平台底部的格栅离开平台。

3.3.4　作业模式集成优化

改造后的贝苗底播作业流程如图3-33所示，对满足底播要求的贝苗进行收获与筛选，装入养殖网笼，装满后为网笼加装浮漂，随机进行抽标统计，并将网笼挂于小型运输船舷侧，运输至底播作业船（该过程笼箱采用潜水式托运，防止贝苗干露），待半潜式底播船装满后行驶至底播海域进行底播作业。该过程实现了贝苗从收获到底播整个流程的不离水作业，实现了零干露，同时避免了人工装卸过程中的踩踏等人为因素的干扰现象，有助于提高底播贝苗的成活率。

图 3-33　改造后贝苗底播作业流程

3.3.5　海上试验效果

试验所用贝苗来自大连某增养殖公司自养苗，贝苗规格为≥3cm；试验所需船舶为1艘贝苗活水底播船，1艘半潜式底播作业船（试验设计满载量为4t）（图3-34）和2艘扇贝采捕船。

图 3-34　半潜式底播作业试验样船

海上生产对比试验，试验分两阶段进行，历时28个月，试验海域选取某年某公司贝苗底播区域，如图3-35所示。具体试验区域，其中1号底播区域采用现使用的活水船底播模式，2号底播区域采用改造后的底播模式。

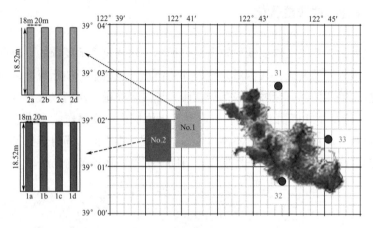

图 3-35　底播试验海域

第1阶段试验为底播试验，将1号与2号区域分别划分为4块底播试验区，分别标记为1a、1b、1c、1d和2a、2b、2c、2d，每块区域面积为1852m×18m，试验海域间距为20m，每块底播区域底播贝苗量约为1t，待底播试验结束后分别统计两种底播模式的作业时间、作业人数和贝苗干露时间。待养殖2年多后，进行第2阶段试验，试验历时4d，分别对1a和2a、1b和2b、1c和2c、1d和2d进行对比捕捞试验，由于每艘捕捞船配备网具为4.6m×2盘，因此，每块区域捕捞两次即可，待捕捞结束后分别统计捕捞量，验证贝苗成活率。

3.3.5.1　贝苗底播效果

通过第1阶段海上贝苗底播对比试验，采用半潜式贝苗底播作业系统后，底播作业效率显著提高，且贝苗无干露、无破碎、无缺氧等现象，有利于提高贝苗的活度与底播后的成活率。经试验测得，原活水船底播作业模式完成整船的底播前作业准备所需时间约为7h，完成本文对比试验所需的4t贝苗的底播前准备工作所需时间约为2.5h，且贝苗在装箱、运输与装船过程均处于干露状态，干露时间约为1.5h。活水底播船的平均装载量约为30t，本试验用的贝苗为最早装船的一批，故需要暂养等待其他贝苗装船。经统计，该批贝苗在活水舱内的暂养时间约为4.5h，且由于暂养密度大，需要不断向活水舱内增氧。通过对活水舱内暂养海水温度、溶氧量等指标的测量得出，装船后海水温度为13℃，溶氧量为4.5mg/L，4h后测得海水温度升至16℃，溶氧量降至3.07mg/L，局部海水存在严重缺氧现象，溶氧量仅为1.35mg/L，影响贝苗的活度。同时还发现，装卸过程存在人为踩踏现象，经统计碎贝率约为1%（该数据的统计是通过与养殖公司的技术人员对原底播作业流程的所有环节统计得出，具有客观真实性）。贝苗的底播过程劳动大、作业人数多，底播时需要对4个活水舱的贝苗同时进行底播，每个活水舱的贝苗底播需要5人辅助完成，其中3人负责舱内搬箱，2人负责贝苗的底播，每船作业人数合计20人。改造后的半潜式底播作业系统简化了作业流程，从贝苗收获分选至底播前所需作业时间约为1h，装船及底播作业所需人数仅为3人，较活水舱底播作业系统作业时间缩短1.5倍，作业人数减少17人。贝苗网笼的运输、装卸均潜于海中，故不存在干露、缺氧及人为踩踏等问题；贝苗的底播过程仅需工作人员抽拉贝苗分级绳索就可完成底播作业，播苗数量可通过控制抽拉分级绳索的速度实现，劳动强度大幅降低，且实现了精准底播。

3.3.5.2　贝类产量对比

通过第2阶段海上生产对比试验得出，采用半潜式贝苗底播作业系统的海域较采用原活水舱底播作业系统的海域的扇贝产量显著提高，如图3-36所示。

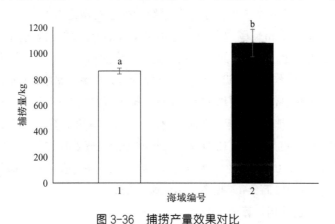

图 3-36　捕捞产量效果对比

1号底播海域（采用活水船底播作业系统的海域）的4块试验区域（1a、1b、1c、1d）的捕捞量分别为900kg、825kg、855kg、870kg，平均每块试验底播区域产量约为862.5kg；2号底播海域（采用半潜式扇贝苗底播作业系统的海域）的4块试验区域（2a、2b、2c、2d）的捕捞量分别为1160kg、1200kg、1005kg、

949kg，平均每块试验底播区域产量约为1078.5kg，较1号底播海域产量提高约25%，且两海域扇贝产量存在显著性差异（$P < 0.05$）。由此说明，改造后的底播作业系统在提高贝苗成活率方面效果显著。

3.3.5.3　经济性分析

下面采用"贝苗底播作业总节省费用"来对半潜式贝苗底播作业系统的经济性进行分析。

（1）原贝苗底播系统作业总投入　以某贝类养殖海域为例，每年的10月中旬至11月中旬进行贝苗的底播作业，租用活水底播作业船，该船装载量按平均30t计算，租1艘船成本约为0.8万/d，每次租用12艘，工作时间按60d计算（与生产实际情况一致），租船总成本约为576万，完成底播面积约为200km²，总底播量约为6000t，其中内区底播面积约为5km²（采用潜水员采捕区域，位于海岛附近，该区域海底礁石较多），外区底播面积约为195km²（采用网具捕捞区域）。每艘船所需作业人数约为20人，作业人员工资约为0.5万元/月，60d支付工资约为16.7万元/艘，12条船作业人员总支出约为200万元。因此，底播1t贝苗的成本约为0.13万元。

（2）改造后贝苗底播作业系统总投入　该船的制作成本约为30万元，作业人数仅需3人，出于安全考虑，该作业船舶的作业范围定位在海岛3km范围内。本文以獐子岛海域3km范围内为例，每年可替代活水船进行内区的5km²和外区的20km²的底播作业。改造后的半潜式贝苗底播作业船贝苗平均装载约为10t（设计载重量），由于工作海域较近，若按每天完成3次底播，完成25km²海域（约底播贝苗750t）的底播作业需要约25d，作业人员工资约为1.5万元。其中半潜式底播作业系统的制造费用按5年的寿命、6%的年利率等额分配，得到设备制造费用的每次底播作业投入约为7.12万元，每年网笼的维修费用按每次半潜式底播作业系统投入成本的10%，约为0.712万元。因此，采用改造后的底播作业系统每年投入成本约为0.012万元/t，投资成本大幅降低。

其中设计制造费用计算公式参照：

$$(A/P,i,N) = A/P = \frac{i(1+i)^N}{(1+i)^N - 1} = \frac{1}{(P/A,i,N)} \tag{3.9}$$

式中，A为设计制造费用年投入，万元；P为总投入，万元；i为利率，%；N为满足底播期的使用寿命。

（3）贝苗成活率效益　贝苗的生长容易受海底底质、海水理化指标等因素的影响。所选的试验海域底质一致，均为沙底（粒径≥0.125mm，含量 70% ～ 90%），海水理化指标基本接近，试验结果具有参考价值（说明：由于试验海域均离海岛较近，捕捞量仅能代表该区域的产量，不代表其他海域的产量）。通过试验测得，采用半潜式贝苗底播作业系统，由于降低了干露、缺氧及人为因素的影响，成活率约提高了25%。若贝类按35元/kg计算，每平方公里可增收35万元。

第 **4** 章
滩涂贝类资源调查与环境技术装备

滩涂贝类资源存量调查是指利用一定的采样设计，对滩涂贝类种群进行空间布点采样，以获取研究区域内滩涂贝类时空分布以及生物学和生态学信息，为滩涂贝类资源评估提供基础，有助于制定合理的管理措施，维护水产养殖业可持续发展和生态系统平衡。调查分析滩涂贝类自然资源的分布及存量变化情况对于合理开发滩涂贝类资源有非常重要的指导意义，而滩涂贝类资源存量调查用到的技术装备在调查过程中起着非常重要的作用。

4.1
贝类挖掘式取样装备

贝类挖掘式取样装备主要是监测海洋贝类的相对丰度和分布。收集的数据用于种群评估、渔业管理计划的制定，以及描述和绘制养殖海域内重要的蛤类栖息地的地图。

取样的主要方式采用船舶拖曳取样，取样装备主要采用喷水式或耙齿式挖掘装备。

（1）喷水式取样装备　该装备宽度一般为0.5m，配备了网孔为2.5cm的网，确保保留所有合法尺寸的贝类进入网中，拖曳缆绳长度约为250m。通过对所有贝类进行计数和测量，识别并计数兼捕物种。记录有关行程的详细信息，例如日期、沉积物类型和位置（纬度和经度），一般每年采样1～2次。

（2）耙齿式取样装备　该装备采用不锈钢材质，配备0.04m³的钢拖网和铝制的尾拖网，可额外增加0.05m³的捕捞量，可调研海底挖掘深度约为2.5～20.3cm。取样装备的采样齿长约35cm，并与海底成一定角度，同时设计合理的齿间距，确保最大限度地减少对环境的影响；

（3）组合式取样装备　耙齿式取样装备同时配备喷水射流口，一般设置7个喷嘴，由1m³/h的泵提供动力，通过5cm左右的消防软管传输到挖掘设备喷口处。

4.2
机械和液压钳取样工具

机械钳式取样工具是一种手动控制取样装备，它在设计上是有选择性的，尤其是当底部穿透力有限时。机械钳式取样工具一般用于海底表面取样。同时，大多数机械钳的盖子有限，因此在回收过程中很容易发生材料溢出的情况，尤其是小材料，限制了其应用。

液压钳取样工具是一种可在船上遥控、并能够在水下自动开合的液压钳。一般液压钳比同等开口的机械钳重，可以更深入地穿透底部，并确保钳在闭合动作期间继续"挖掘"，液压钳一旦关闭，液压钳就会被收回。该液压钳具有可选的盖子，以保留表面材料和保留样品中表面的完整性。单个样品中保留的总体积通常可以超过50L，并且表面层完好无损。

机械和液压专利钳的采样占地面积都很小，通常约为1m²。因此，该类型的取样钳可以适应海底礁石环境的空间变化。

4.3
海底图像监测设备

主要用于收集海底的静态图像和视频，用于海底栖息地、物种和群落的视觉识别。为了收集这些数据，数码相机和摄像机被密封在水下外壳中，安装在框架或平台上，然后从船上放入海底。安装相机的框架或平台可以适应特定的测量要求。

4.3.1 水下摄像装置

水下摄像装置的机械结构主要由水密壳体、密封窗、密封窗罩盖、压紧螺母式电缆密封装置等组成（图4-1）。密封壳体选用1Cr18Ni9Ti不锈钢材料，保证具有足够的强度和耐腐蚀性；密封窗选用硬度高、耐压性能好的石英玻璃；壳体前部的隔水窗用O形圈密封；尾部采用压紧螺母式电缆密封方式，保证水下部分在所要求压力下安全工作。

水下摄像装置的水密性直接关系到设备的寿命与稳定性，因此在结构设计方面注重壳体接口的防水设计。为此设计了一种安全可靠的尾部密封方式——压紧螺母式电缆密封方式，其结构主要由组合式密封圈、电缆螺栓套、压紧螺帽等组成。安装时将电缆穿过组合式密封圈，并将密封圈放入螺栓密封槽中，其槽边倒角为10°～20°，通过螺帽压紧。为了防止海水侵入而腐蚀密封圈，特地在该密封

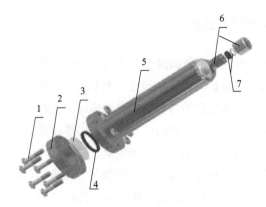

图 4-1　水下摄像装置机械结构

1—密封螺栓；2—密封窗罩盖；3—密封窗；4—密封圈；5—水密壳体；
6—电缆螺栓套件；7—组合式密封圈

装置外侧采用高压胶带、密封胶带及防水玻璃胶等辅助材料加固密封。

4.3.2　水下照明装置设计

水下照明装置是保证视频图像质量的关键设备。水下视频照明装置的机械结构主要由不锈钢外壳、石英玻璃密封窗、活接头式压盖、螺旋式后盖及 O 形密封圈等组成（图4-2），密封圈可以保证照明装置在水下40～50m工作时的密封性。在选择水下照明设备时必须考虑光的波长分布范围、介质的光学特性以及摄像设备的灵敏度以及光衰减，同时还要求光源具有低散热（在海底水温较低时，若光源散热量大将导致玻璃炸裂）、低耗电等特性，综合考虑后决定选择在水中具有较强穿透力，兼具寿命长、环保、可靠性高、无频闪，低温启动快、低散热等特点的LED照明光源。

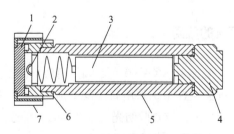

图 4-2　水下照明装置机械结构

1—石英玻璃密封窗；2—LED光源；3—电池；4—螺旋式后盖；5—不锈钢外壳；6—活接头；7—活接头式压盖

4.3.3 水下摄录系统与装置

水下视频监控系统主要由数码摄像头（拍摄速度要求超过30fps）、LED光源、视频采集卡、计算机与数量统计软件组成（图4-3）。主要作用是实现摄、录、放一体化需求，将摄像头捕捉到的海底视频信号传输至视频采集卡，对模拟视频信号进行采集、量化处理，进而传输到计算机中，通过计算机对采集到的图像和数据进行编辑处理，获得捕捉到的海底资源数量、探测时间、方位和面积，最终存至数据库中。依据视频资料统计底播扇贝数量与生长情况。其中扇贝数量统计采用减慢视频播放速度并配合所开发的贝类数量计数软件进行。以人工视觉判断贝类并作标记，每标记1次，计数1次；贝类生长情况用比例尺估算。

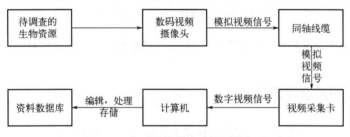

图 4-3　水下视频监控系统设计方案

为了保证水下视频装置能够沉入海底并实现视频监控，设计了水下视频拖行小车。小车底部安装了2套照明装置，顶部安装摄像装置，摄像装置位置的调节可满足视频直径范围（0.8 ～ 2m），这有利于通过视频资料对扇贝生长情况进行估算。其作业流程为依靠船舶绞缆机将水下视频拖行小车下放至海底，依据海域水深调节拖行梗绳的长度，确保拖行过程视频小车与海底接触，视频小车的具体位置依靠船舶GPS定位，拖行航速控制在1.5kn以内，保证视频录制效果。

4.3.4 水下摄录系统的应用

试验海域：贝类养殖海域，水深40 ～ 50m，海底状况为泥沙底。

试验装备：水下视频监控系统采用高清微型摄像头、视频线、视频采集卡、计算机、水下视频拖行小车、LED照明光源（图4-4）。摄像头与照明光源安装于海底资源调研小车上，调整视频直径范围至1.8m。

试验过程：将摄像装置与光源安装于海底资源调研小车上并将其下放至海

底，利用GPS定位；为确保视频传输清晰稳定，船舶拖行航速为2.78km/h，拖行距离为1.85km，拖行过程中将视频数据传送至计算机。试验结束后利用扇贝数量计数软件进行人工计数统计，并对扇贝尺寸进行估算。记录整个过程中的船舶柴油机转速、海上作业时间与作业人数。

图 4-4　海底资源存量调研装置

应用情况：采用水下视频装置调研与网具捕捞调研相比，视频资料与统计数据客观真实，调研过程不会产生碎贝现象，且对海底无破坏现象；同时有助于养殖企业制定科学合理的底播和捕捞计划，避免了因盲目开采而导致海洋生态环境的破坏，促进了海洋渔业的可持续发展。

4.4
采泥器

表层系列采泥器是国家海洋局海洋技术研究所专门为全国第二次海洋污染基线调查设计的专用底质系列采样设备，共有三个系列十三种规格，如表4-1所示。

表4-1　表层系列采泥器系列及规格

名称	型号	规格/mm	主要材质
静力式采泥器	QNC4	300×330	不锈钢
箱式采泥器	QNC5-1	300×300	不锈钢
箱式采泥器	QBC5-1A	300×300	A3 钢

续表

名称	型号	规格/mm	主要材质
箱式采泥器	QNC5-2	500×500	不锈钢
箱式采泥器	QNC5-2A	500×50	A3 钢
挖泥斗	QNC6-1	150×150	不锈钢
挖泥斗	QNC6-1A	150×150	A3 钢
挖泥斗	QNC6-2	200×250	不锈钢
挖泥斗	QNC6-2A	200×250	A3 钢
挖泥斗	QNC6-3	300×300	不锈钢
挖泥斗	QNC6-3A	300×300	A3 钢
挖泥斗	QNC6-4	500×500	不锈钢
挖泥斗	QNCO-4A	500×500	A3 钢

4.4.1　静力式采泥器

不锈钢静力采泥器主要用于采集海洋、河流、湖泊、水产养殖场等水底表层含沙量较高的泥样，特点为采样量大。主要由采泥器支架组件、挖泥斗组件、转轴组件和限位释放组件四大部分组成（图4-5）。

主要性能及技术指标。使用水深：≤100m；使用温度：−2～40℃；使用海况：≤4级；使用底质：黏土软泥、灰质软泥、

图 4-5　不锈钢静力采泥器

砂质软泥；取样量：330mm×330mm×165mm（长×宽×高）半圆柱形。

使用方法：将绳子系在挂钩的另一端孔，然后将挂钩钩住两边的钢丝绳，用双手提起采泥器，此时采泥器展开。将采泥器展开放入水中，让其自然下沉，等沉到水底，抖动绳子，让挂钩松开钩住的钢丝绳。双手提采样绳，此时采泥器活页将关闭，将采泥器提出水面，提起两侧的钢丝绳，把泥样倒出来，收集泥样。

4.4.2　挖泥斗式采泥器

挖泥斗式采泥器是专为表层沉积物调查而设计的底质取样设备，适用于各种河

流、湖泊、港口、海洋等不同水深条件下各种
表层底质的取样工作，现已广泛用于表层沉积
物调查、工程地质调查、物探验证调查、矿物
调查、生物及地球化学调查，效果非常理想。

结构组成：主要由内外斗壳和主轴构成，
内外斗壳顶部各有一铁门，左右铁门用铁索相
连接（图4-6）。

主要性能及技术指标。使用水深：≤20m
（绳长20m）；使用温度：−2 ～ 40℃；使用海

图 4-6　挖泥斗式采泥器

况：≤4级；使用底质：黏土软泥、灰质软泥、砂质软泥；取样量：1 ～ 5L。

使用方法：首先把采样抓斗和绳拉好，将采样抓斗张开，在张开的同时，将
一支杆放入一搭钩内，采样抓斗就不会紧闭；通过拉绳缓缓地将采样抓斗放入池
中，当到河底时，松一下拉绳，支杆和搭钩在弹簧的作用下会自动松开；用力提
拉采样抓斗，采样抓斗会自动关闭，在关闭的同时会将污泥采入采样抓斗中。

4.4.3　箱式采泥器

适用于采集海洋、河流、湖泊、水产养殖场等水底层泥样，具有泥样无扰
动、底质样品比较完整、全不锈钢材质的特点。已在全国海洋底栖生物定量调查
和监测中广泛使用。

结构组成：主框架和可移动部件由不锈钢制成。主框架由钢质平板焊接在垂
直的型钢组成。在平台下加载可分离支撑腿。底座焊接在支撑腿上。在下沉、插
入和采样的过程中，采泥器顶端保持敞开，允许水流自由通过（图4-7）。

主要性能及技术指标。使用水深为
≤100m；重量为50kg、95kg；使用海况为
≤4级；使用温度为−2 ～ 40℃；取样尺寸
为300mm×300mm×200mm（ 长×宽×高 ）、
500mm×500mm×300mm（长×宽×高）。

使用方法：将箱式采泥器的两个合页打
开；绳子系在挂钩的另一端孔，然后将挂钩
钩住两边的钢丝绳，用双手提起采泥器，此
时采泥器展开，将采泥器放入水中，让其自

图 4-7　箱式采泥器

然下沉，等沉到水底，将降锤旋转闭合在采样绳上，降锤顺着采样绳下滑，通过重力作用触动箱式采泥器闭合开关，采泥器闭合，通过采样绳将采泥器提出水面，打开两侧活页，把泥样倒出来，收集泥样。

4.5
取样拖网

4.5.1 阿氏拖网

可以自动对海洋浮游生物连续分层采样，能在连续的水层中进行水平采样和垂直采样。收集各种底栖生物和近地表生物。能拖进较多的底质，因而能采到的生物，特别是较小的底内及底上动物，不论在种类上或数量上都要多一些，是用于海洋浮游生物连续分层采样的海洋科考利器。

结构组成：整个系统由甲板控制单元、水下控制单元、不锈钢框架、网衣、网底管等组成，5或9只网袋通过拉链连接器连接在不锈钢框架的帆布部分上（图4-8）。

图4-8　阿氏拖网

主要性能及技术指标：阿氏拖网的网架用钢板和钢管制成，呈长方形。网口亦为长方形，上下两边皆可在着底时进行工作。为便于网口充分张开，其口缘由一根细钢丝绳（直径4～6mm）绕在网口架上。网袋长度为网口宽度的2.5～3

倍。近网口处的网目较大（2cm内），网底部的较小（0.7cm）。为了使柔软的小型动物免受损坏，可在网内近底部附加一个大网目的套网以使大型动物与之隔离开。

使用方法：该网口的网宽可根据调查船的吨位及调查海区酌定，一般调查船用1.5m的即可。船上起重设备条件不足时，或在内湾调查也可用0.7～1m宽的小型框架。深水调查时一般用3m宽的大型网，起框架自重也要相应增加。拖网时，为了减少网衣的承受力，应用两根粗绳子分别扣在网架的两侧上，并将其中一端绕在网袋末端，避免网口破裂。拖网使用完毕应及时用淡水冲洗，并放置在阴凉地方，避免受潮以及暴晒。

4.5.2 三角拖网

网口大小及网衣结构同阿氏拖网，如图4-9所示，适合沿岸水域和底质较复杂的海区采样。主要由网衣、网底管等组成。

图 4-9　三角拖网

主要性能及技术指标。材质为316不锈钢；重量约3kg；全长约80cm；网孔8～10mm；网口正三角形，边长为30cm、50cm两种。

使用方法：将采样绳系在三角拖网的圆孔上，然后缓慢沉入水中；将采样绳固定在船只上，开动船只，缓慢拖行，使底栖动物进入三角拖网内；拖行一定距离后（记录大概的拖行距离），将三角拖网提上岸，进一步清洗网中收集到的物体，保存清洗后的有机碎屑和底栖生物。使用完后将网衣上的杂质清洗干净，晾干后置阴凉干燥处保存。

4.6
海洋牧场环境实时监测系统设计与实现

　　海洋牧场是基于生态学原理，充分利用自然生产力，运用现代工程技术和管理模式，通过生境修复和人工增殖，在适宜海域构建的兼具环境保护、资源养护和渔业持续产出功能的生态系统，搭建海洋牧场可促进中国渔业供给侧结构性改革、海洋经济持续健康发展以及海洋强国战略的稳步实施。然而监测系统的应用仍存在一些问题，例如传感器精度低、传感器数据处理不当、预警信息准确率过低等。为了解决目前海洋牧场监测系统存在的环境因子监测不全、异常数据处理不当、异类数据融合算法缺陷等问题，设计并实现一种基于多模态数据融合的海洋牧场实时监测系统。该监测系统包含多个监测平台并均匀分布在海洋牧场区域，其优点是当某一区域数据受到外界干扰或传感器故障时，可以通过其他传感器数据和算法进行校正，再通过数据融合得到一个综合的环境数据，不会因为某一区域的干扰对整体情况造成影响。该系统不仅涉及水质、水温、pH值等最基本参数的监测，还包括对养殖区域内不同深度的海水流量、生物多样性、生态系统结构与功能等更为复杂的生态指标的监测。数据经云端服务器处理后呈现给用户，以此实现对海洋牧场生态环境状况的预警和实时评估，为海洋牧场的科学管理和可持续发展提供强有力的技术支持。

4.6.1　系统构架设计

　　海洋牧场实时监测平台利用海上浮台和水下吊舱为载体，集海上环境和水下数据采集、监控画面采集、4G数据传输、实时监测、自动预警、历史数据查询等功能于一体。该系统由供电系统、数据采集与传输模块、数据处理与分析模块、预警系统与用户界面4大部分组成。数据采集与传输模块位于系统最前端，主要由传感器网络、串口服务器和无线路由器组成，该模块主要对海上环境以及水文数据进行采集。一个串口服务器可以连接多个不同种类的传感器，服务器根据传感器不同的地址寄存器来进行区分。传感器网络主要包括微气象仪、液位变送器、电磁海流计、水质传感器和水下测距传感器，可以准确监测海上的风速风向、降雨量、空气温湿度以及海水温度、盐度、溶解氧、叶绿素、pH值、海

水浊度、海水流速和吊舱实时深度等一些重要参数。数据处理与分析模块集成于
云端服务器，该模块接收数据后对其进行检查、修正、融合，利用网络将数据包
发送至预警系统和客户端。预警系统负责监控数据变化，一旦发现异常情况即时
发出预警。用户界面提供数据可视化展示和操作接口，方便用户查看监测数据和
进行管理。用户也可通过 PC 或手机客户端随时查看数据，并可进行简单的设置，
也可以通过系统后台对传感器网络和海洋牧场信息进行控制和监管。监测平台系
统拓扑图如图 4-10 所示。

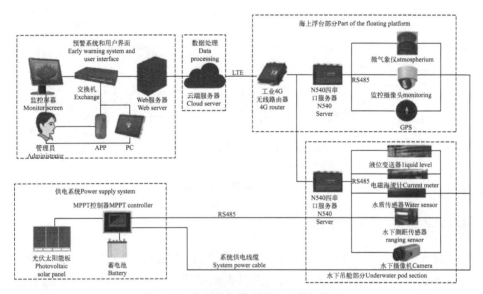

图 4-10　海洋牧场监测平台系统拓扑图

4.6.2　系统硬件设计

4.6.2.1　系统通信处理

无线路由器通过 RJ-45 接口与 N540 串口服务器相连，所有传感器模块通过
RS485 或 RS232 串口连接到服务器，路由器把获取到的数据上传到云端服务器。
系统通信结构如图 4-11 所示。硬件之间通过 Modbus 协议进行通信，Modbus 协议
是一种串行通信协议，应用于工业电子控制系统中传输数据，它是一种开放的通
信协议。设备通过 Modbus 协议进行通信时，服务器串口会根据传感器地址自动
识别不同设备的数据包，不同的数据消息会导致不同的行动和应答。Modbus 协

议基于主从架构，该系统中串口服务器充当主站，负责发起通信请求，各类传感器作为从站，响应主站的要求。串口服务器每隔一段时间发送Modbus RTU读取指令来获取传感器设备的监测信息。每个Modbus数据帧包括从站地址、功能码、起始寄存器地址、寄存器数量、CRC校验等字段，其中功能码用于读取保持寄存器的数据，每两个字符之间发送和接收数据的时间间隔应小于或等于1.5倍字符传输时间，否则会导致传输错误。Modbus协议支持不同的物理层，如串行通信（RS-232、RS-485）和以太网通信（Modbus TCP），因此可以适用于不同类型的传感器设备和网络环境。

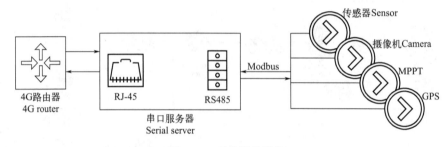

图 4-11　系统通信结构

4.6.2.2　系统线路设计

首先根据需求为所有串口设备（监控摄像机、传感器、MPPT控制器和GPS定位器）、串口服务器和4G工业路由器提供电源，所有的串口设备分别通过RS-485或232接口接入N540串口服务器，即数据透传模块，模块通过网线接入G860无线路由器，路由器内部插入两张物联网卡，通过LTE公网将监测数据稳定传输到云端服务器，用户端通过接入互联网的Web服务器获取云端服务器的数据。

4.6.3　监测系统数据融合关键技术研究

4.6.3.1　数据融合模型

各类传感器在数据采集的过程中，容易受到传感器精确度、硬件材质、物理环境和人为干扰等因素的影响，可能会使传感器测得的结果中存在异常数据。在实际的数据测试时，海洋牧场中不同位置的传感器，获得的同种环境因子的数值也存在一定差异。为了提高监测平台数据的准确性，一方面是优化传感器的设计工艺，采用高精度传感器，降低硬件自身因素对数据的影响；另一方面，通过对传感器采集的数据进行融合处理，最大程度上降低因海洋牧场某一区域受到干扰时对整体造成的影响，可对整个牧场区域状况做出综合判断。本次研究利用双层数据融合模型设计了同类传感器局部数据融合和异类传感器全局数据融合。数据融合模型如图4-12所示。

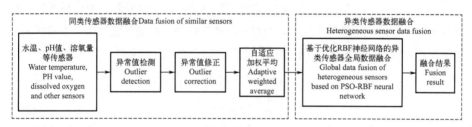

图 4-12　数据融合模型

　　在上述数据融合模型中，首先对各组同类原始数据进行异常值检测，为了保证数据的完整性，将检测出的异常值通过算法进行修正，而不是将异常数据直接筛除。之后将完整的修正后的同类传感器数据进行自适应加权平均，得到海洋牧场中单个环境因子的融合数据。之后将这些局部融合后的输出数据作为异类传感器数据融合的输入数据，然后进行决策级融合。决策级融合是传感器数据经过预处理、特征提取等步骤后的高层次融合，即将多个传感器的测量结果或特征融合成一个统一的、具有更高决策质量的输出。利用粒子群算法优化的RBF神经网络算法对异类数据进行融合，最终得出一个可对海洋牧场环境做出综合全面判断的融合结果。

4.6.3.2　平均的同类传感器数据融合

　　（1）数据异常值检测　海洋牧场实时监测系统在海域中的多个位置建立监测平台，由于传感器受到自身或外界因素的影响会产生异常数据，因此在数据融合前要保证所有数据在合理范围内。对比发现，传感器监测的数据不服从某种特定的分布，根据这一特性，本次研究采用盒图法进行异常值检测。盒图法模型主要有四个重要参数，分别为下边界、上边界、下四分卫（$q1$）和上四分卫（$q3$），其中下边界和上边界分别为样本数据的最小值和最大值，计算公式如下：

$$L_{up} = q3 + 1.5\Delta \qquad (4.1)$$

$$L_{down} = q1 - 1.5\Delta \qquad (4.2)$$

公式中Δ表示盒子的宽度，盒子宽度反映了数据波动程度。处在上下边界之外的数据为异常数据，需要进行修正。

（2）异常值修正　利用PSO（粒子群）算法结合RBF（径向基）神经网络模型对异常值进行修正，粒子群算法的作用是获得径向基神经网络的三个重要参数c_i、δ和w_n。通过PSO-RBF算法进行异常值修复的步骤：首先初始化径向基神经网络结构，文中选用网络结构为三层；初始化粒子群算法中粒子位置和速度；利用径向基神经网络建立适应度函数并计算各个粒子的适应度值，根据此值寻找个体和群体最优解；利用粒子的更新速度和位置的公式迭代粒子的速度和位置，公式如下：

$$v_{id}^{k+1} = wv_{id}^k + a_1r_1^k(pbest_{id}^k - x_{id}^k) + a_2r_2^k(gbest_{id}^k - x_{id}^k) \tag{4.3}$$

$$x_{id}^{k+1} = x_{id}^k + v_{id}^{k+1} \tag{4.4}$$

判断是否可以结束迭代，如果不能结束需要转至第（2）步，如果可以结束，将获得的最优解参数代入径向基神经网络进行优化；输出修正后的正常值。

（3）分组自适应加权平均　假设海洋牧场监测系统中监测某一环境因子的传感器个数为n，以pH值传感器为例，各传感器测得的数值用a_1、a_2L a_n表示，方差用S_1^2、S_2^2L S_n^2表示，各传感器的权重用p_1、p_2L p_n表示，则状态估计值$\hat{a}$满足公式$\hat{a} = \sum_{i=1}^n p_ia_i$，权重满足$\sum_{i=1}^n p_i = 1$，则总方差为：

$$S^2 = E[(a-\hat{a})^2] = E[\sum_{i=1}^n p_i(a-a_i)]^2$$
$$= E[\sum_{i=1}^n p_i^2(a-a_i)^2 + 2\sum_{\substack{i=1,j=1\\i\neq j}}^n p_i(a-a_i)p_j(a-a_j)] \tag{4.5}$$

由于各样本数据之间相互独立，而且都为a的无偏估计，可得出：

$$E = [(a-a_i)(a-a_j)] = 0(i,j=1,2\cdots n,i\neq j) \tag{4.6}$$

于是可得总方差：$S^2 = \sum_{i=0}^n p_i^2S_i^2$，该公式为加权因子$p$的多元二次函数，因此存在总方差存在最小值$S_{min}^2$。然后为$S^2$求极值，可得当$S_{min}^2 = \dfrac{1}{\sum_{i=1}^n 1/\delta_i^2}$时对应的方差最小。最后可得同类数据融合结果为：

$$\hat{a}^* = \sum_{i=1}^n p_i^*a_i = \sum_{i=1}^n \frac{a_i}{S_i^2\sum_{i=1}^n 1/S_i^2} \tag{4.7}$$

4.6.3.3　基于PSO-RBF神经网络算法的异类传感器数据融合

在实际的监测过程中，海洋牧场环境状况是由多种环境因子共同影响，包括水温、气温、pH值、溶氧量等，只依靠单一环境因子判断监测和预警结果时存在较大误差。因此需要以同类传感器融合后的数据结果为基础做进一步的异类数据融合，从而进一步提高系统预警水平。

异类传感器数据融合常用的模型有混合高斯模型、卷积神经网络模型、自适应滤波器模型和 BP 神经网络算法模型等。目前 BP 神经网络算法是异类数据融合常用的算法之一，但该算法在应用中效率较低，无法直接找出隐藏层的节点数，寻找最优网络必须经过大量尝试，同时容易出现局部最小值问题。为了避免 BP 神经网络模型的缺点，研究采用效率更高、容易收敛、能快速寻找最优网络的径向基（RBF）神经网络算法。但是常规的 RBF 算法模型的好坏与样本数据的选择有很大关系，并且当初始中心点过多时极易引起数据病态问题。基于以上问题，引入 PSO（粒子群）优化算法对 RBF 神经网络算法进行优化，提高 RBF 算法的逼近能力，解决数据病态等问题。数据融合时忽略各环境因子之间的影响，只考虑水温、气温、溶氧量等因子内部数据融合，以水质数据为例，基于 PSO 优化 RBF 神经网络的异类数据融合步骤如下：首先归一化处理样本数据，初始化粒子种群。选取 m 个粒子数，初始代数为 $t+1$。每个粒子的初始速度 v_i 是随机产生的，粒子群位置为 x_i，各粒子最优值为 p_i；映射 RBF 网络，对 p_i 值不同的 m 个粒子，训练相同个数的径向基神经网络结构和参数。并根据最邻近聚类算法，得到聚类个数和隐含层中心向量；得出 RBF 神经网络预测输出 $f(x)$，根据环境状态参数检测的方程 $Y=Hx+e$ 计算出 m 个粒子的适应度后进行排序。预测输出公式为：$f(\varepsilon_i)=\sqrt{\dfrac{\sum_{k=1}^{N}(y_k-y_k^*)^2}{N}}$；根据公式更新粒子的位置和速度，产生新的种群。公式为：$\begin{cases}v_{ie}(t+1)=wv_{ie}(t)+c_1r_1[p_{ie}-x_{ie}(t)]+c_2r_2[p_{ge}-x_{ie}(t)]\\x_{ie}(t+1)=x_{ie}(t)+x_{ie}(t+1)\end{cases}$，速度调整公式为：$v_j=\begin{cases}v_m,v_j>v_m\\-v_m,v_j<v_m\end{cases}$；判断寻优是否达到最优迭代，若满足要求，结束迭代，返回全局极值并作为最优值 ε，并进行下一步操作；如不能结束则返回第 2 步；根据粒子群体全局极值，得到最优径向基神经网络的权值和阈值。最终阈值即为当前海洋环境的水质值，然后将其与水质"报警、正常、预警"的阈值对比，得出当前海洋牧场水质状况。

4.6.4　实验结果分析

4.6.4.1　样本训练

实验中传感器数据来源于均匀分布在海洋牧场内的 6 个监测平台的 8 类传感

器。利用Matlab内置的函数和优化工具箱来构建和训练PSO-RBF算法模型，其中神经网络输入层神经元个数为8；RBF层包含一组RBF节点，每个节点对应于输入空间中的一个特定位置；输出层节点个数为3，以水质状况为例，3个输出节点分别为融合后的水质正常、预警和报警数值。在样本训练过程中，针对3个输出节点分别利用1000个样本进行训练，100个样本进行验证。训练目标值为0.001，训练次数1000次。然后将输出数据与验证数据进行比较来判断训练的效果；最后利用训练好的PSO-RBF算法对传感器监测的数据进行评估。算法模型训练参数如表4-2所示。

表4-2　神经网络训练参数设置

神经网络训练参数名称	参数设置
输入层神经元	8个，8类环境因子数据
RBF 层	包含一组 RBF 节点
输出层神经元	3个，分别为融合后的水质正常、预警和报警数值
训练样本数	1000 个
验证样本数	100 个
训练目标值	0.001
模型训练所用函数	newrb、train、radbas、particleswarm、optimoptions

4.6.4.2　结果分析

本监测平台在山东省威海市某海域进行安装并正式运行，服务器每隔10min发送一次海洋牧场的监测数据，大量的监测数据采用MONGODB数据库进行存取，该数据库的非关系型特性使其能够高效地处理海量数据，并支持复杂的查询操作；数据访问时利用REDIS存储系统作为数据缓存机制。使用训练后的算法模型对海水温度传感器监测的原始数据进行异常值修正，为了验证神经网络模型的修正效果，分别对单个异常数据和连续的多个异常数据进行修正。异常值修正结果如图4-13所示，在图4-13（a）的第4、15采样点和图4-13（b）的第7、8、9、10采样点中，由于温度传感器受自身噪声影响或外界干扰，导致监测数据存在较大偏差，因此利用神经网络模型的预测值来替代原始数据的异常值，从图4-13中可以看出，算法模型将异常数据修改为正常数据，并取得较好效果。

（1）同类传感器数据融合结果分析　对于同类传感器数据融合，本研究以海洋环境因子溶氧量为例，随机获取一组连续的海水溶氧量数据，将单个传感器获取的数据、海水溶氧量标准数据（人工测得）、异常值剔除后的融合数据和异常值修正后的融合数据进行对比。对比结果如图4-14所示。

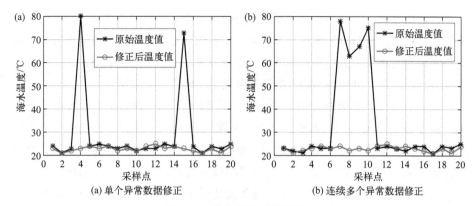

(a) 单个异常数据修正　　　　(b) 连续多个异常数据修正

图 4-13　海水温度异常值修正

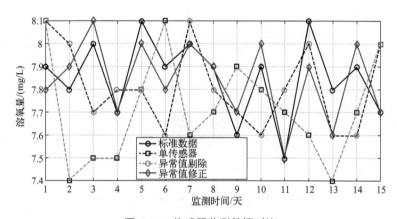

图 4-14　传感器监测数据对比

再次选取 10 组采用不同方式融合的数据，在 Matlab 环境下分别计算单个传感器获取的数据、异常值剔除后的融合数据和异常值修正后的融合数据与海水溶氧量标准数据之间的均方根误差（RMSE），评估不同方法类型融合的数据与标准值之间的差值。对比结果如表4-3所示。

表4-3　不同类型数据与标准值之间的均方根误差

数据类型	均方根误差									
	1	2	3	4	5	6	7	8	9	10
单传感器	0.316	0.304	0.323	0.302	0.298	0.306	0.339	0.323	0.314	0.309
异常值剔除	0.230	0.240	0.236	0.235	0.229	0.230	0.236	0.241	0.250	0.232
异常值修正	0.103	0.124	0.127	0.118	0.125	0.109	0.113	0.127	0.108	0.116

实验结果表明，使用单个传感器进行数据监测，与标准海水溶氧量之间的均方根误差较大，数据可信度差；采用异常值剔除后进行融合的方法处理数据，系统均方根误差显著降低；在此基础上，采用异常值修正后融合的方法，使系统数据均方根误差进一步缩小，均方根误差降低了50%左右，取得较好效果。

（2）异类传感器数据融合结果分析　监测平台同类数据融合后取得一定效果，对于异类传感器数据融合，统计一组连续15天内海洋牧场监测平台的报警数据，将正确报警次数、单个传感器监测时的报警次数、利用RBF算法融合的报警次数和利用PSO-RBF算法融合的报警次数进行对比分析。如图4-15所示，对比来看，通过PSO-RBF算法融合的报警次数更接近于正确报警次数，单传感器监测和使用传统RBF算法融合的报警正确率均较低。

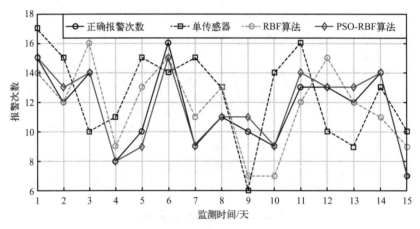

图 4-15　报警次数对比

进一步分析异常值修正后异类数据融合的效果，随机选取10组平台报警数据，利用Matlab分别计算不同融合算法下报警次数与正确报警次数之间的平均绝对误差（MAE），计算结果如表4-4所示。

表4-4　同融合算法下报警次数与正确报警次数之间的平均绝对误差

算法类型	平均绝对误差									
	1	2	3	4	5	6	7	8	9	10
单传感器	3.071	2.973	3.061	2.944	2.984	3.103	3.092	3.073	3.015	2.990
RBF 算法	1.674	1.632	1.573	1.671	1.542	1.554	1.603	1.612	1.675	1.592
PSO-RBF 算法	0.507	0.613	0.577	0.496	0.614	0.538	0.642	0.593	0.564	0.601

表中数据表明，使用单个传感器对某一环境因子进行监测时，与正确次数之间平均绝对误差较大，在2.944至3.103之间波动，此时平台预警系统误报率较高；采用传统RBF算法对异类数据融合后，系统数据平均绝对误差降低46.4%；采用PSO-RBF算法融合后，平均绝对误差在0.496至0.642之间浮动，与传统RBF算法相比明显降低，降低45%左右，此时预警系统准确率处于较高水平。

4.6.5　系统实现

海洋牧场信息化平台界面如图4-16所示，登录平台后，中间部分显示浮台和吊舱状态，界面左侧显示水质数据、水文数据和海上大气数据，界面右侧显示浮台位置和MPPT太阳能控制器实时参数。界面下方显示水质、水文和气象数据随时间变化的曲线图，图片右下角为海水溶氧量数据局部放大图。使用报警信息功能可以查看系统预警信息，支持数据存储与历史记录查询功能。

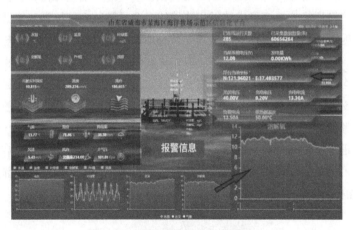

图 4-16　海洋牧场信息化管理平台

海上浮标平台采用高密度聚乙烯（HDPE）材料构成，作为监测系统的主要载体，能够应对海浪、10级以上海风、海水腐蚀和自身重力等众多复杂状况。海上浮台实物图如图4-17所示。

综上所述，针对现有海洋牧场监测平台存在的缺陷，设计了一种海洋牧场实时监测系统。该系统利用优化的径向基神经网络模型对异常数据进行修正，然后采用分组自适应加权平均算法将同类传感器数据初步融合处理，最后用粒子群算法优化的径向基神经网络模型对不同类型传感器数据进行融合。该系统在海洋牧

图 4-17　监测平台实物图

场稳定运行，在多方面取得较好效果，为海洋牧场监测领域的研究和实践提供了有益的借鉴。

　　监测系统采用优化的 RBF 神经网络算法模型对异常值进行修正，在实际运行中，该算法模型能将单个异常数据和连续的多个异常数据替换为正常数据，同时不干扰其他正常数据；正常的同类数据通过加权平均算法进行融合，与其他融合方法相比，异常值修正后融合的方法取得更好的效果，与使用单个传感器进行监测相比，均方根误差降低了 65% 左右；与异常值剔除后融合的方法比较，均方根误差降低 50% 左右；融合后的同类数据通过 PSO-RBF 算法进行最终融合，融合效果通过监测系统报警信息体现，与其他两种方式相比，系统采用 PSO-RBF 算法时报警正确率较高，与正确报警次数之间的平均绝对误差维持在 0.496 至 0.642 之间，而采用单个传感器和传统 RBF 融合的方法，平均绝对误差均明显大于监测系统所用的方法。

第 **5** 章
滩涂贝类机械化采收技术与装备

5.1
引言

中国沿海滩涂有着丰富贝类资源，多分布在大河入海口附近较平坦潮间带、浅海区域细沙和泥沙滩中，埋栖深度因水温和个体大小而异，现主要由人工围养。在养殖区域，人工耙取方式采捕能力约 20 ～ 30kg/h，以产量估算不足 0.005hm²/h，费时费力，直接造成采捕作业成本占比过高。受潮汐时间变化及路途遥远等影响，采捕作业人员往返途中需借助下海拖拉机人货混装，存在安全隐患。

滩涂养殖区域定期散放新贝苗。散放前，常选用机械对滩涂浅表耕翻疏松作业，方便散放于滩涂表面贝类钻入土层埋栖生长。滩涂生态系统比较单一，自我修复能力差，作业过程应避免扰动深层，以防对底层生态环境造成破坏。

国外最早于20世纪40年代对贝类采捕机进行研究，先后开发了拖耙采捕机、旋齿采捕机、机桨采捕机、水力采捕机、抽吸采捕机及振动采捕机等不同类型的采捕机械投入生产应用。国内最早于20世纪70年代开始研发贝类采捕机，如水力采捕机、泵吸采捕机等。近年来，国内学者也对机械及重要部件进行了研究设计。多数采捕机采用处理沙土后收集贝类作业模式，但清理沙土时多直接或间接借助水冲洗，能适应无水滩涂环境下的贝类采捕机械并不多见，在日益重视生产作业安全及滩涂生态环境保护的今天，对适应无水滩涂作业的贝类采捕机的需求越来越迫切。

随着采捕从业人员的老龄化趋势日益明显，滩涂养殖企业面临越来越严重的用工荒，先进适用的贝类采捕机械对提高生产效益，促进整个产业健康发展具有十分重要的现实意义。

5.2
振动挖掘式采收装备

5.2.1 整机结构与工作原理

履带式滩涂贝类采收机整机结构如图5-1所示，整机主要由液压动力系统、挖掘传送机构和履带式底盘结构3部分组成。液压动力系统主要由柴油发动机、橡胶式履带、挖掘铲、液压油箱、输送网链、液压缸及相关零件组成，由柴油发动机为液压双联泵提供动力，通过液压管路，将动力合理分配到各部分，由操作阀对各个液压工作元件进行控制；振动传送机构由振动筛、输送网链、收集装置、挖掘铲等组成，振动筛与底盘通过轴连接，并且振动筛前端加装伸缩液压缸，液压缸的另一端与支撑框架固定，振动筛由挖掘铲、筛网和摇臂组成；履带式底盘结构由履带、车轮、底盘框架、机架等结构组成，实现整体采收装置在滩涂正常的行驶与作业。

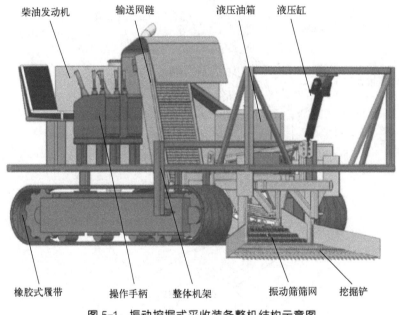

图 5-1　振动挖掘式采收装备整机结构示意图

　　采收作业选择落潮后涨潮前时间段进行，此时滩涂表面无积水或仅为10cm以下浅水层。履带式滩涂贝类采收机进行作业时，通过液压系统控制振动筛前端上方的液压缸伸缩，调节挖掘铲板至合适作业深度，在滩涂贝类采收机向前行进的同时，振动筛和输送网链开始工作，利用挖掘铲将埋栖在滩涂泥沙下的贝类与沙土铲起并运输至振动筛的筛网上，随着振动筛工作，会将泥沙与小规格滩涂贝类从振动筛间隙中回落滩涂表面，等待下一次采收，而符合采收规格的贝类会继续运动至振动筛尾端，进入输送网链，再由输送网链将贝类运送到收集筐中。

5.2.2 关键工作部件设计

5.2.2.1 振动筛机构设计

振动筛是整个履带式滩涂贝类采收机的重要机构，起到挖掘、筛泥、运输和贝类初步分级的作用。振动筛主要由振动筛挖掘铲、振动筛筛网、偏心轮、振动筛前摇臂、振动筛后摇臂和减速箱等组成，振动筛结构示意图如图5-2（a）所示。

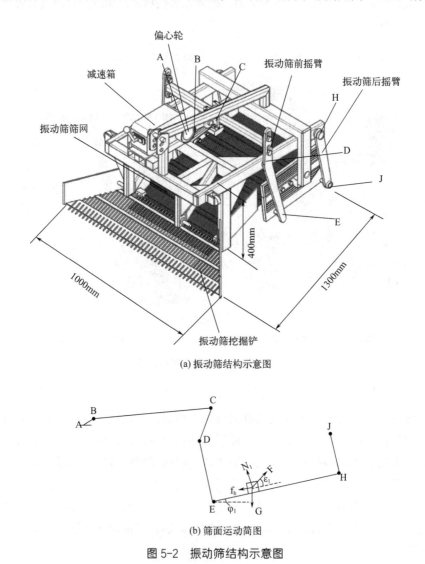

(a) 振动筛结构示意图

(b) 筛面运动简图

图 5-2 振动筛结构示意图

综合考虑滩涂的地质特点和采收机的结构，设置采收宽度为1000mm。建立振动筛筛面贝泥沙混合物数学建模，得到振动筛筛面倾角 α_1 和振动筛转速 n_x 的理论范围，为采收机的设计提供参考。本研究采用的是固定式平面挖掘铲，挖掘铲的作业深度可以通过液压油缸伸缩控制承接拉杆来调节。

振动筛的筛面运动简图如图5-2（b）所示，工作时，液压马达带动曲柄AB绕主轴旋转，带动连杆BC，从而使摇杆CDE绕铰接点D来回摆动，使得摇杆DE、JH做周转运动，实现振动筛的往复摆动，在运动过程中，混合物应能够向上运输，因此惯性力方向沿振动方向向上，对其分析可得：

$$F\cos(\varepsilon_1 - \varphi_1) > G\cos\varphi_1 + f_h \tag{5.1}$$

$$F\sin(\varepsilon_1 - \varphi_1) + N_1 = G\cos\varphi_1 \tag{5.2}$$

$$G = mg \tag{5.3}$$

$$F = m\omega^2 r\cos\omega t \tag{5.4}$$

连理上式可得：

$$\omega^2 r\cos\omega t\cos(\varepsilon_1 - \varphi_1 - \alpha_2) > g\sin(\varphi_1 + \alpha_2) \tag{5.5}$$

式中：α_1 为筛面倾角；ε_1 为摆动方向角，取31°；f_h 为筛面摩擦力，N；α_2 为贝泥沙混合物与筛面的摩擦角，取23.7°；m 为贝泥沙混合物质量，kg；G 为贝泥沙混合物重力，N；F 为惯性力，N；N_1 为垂直于筛面的物料法向反力，N；ω 为曲柄角速度，rad/s；r 为曲柄半径，m。

为了保证贝类分离效率，并且减小贝类的损伤，振动筛筛面倾角范围可为10°～15°，振动筛转速 n_x 范围为200～380r/min。

5.2.2.2　履带式底盘结构设计

（1）装置接地压强计算　当采收机在滩涂上行走与作业时，履带接地压力呈均匀分布状态，则接地压力的表达式为

$$P = \frac{F_1}{S} \tag{5.6}$$

$$S = 2BL \tag{5.7}$$

$$F_1 = Mg \tag{5.8}$$

即本装置接地压强计算公式：

$$P_1 = \frac{Mg}{2BL} \tag{5.9}$$

式中，P为接地压强，Pa；F_1为承受压力，N；S为接地面积，m²；P_1为采收机接地压强，Pa；M为采收机质量，kg；g为重力加速度，10m/s²；B为履带接地宽度，m；L为履带接地长度，m。

履带式滩涂车的接地比压应不超过80.13kPa，综合考虑采收机的作业需求与履带自身重力，选择履带宽0.3m，接地长度2.5m，整机质量约2500kg，计算采收机接地压强约P_1=16.67kPa，此理论接地压强计算值能够满足采收机在滩涂上的正常行走和作业，且具有较大的余量，以便后续设备的加载。

（2）机架的承载力分析 采收机机架承载了液压动力系统、挖掘传送机构以及外罩等零部件。机架的设计应当在满足强度要求的基础上尽可能结构简单，采收机在作业时，机架并不会直接接触海水，因此机架采用碳素结构钢焊接而成，并辅以防锈漆防护。采收机机架如图5-3所示。

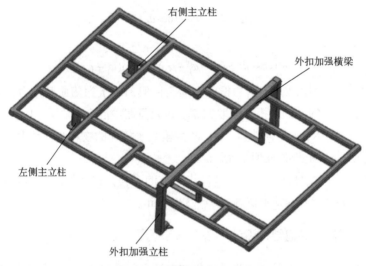

图 5-3　采收机机架示意图

采收机机架作为重要的承载机构，需要达到足够的强度，根据整机结构的布置，利用Solidwoks软件对机架施加相应的力，进行有限元分析，分析结果如图5-4所示。

根据仿真结果分析，最大应力发生在驾驶员座椅位置的中间梁和横梁处，且最大应力为16.01MPa，远远小于材料屈服极限248MPa，且具有较大的余量，符合设计需求；最大形变量仅为0.217mm，相对于整体设备来说，此变形量可满足作业需求。

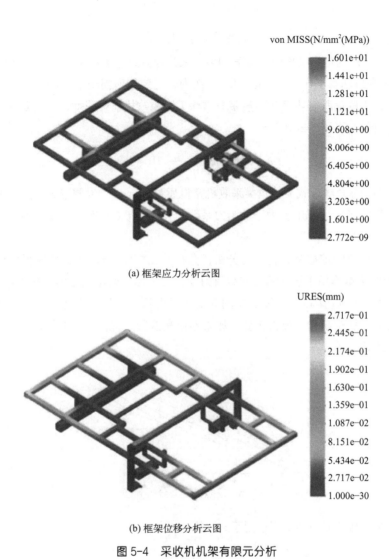

(a) 框架应力分析云图

(b) 框架位移分析云图

图 5-4　采收机机架有限元分析

5.2.3　基于双联泵整机液压系统设计

5.2.3.1　发动机功率计算与选型

采收机所需功率与滩涂土壤、地形、行走速度、挖掘深度有关，因此，功率计算要充分估计负荷最大的情况，以所需功率的最大值作为采收机动力选择的依据。整机的功率 P_0（kW）可按照下列公式计算：

$$P_0 = P_1 + P_2 + P_3 + P_4 \qquad (5.10)$$

式中，P_1 为行走机构所需功率，kW；P_2 为挖掘铲挖掘贝泥沙混合物所需功率，kW；P_3 为振动筛工作所需功率，kW；P_4 为输送装置所需功率，kW。

自行走底盘所需功率 P_1 与履带式滩涂贝类采收机前进速度、整机质量以及土壤状况有关，可用下式计算：

$$P_1 = \frac{mgV_m f_m}{\eta_1} \times 10^{-3} \qquad (5.11)$$

式中，m 为履带式滩涂贝类采收机整机质量，kg；V_m 为履带式滩涂贝类采收机最大行驶速度，m/s；f_m 为滚动阻力系数；η_1 为自行走底盘的传动效率系数，取 $\eta_1 = 0.8$。

对作业时的挖掘铲进行受力分析，分析简图如图5-5所示，此时受到机械牵引力 W_2，土壤作用于铲面的法向载荷力 N_h，沿铲面斜向上的土壤摩擦力 f_1，土壤附着力 f_2，土壤切削力 f_3，滩涂中的纯切削阻力很小，只有当土壤中有石头或刃口变钝时，切削阻力才显得重要，如果不存在这些情况，土壤的纯切削阻力 f_3 可以忽略不计。

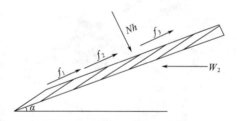

图 5-5 挖掘铲受力分析简图

挖掘铲作业时所需功率可用下式计算：

$$f_1 = \mu_1 N_h \qquad (5.12)$$

$$f_2 = CS \qquad (5.13)$$

$$N_h = \frac{W_2 - CS\cos\alpha}{\sin\alpha + \mu_1\cos\alpha} \qquad (5.14)$$

$$W_2 = N_h\sin\alpha + f_1\cos\alpha + f_2\cos\alpha \qquad (5.15)$$

$$X = \frac{\cos\alpha - \mu_1\sin\alpha}{\sin\alpha + \mu_1\cos\alpha} + \frac{\cos\beta - \tan\alpha\sin\beta}{\sin\beta + \tan\alpha\cos\beta} \qquad (5.16)$$

$$W_2 = \frac{\rho HbgL_1}{X} + \frac{\rho H^2 bg\left[\cos(\alpha+\beta)+\sin(\alpha+\beta)\tan\alpha\right]}{2X\sin\beta} +$$
$$\frac{C_1 bH\sin(\alpha+\beta)+\rho bV_m^2 H\sin\alpha}{X\sin\beta\sin(\alpha+\beta)(\sin\alpha+\tan\alpha\cos\beta)} + \frac{CS}{X(\sin\alpha+\mu_1\cos\alpha)} \tag{5.17}$$

$$P_2 = \frac{W_2 V_m}{\eta_2} \tag{5.18}$$

式中，ρ 为滩涂泥沙混合物密度，kg/m^3；H 为入泥深度，m；b 为挖掘铲宽幅，m；L_1 为挖掘铲铲面宽度，m；α 为挖掘铲入泥角度，（°）；β 为前失效面倾角，（°）；C_1 为泥沙内聚力因数，N/m^2；C 泥沙附着力因数，N/m^2；μ_1 为挖掘面摩擦系数，可取 0.3；S 为挖掘铲面积，m^2；η_2 为传动效率系数，取 η_2=0.8。

筛选装置在作业时最大转速为 380r/min，则筛选装置所需功率 P_3（kW）可用下式计算：

$$P_3 = \frac{2\pi nT}{\eta_3} \tag{5.19}$$

式中，T 为振动筛液压马达扭矩，m；n 为振动筛液压马达最大转速，r/s；η_3 为液压马达机械效率。

输送网链材质选择不锈钢网链，输送装置所需功率 P_4（kW）可由下式计算：

$$P_4 = \frac{F_U V_U}{\eta_U} \tag{5.20}$$

$$F_U = F_1 + F_2 \tag{5.21}$$

$$F_1 = C_U f_U L_H \left(2q_B + q_G\right)\cos\lambda \tag{5.22}$$

$$F_2 = q_G g H_U \tag{5.23}$$

式中，F_U 为合力，N；V_U 为传送带运行速度，m/s；η_U 为输送装置传动效率；F_1 为主要阻力，N；F_2 为提升阻力，N；C_U 为附加阻力系数，取 C=2.1；f_U 为模拟摩擦因数；L_H 为输送距离，m；q_B 和 q_G 分别为输送带每米质量和每米物料质量，kg；λ 为输送装置倾斜角。

各项设计参数含义与取值如表 5-1 所示。

表 5-1　设计主要参数取值

符号	名称	数值	单位
ρ	滩涂泥沙混合物密度	1 600	kg/m^3
μ_1	挖掘面摩擦系数	0.3	—

符号	名称	数值	单位
β	前失效面倾角	35	(°)
α	挖掘铲入泥角度	30	(°)
V_m	最大作业速度	0.25	m/s
b	挖掘铲采收宽度	1	m
S	挖掘铲铲面面积	0.3	m²
L_1	挖掘铲铲面宽度	0.3	m
V	最大行驶速度	0.25	m/s
C	泥沙附着力因数	3 000	N/m²
C_1	泥沙内聚力因数	4 000	N/m²
H	入泥深度	0.10	m

将各个参数数值代入式（5-10）～式（5-23），可得 P_1=3.20kW，P_2=0.85kW，P_3=6.99kW，P_4=1.86kW，所以 P_0=12.90kW。综上，确定履带式滩涂贝类采收机动力可用YN25GB柴油机，其主要技术参数：转速2200r/min；额定输出功率37kW，净质量200kg。

5.2.3.2　基于双联泵液压系统设计与建模

履带式滩涂贝类采收机使用柴油发动机为液压双联泵提供动力，在采收机作业时，选择双联泵中排量为16mL/r单独带动左侧的液压行走马达，形成独立的液压回路；排量为32mL/r形成另一独立回路，此回路不仅需要带动右侧液压行走马达，同时需要提供振动筛液压马达，传送带液压马达和液压缸工作的动力，所以在双联泵的回路中串联一个组合控制阀，以便控制作业时的马达工作的状态。

在液压系统仿真软件AMESim环境下，对采收机液压系统进行合理建模，如图5-6所示。

（1）仿真参数设置　履带式滩涂贝类采收机属于农业机械，农业机械设备的液压系统压力为10～16MPa，确定采收机液压系统压力为13MPa，仿真主要参数如表5-2所示。设置运行参数时间为20s，时间间隔设置为0.01s，周期为0.2s。

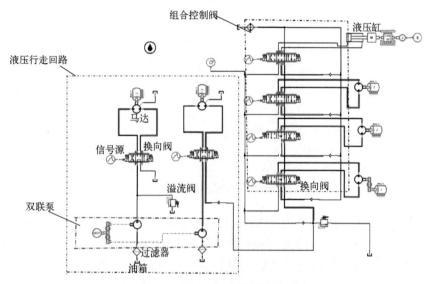

图 5-6　整机液压系统仿真模型

表 5-2　液压元件模拟仿真主要参数表

名称	主要参数	数量
双联泵	排量 32mL/r，16mL/r，额定转速 2200r/min，额定压力 20MPa	1
振动筛液压马达	排量 80mL/r，额定转速 700r/min，额定压力 14MPa	1
传送带液压马达	排量 100mL/r，额定转速 550r/min，额定压力 14MPa	1
液压缸	行程 20cm，活塞杆直径为 20mm，额定压力 14MPa	1
行走马达	排量 1750mL/r，额定转速 150r/min，额定压力 16MPa	2

（2）仿真结果分析　为了验证履带式滩涂贝类采收机能够在滩涂上正常作业，设定好参数仿真，需要对调节挖掘深度的液压缸进行分析，同时也需要对行走马达和挖掘与传送液压马达进行相应分析，仿真结果如图 5-7 所示。

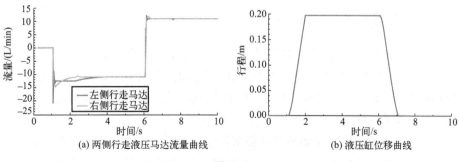

图 5-7

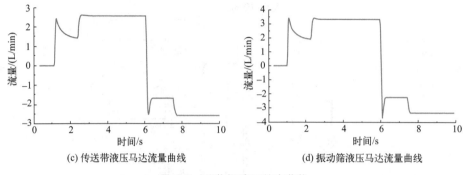

(c) 传送带液压马达流量曲线   (d) 振动筛液压马达流量曲线

图 5-7　采收机液压仿真曲线

由图 5-7（a）可知，两侧液压行走马达在启动时流量波动较大，但短时间内会稳定在 10.8L/min 左右，且能够实现行走马达正反转；由图 5-7（b）可知，液压缸能够正常进行伸缩，最大行程为 20cm；由图 5-7（c）和图 5-7（d）可知，传送带液压马达和振动筛液压马达在启动后都能在较短的时间内趋于稳定，且都能正常工作。结合仿真结果分析可以得出：液压系统设计能够满足采收机在滩涂上作业的需求。

5.2.4　样机试验

5.2.4.1　试验材料

为论证履带式滩涂贝类采收机行驶性能、作业稳定性和采收效果，在大连市庄河市青堆镇滩涂贝类养殖区（北纬 39°44′31″，东经 123°16′32″）进行样机试验。

试验地平坦、无障碍物，保证采收机正常作业，根据采收试验需求，选取好贝类采收试验的滩涂区域。性能试验所用试验仪器及材料有：履带式滩涂贝类采收机（图 5-8）及卷尺、铁锹、人工爬齿、秒表、电子秤、卡尺等工具。

5.2.4.2　试验方法

试验分两阶段进行，第 1 阶段采用正交试验，第 2 阶段进行生产性对比试验。

第 1 阶段：为验证整机系统和各个设备的适用性和可靠性，确定采收机的最佳参数，进行正交采收试验，确定最佳工艺参数；根据正交试验结果进行生产实测，进一步验证系统的稳定性。

采收机作业速度、振动筛转速和筛面倾角是影响采收机采收效率的主要因素。采收机作业速度可控制在 0.1 ～ 0.25m/s；振动筛转速为 200 ～ 380r/min，振

图 5-8　履带式滩涂贝类采收机样机

动筛筛面倾角范围为 10°～ 15°，建立 3 因素 4 水平的正交试验设计，试验因素水平如表 5-3 所示。

表 5-3　正交试验因素及水平

水平	作业速度 /（m/s）	振动筛转速 /（r/min）	振动筛筛面倾角 /（°）
1	0.10	250	10
2	0.15	300	12
3	0.20	350	14
4	0.25	380	15

根据试验因素水平表，利用 Spssau 软件对正交试验进行极差分析，试验结果和极差分析结果如表 5-4 所示。在不同试验条件下，测量采收机在 20min 内采收到四角蛤蜊的质量，采收效率为单位时间内采收四角蛤蜊的质量：

$$W_d = W_g / T_d \tag{5.24}$$

式中，W_d 为采收效率，kg/min；W_g 为采收到四角蛤蜊的质量，kg；T_d 为采收时间，min。

第 2 阶段：人工作业和机械作业进行对比试验，试验分别在 4 块试验场地进行，在每块试验场地可进行 4 次人工和机械的对比试验，在单次试验采收时间相同的情况下，对比单位时间的采收量与贝类平均破碎率。履带式滩涂贝类采收机需 2 人进行辅助作业；人工作业 12 人为 1 组，携带日常作业时的工具进行正常作业。

5.2.4.3　试验结果

（1）最佳工艺参数确定　为保证振动筛的工作效率，设计振动筛转速 n_x 的范围为200～380r/min。因此由表5-4可知，最佳工艺参数组合作业速度0.15m/s，振动筛转速380r/min，振动筛筛面倾角12°，各因素对履带式滩涂贝类采收机采收效率影响大小的顺序依次为振动筛转速、振动筛筛面倾角、作业速度。

表5-4　采收机正交试验结果统计表

试验编号	作业速度/（m/s）	振动筛转速/（r/min）	筛面倾角/（°）	采收效率/（kg/min）
1	0.1	250	10	5.10
2	0.1	300	12	5.48
3	0.1	350	14	5.54
4	0.1	380	15	6.10
5	0.15	250	12	5.29
6	0.15	300	10	5.34
7	0.15	350	15	5.70
8	0.15	380	14	6.13
9	0.2	250	14	5.24
10	0.2	300	15	5.30
11	0.2	350	10	5.66
12	0.2	380	12	6.21
13	0.25	250	15	5.20
14	0.25	300	14	5.40
15	0.25	350	12	5.62
16	0.25	380	10	6.07
$K1$	5.55	5.21	5.54	
$K2$	5.61	5.38	5.65	
$K3$	5.60	5.63	5.58	
$K4$	5.57	6.13	5.58	
极差 R	0.06	0.92	0.11	

（2）验证试验　贝类采收机的三次采收验证试验采收效率分别为6.21、6.22、6.23kg/min，平均采收效率约为6.22kg/min，高于目前工艺参数的最高采收效率6.21kg/min，说明正交试验优选的作业参数合理。

（3）对比试验　生产对比试验的履带式滩涂贝类采收机的工艺参数分别为：作业速度0.15m/s，振动筛转速380r/min，振动筛筛面倾角12°。

试验结果如图5-9所示，在4块试验场地分别对机械和人工的作业效率和采收贝类破碎率进行对比，试验结果表明，人工平均作业效率分别为6.13、6.11、6.12、6.08kg/min，采收贝类的平均破碎率为1.2%、1.5%、1.4%、1.4%；机械平均作业效率分别为6.09、6.10、6.13、6.08kg/min，采收贝类的平均破碎率为3.9%、4.1%、3.8%、4.2%，不同试验场地间的机械平均作业效率和采收贝类平均破碎率差异性不大。机械作业与人工作业在作业效率方面无显著差异（$P > 0.05$），但在贝类平均碎贝率方面显著增加（$P < 0.05$）。

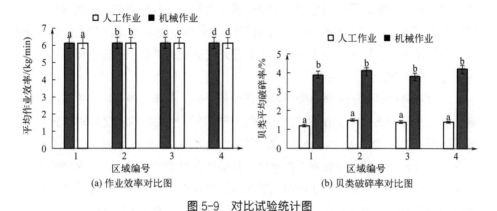

图 5-9　对比试验统计图

注：柱状图上方相同字母表示差异性不显著（$P > 0.05$），不同字母表示差异显著（$P < 0.05$）

　　综上所述，该振动挖掘式滩涂贝类采收机，最大行驶速度为0.25m/s，动力性能充足，最大挖掘深度130mm，能够实现不同滩涂贝类的挖掘、分级及收集等功能。通过对履带式滩涂贝类采收机工艺参数的优化与论证，得出作业速度0.15m/s，振动筛转速380r/min，振动筛筛面倾角12°为最佳；各因素对履带式滩涂贝类采收机采收效率影响大小的顺序依次为振动筛转速＞振动筛筛面倾角＞作业速度。研究表明，采收机的平均作业效率为5.7kg/min，平均破碎率小于5%，且1台履带式滩涂贝类采收机的作业效率和12人作业效率相当，说明该装置结构合理，设计稳定可靠，采收稳定，动力性能优越，通过性和稳定性满足滩涂作业要求。

5.3
振动滚刷式采捕装备

5.3.1　蛤仔特征与养殖环境

　　菲律宾蛤仔属于瓣鳃纲，具有水管和发达的斧足，可利用水管进行呼吸、摄食和排泄，依靠斧足挖掘、营埋栖生活。蛤仔生活的底质主要分为三种：泥质、沙质和泥沙质。蛤仔生活在滩涂表面下3～15cm，随着季节和温度的变化，菲律宾蛤仔的埋栖深度也随之变化。每年5月份左右，菲律宾蛤仔埋栖深度最浅可达3cm，最深可达6cm。随着温度的降低，12月份左右的埋栖深度可达15cm。对滩涂养殖区菲律宾蛤仔的尺寸进行测量，成年的菲律宾蛤仔壳长大于壳高，壳高约为壳长的2/3～4/5，壳宽则为壳高的3/4，壳长介于36～38mm的蛤仔数量最多。对菲律宾蛤仔外壳的三个方向进行蛤仔外壳的破裂试验，发现壳体破裂之前承受力的最小数值为153.4N。

通过对滩涂养殖区底质物理参数进行测量分析，菲律宾蛤仔滩涂养殖底质的容重和比重分别为2.05g/cm³和2.27g/cm³，说明该滩涂底质的密度相对较大、一致性较好。孔隙度为9.53%，底质相对紧实；含水率为45.5%，表明该滩涂底质的含水率较大。底质具有较好的透水性，其黏性和可塑性较差，将该区域的底质归类为沙质底质。剪切强度随滩涂底质深度的增加而增大，该区域滩涂底质的承压能力高于浙江东部的滩涂，比江苏如东区域滩涂底质的承压能力低。

5.3.2 采捕技术方案构思

5.3.2.1 采捕机构

采捕机构实现滩涂蛤仔的挖掘、泥土分离和输送，主要分为水力采捕和振动式采捕。水力采捕作业时冲起大量的泥沙，造成菲律宾蛤仔呛沙导致的死亡、养殖区底质稀薄。振动式采捕机构实现蛤仔的挖掘与输送，避免造成壅土现象，破损较低，最终选用滚动钢刷与二级振动筛结合的采捕方案。

若采用传统抖动链式结构与振动筛相连，作业时竖直向上的振动加速度大于重力加速度，链条保持向上运动的趋势，与链轮之间的配合失效。另外，作业环境恶劣，位于高潮线和低潮线之间的海域和沿海区域的高潮位与低潮位之间的潮浸海域，潮沟、泥泞的底质广泛分布其中，宽度少则为1m，多则10m。因此不宜选用抖动链式结构。

采用四杆机构连接振动筛，挖掘过程中有效降低阻力，由于振动分离筛产生加速度方向垂直向上，导致在挖掘过程中与振动筛表面无法紧紧贴合，泥土混合物由于惯性力作用脱离振动筛表面，减少挖掘过程中产生的阻力。降低功率消耗达20%，而且收获的效果较好。

为了避免收获时机器对蛤仔造成的刚性剪切破坏,模拟人工采摘作物,滚动式刮板将对作物的刚性剪切转化为对作物的连续打击,摘取作物时的作用力较小。另外,采用该装置不仅可降低蛤仔的破损率,而且可提高蛤仔收获效率。为了减轻采捕设备作业时对蛤仔造成的破坏,在机架前端放置滚动钢刷,确定钢刷与双层振动筛结合的采捕结构,钢刷将泥沙和蛤仔混合物扫至振动筛上,相对其他采捕方式能够降低作业时对菲律宾蛤仔造成的损伤并避免壅土现象;第一层振动筛通过高频振动起到疏松底质的作用,并实现菲律宾蛤仔与泥沙的初次分离;第二层振动筛进一步将蛤仔从泥沙中分离。

5.3.2.2 行走机构

行走机构又被称为行路机构,是影响菲律宾蛤仔振动采捕设备收获效率因素之一。因此设计一种下陷量小、保证采捕效率的行走机构十分关键。目前主要有车轮式和履带式行走机构。

履带牵引装置主要由环形链带、驱动轮、负重轮、诱导轮和履带板等组成,与地面相接触的侧面设有防滑筋,提高履带板的韧性和与地面接触的附着力。履带与地面间的正压力通过下陷的深度决定,履带与地面接触的面积较大,选用履带在滩涂作业时不易下陷,效果较好。由于履带造价较高,为降低设计制造成本,选用其他方式的行走机构。

充气式轮胎由于其较好的气密性、安全性和便利性等优点,近年来被广泛应用在农用机械和渔业领域。由于充气轮胎价格较低,由特殊的橡胶材料配比而成,不仅耐磨而且保证与车轮之间互相贴合,使用寿命较长。轮式和履带式行走机构都满足的同等条件下,优先选用轮胎作为牵引装置。

对比分析履带式和车轮式行走机构的适用工况,结合设计制造成本等,选择车轮式行走机构。

5.3.2.3 输送机构

输送机构主要将采捕后的蛤仔传送至收集装置,应用较广的有链式和带式输送结构。带式输送机构以传送带作为主要传动部件,中间辅以承载装置用于支撑。其作用原理是通过物料与传送带之间摩擦力进行传送,输送过程主要采用张紧装置和制动装置对其运动过程加以控制。带式输送机构对运送物料的类型具有选择性,运转过程中容易产生振动,引起皮带打滑或失效。

链杆式输送机构作业时,将挖掘装置掘起的土块和大量的泥土混合物传送至收集装置。输送机构主要由输送链、输送杆和其他装置组成，当混合物经过输送装置表面时，大量的土块和小尺寸的物料被漏出，降低输送物料的重量，减少了功率的消耗。

采用链杆式输送机构，主要由输送链和PE材质的连杆组成。针对输送蛤仔的长度大小合理选择分布连杆的位置，保证输送效率的同时将规格较小贝类漏回到滩涂，有利于蛤仔养殖业可持续发展；为提高输送机构的使用寿命，输送带两端的连接处选用不锈钢材料；连接两端链条之间的细管选用PE材料，具有一定的缓冲作用，降低采捕时对蛤仔造成的冲击。

5.3.2.4 其他机构

为了采捕埋栖深度介于3～15cm的菲律宾蛤仔，对菲律宾蛤仔振动采捕设备添加振动筛面角度调节机构和整体转向结构。安置于机架上端的调节手柄通过改变与锯齿盘之间的接触位置，使振动筛与地面之间的倾斜角度发生改变。针对不同贝类的埋栖深度，调节机架与地面之间的倾斜角度，适应不同埋栖深度贝类的采捕；针对菲律宾蛤仔的埋栖深度随温度变化的习性，调整振动筛与地面之间的高度，使采捕效率达到最高。顺时针扳动调节手柄时，连接机架整体与振动筛之间的折叠装置张开，振动筛靠近地面。

菲律宾蛤仔振动采捕设备主要由采捕机构、行走机构、输送机构和其他机构组成，该采捕设备不仅适用于菲律宾蛤仔的采捕，还适用于其他埋栖贝类的采捕。如图5-10所示，采捕设备作业时通过旋转钢刷和第一层振动筛配合作业，将

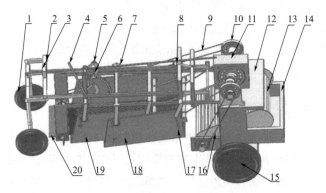

图 5-10 菲律宾蛤仔振动采捕设备设计方案

1—前车轮；2—转向装置；3—限位装置；4—调节手柄；5—折叠装置；6—锯齿盘；7—操纵杆；8—度盘；9—传动链；10—电机轴承座；11—防水电动机；12—机架整体；13—输送带；14—料槽；15—后车轮；16—传动链；17—振动筛角度调节装置；18—第二层振动筛；19—第一层振动筛；20—滚动钢刷

底质中的菲律宾蛤仔挖出，通过四杆机构的振动作用将筛面上的底质泥沙和小规格菲律宾蛤仔滤出。通过第二层振动筛进一步分离，最后经由输送机构将蛤仔传送至收集装置。

5.3.3　采捕机结构改进设计

经过多次试验基础上，保留振动筛设计，对螺旋滚刷进行改进，设计一种新型人字形滚动钢刷结构，并改进输送机构，增加分选机构，完成贝类采捕机整机改进。

图 5-11　轮式振动采捕机

5.3.3.1　行走机构

滩涂的条件恶劣多变，滩涂作业设备要在涨潮前返回安全区域，若采捕机采捕过程中发生陷车，救援难度大且时间紧迫，简单的轮式振动采捕机如图 5-11，很难保证采捕机行驶和作业的安全性，而履带式行走机构具有通过性好、安全可靠和负重能力强等特点，为此设计一款履带式行走机构能够有效增强采捕机的安全性，主要参数见表 5-5。

表 5-5　行走机构主要参数

主要参数	设计值
履带规格 /mm	500×90（56 节）
配套动力 /hp	98
履带宽度 /mm	1700
履刺高度 /mm	100
履带接地长度 /mm	1700

5.3.3.2　滚动钢刷结构

通过前期试验发现滚动直排滚动钢刷（图 5-12）对泥土的切削效果不好，直排滚刷切削的泥土为大片块状，导致贝类在振动筛上未彻底筛分，仍有沙块未经震碎就传送至后面的收集筐中。而螺旋滚动钢刷（图5-13）对泥土具有更好的疏散效果，因此将滚动钢刷结构更改为人字形螺旋结构。新设计的人字形螺旋结构的螺旋滚刷由轴套、键、滚刷轴、钢刷构成，能够切割、破碎泥土并帮助筛前端挖掘铲进行挖掘，推动泥土和贝类进入挖掘铲，起到挖掘和推送的作用，其三维结构如图5-13所示。

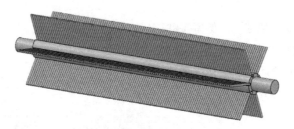

图 5-12　直排滚动钢刷结构图

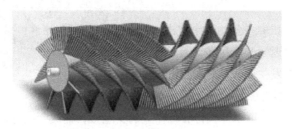

图 5-13　螺旋滚动钢刷结构图

5.3.3.3　输送装置和分选装置

采捕机在工作时，振动前筛和振动后筛的倾角分别为11°和8°，这就使得振动后筛的最后端距离地面的距离很小，空间有限。为了更方便地分选和收集分离后的贝类，在振动筛尾部设计输送装置，将贝类输送至后端分选装置中。链条式输送机构的输送能力强，由于链条间隔分布，在输送的同时还能对贝类起到进一步分选的作用，并且该机构允许在较小的空间内运送大量的物料，布置灵活，可以在紧凑的空间找到合适的安装位置。链条式输送机构主要由链杆、链杆接头、链轮等组成，所采用的输送链是C210AL-H型链，其节距为31.75mm，每条输送链的长度取值为3m，工作时的有效长度为1288mm。链杆长度770mm，链杆直径10mm，链杆间隙11.75mm，材料为304不锈钢，输送机构作业时有效长度内的用于容纳贝类的间隙为34个。

常见的分选装置有滚筒式分选装置（图5-14）和对辊式分选装置，滚筒式分

选装置运行平稳，但筛网易变形，筛分精
度不高等，且换网不方便，整体占地面积
大，此外贝类在滚筒内反复旋转，对贝类
的活性造成不利影响；对辊式分选装置结
构简单机型紧凑，耐用性强，不伤害物料，
适用于贝类的分选。为进一步达到选择性
采捕和减小采捕后分选工作强度的目的，
在采捕和输送后端设计了对辊式分选装置，
如图5-15所示，没达到采捕标准的贝类和
泥沙在通过Ⅰ位置落回滩面，采捕较小的
贝类通过Ⅱ位置进行收集，采捕较大的贝
类通过Ⅲ位置进行收集。

图 5-14 滚筒式分选装置

5.3.3.4 贝类振动采捕机整机改进

滩涂贝类采捕如图5-16所示，主要
由采捕机构（包括一级滚刷、二级滚刷、
振动前筛和振动后筛）、输送链、分选装

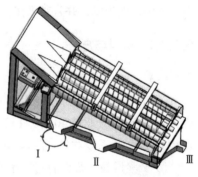

图 5-15 对辊式分选装置结构图

置、行走机构等组成。作业时，随着贝类采捕机的前进以及一级滚刷的转动，将
泥沙和贝类混合物铲到振动前筛上，振动前筛对泥沙和贝类进行初步筛分并将其
向后颠送，二级滚刷促进筛分且把泥沙和贝类拨送到振动后筛，振动后筛对沙贝

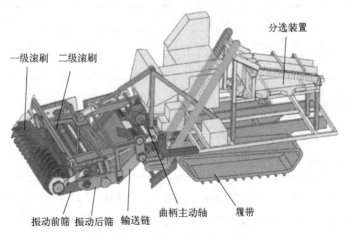

图 5-16 贝类采捕机整机结构图

混合物进行有效的分离，分离出来的泥沙和幼贝在振动筛的空隙中掉落回滩涂底质中，分离出来的贝类通过输送链进入到分选装置，贝类在分选装置中进行三级分选，最后收集，完成贝类的挖掘、筛分、输送、分选和收集的采捕过程。

5.3.4 采捕机性能试验

为了研究改进后样机的采捕性能，拟开展滩涂贝类试验研究。通过单因素和综合因素试验，探讨不同滩涂工况和采捕机构参数对贝类采捕效率、破碎率和漏采率等的影响规律，并且对采捕机采后的贝类和滩涂进行相关分析评价。

5.3.4.1 材料与方法

（1）试验材料

① 试验地点。辽宁省锦州市四角蛤蜊滩涂养殖区（北纬40°50′13″，东经121°33′39″），采收对象；四角蛤蜊。

② 试验设备。改进后的滩涂贝类筛-刷协同采捕机（图5-17），该设备集挖掘、振动筛分、输送和贝类分选为一体，其主要参数如表5-6所示。

图 5-17　滩涂贝类筛-刷协同采捕机

表5-6　滩涂贝类筛-刷协同采捕机主要参数

主要参数	设计值
长×宽×高/mm	5100×2200×2400
配套动力/hp	98
动力输出转速/rpm	1000
质量/kg	4600
作业宽度/mm	1800
驱动曲柄振动主动轴最大转速/rpm	1000

③ 其他仪器设备。ZG-CFC06电子天平、手提电子秤（50kg）、WG-N型土壤贯入力测定仪、VST-3M型十字板剪切仪、YHG-400-Ⅱ远红外快速干燥箱等。

（2）试验方法　采捕试验前选定好试验场地，对所选滩涂贝类进行密度测量，为保证每组试验具有可靠的对比性，采捕区间实际采捕的贝类以贝类平均密度为参考进行归一化。每间隔5m用竹竿标记，三组为一个重复试验，本次试验每组所选采捕区域为1.8m×5m。记录滩涂贝类采捕机每次采捕后贝类的完好数量、破损数量、漏采数量以及贝类重量、采捕时间等参数。

（3）贝类养殖密度调查　　根据采捕试验需求，率先选取好贝类采捕试验的滩涂区域（150m×150m），将试验区域平均分为3×3共计9块区域，如图5-18（a）所示。在每块区域内中心位置利用自制取样框（1m×1m）进行贝类养殖密度测量试验，如图5-18（b）所示。通过专用采收耙具翻出贝类，并对取样框内贝类的数量进行清点，框内贝类的数量即为贝类的密度ρ（枚/m²）。

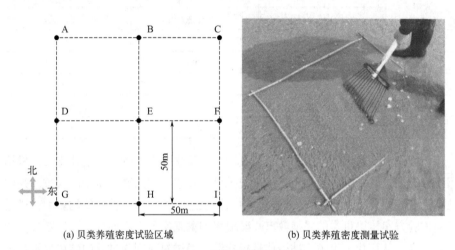

(a) 贝类养殖密度试验区域　　　　　　　(b) 贝类养殖密度测量试验

图 5-18　贝类养殖密度调查

通过自制取样框多点取样统计调查，试验区域内贝类养殖密度结果如表5-7所示。对比采捕试验区域中9个取样区域的养殖密度，其中最大养殖密度为44枚/m²，最小养殖密度为23枚/m²，最大养殖密度是最小养殖密度的1.91倍。因贝类生存环境的影响因素众多，导致采捕区域贝类养殖密度不一致且有较大差异，采捕试验区域内贝类的平均数量为33枚/m²。确定平均单位面积贝类养殖密度作为参考值用于后续贝类采捕试验相关指标计算。

表 5-7　贝类养殖密度测量结果

测量点	1	2	3	4	5	6	7	8	9	总平均值
平均数量N1/枚	23	29	44	25	39	36	33	40	28	33

5.3.4.2 贝类采捕性能试验方法

（1）单因素试验设计　为了研究钢刷（一级滚刷）、曲柄和毛刷（二级滚刷）对采捕性能的影响，根据试验前期的预试验对采捕机一级滚刷转速、曲柄转速和二级滚刷转速三个因素进行单因素试验，试验因素水平如表5-8所示，测试指标取平均值，探究不同指标对滩涂贝类筛-刷协同采捕机在不同滩涂（干滩水深＜2cm，湿滩水深＜10cm）的贝类采捕效率、贝类破碎率和贝类漏采率的影响。

表5-8　采捕机单因素试验因素水平

水平	因素		
	一级滚刷转速/rpm	曲柄转速/rpm	二级滚刷转速/rpm
1	45	770	70
2	50	795	80
3	55	820	90
4	60	845	90
5	65	870	110

（2）正交试验设计　多因子正交设计是试验中最重要的一种设计方法，根据因子设计的分式原理，采用正交表来安排设计实验，有效减少试验的次数，并对结果进行统计分析。为研究采捕过程中采捕机运行参数对采捕性能的影响，通过正交试验方案，以贝类的采捕效率、破损率和漏采率作为判断标准，确定最优的方案组合，从而找出贝类采捕最佳运行参数。通过对单因素试验的结果分析，选取主要影响因素采捕机钢刷（一级滚刷）转速、曲柄转速（与振动筛振动频率成正比）和毛刷（二级滚刷）转速，且每个因素均取3个水平，如表5-9所示。

表5-9　采捕机正交试验因素水平

水平	因素		
	一级滚刷转速/rpm	曲柄转速/rpm	二级滚刷转速/rpm
1	A_1	B_1	C_1
2	A_2	B_2	C_2
3	A_3	B_3	C_3

其中，A_1代表一级滚刷最小转速，A_2代表一级滚刷中等转速，A_3代表一级滚刷最大转速；B_1代表振动最小频率，B_2代表振动中等频率，B_3代表振动最大频率；

C_1 代表二级滚刷最小转速，C_2 代表二级滚刷中等转速，C_3 代表二级滚刷最小转速。根据干滩条件下和湿滩条件下单因素结果选择不同的参数水平，结合正交试验设计原理选用 $L_9(3^3)$ 正交表，进行设计试验方案，其设计出的9种模型配置方案如表5-10所示。

表5-10 采捕机正交试验方案

方案	代号		
	一级滚刷转速/rpm	曲柄转速/rpm	二级滚刷转速/rpm
1	A_1	B_1	C_1
2	A_1	B_2	C_3
3	A_1	B_3	C_2
4	A_2	B_1	C_3
5	A_2	B_2	C_2
6	A_2	B_3	C_1
7	A_3	B_1	C_2
8	A_3	B_2	C_1
9	A_3	B_3	C_3

5.3.4.3 测试指标

（1）贝类采捕性能试验分析检测方法 贝类采收过程中，挖掘和筛分是最为重要的环节，影响挖掘和筛分的主要有钢刷（一级滚刷）转速、振动筛振动频率和毛刷（二级滚刷）转速。因此，为测试采捕机性能，可选取贝类采捕效率、破碎率和漏采率作为试验指标。

① 贝类采捕效率。本次试验在四角蛤蜊生产滩涂进行，由于人为采捕原因导致其密度差异比较大，因此每组试验采捕的重量并不能作为采捕效果的指标，为使不同参数的试验有对比性，以贝类平均养殖密度为标准，对每组参数采收的四角蛤蜊数量进行归一化，对采收的重量进行整理和比例计算，考虑时间因素的影响，计算采捕机的采捕效率。

② 贝类破碎率和漏采率。在贝类采捕中，破碎率是采捕的贝类破碎数量与总数的比，反映了采捕过程中采捕机构对贝类的损坏程度。漏采量与采收量的和为其采捕区域贝类的总数量，漏采率过高会降低采捕机的采收效果。在本次贝类采捕试验中发现，贝类在采捕机的振动下会浮出沙面，因此要在采捕机经过后统

计漏采的贝类数量。

（2）采捕后滩涂及贝类品质分析检测方法 分别为采捕机履带沉陷深度测量方法、贝类呛沙率测量试验方法、幼贝回滩率测定方法、滩涂贯入力和剪切力测量方法。

① 采捕机履带沉陷深度测量方法。采捕后，每隔1m在采捕机两侧履带压痕中间分别测量履带陷入深度，测量10组取平均值。

② 贝类呛沙率测量试验方法。采捕后贝类的含沙率是贝类所吐的沙量与贝类质量之比，含沙量是影响贝类采捕质量的一项重要指标，其不仅影响贝类的口感，而且影响采捕后贝类的成活率。选取不同试验方案下采捕的贝类5枚。将贝类表面泥沙清理干净，称取其重量。放进装满海水的200mL暂养瓶中，使其吐沙。4h后将暂养瓶中的贝类取出，通过漏斗和滤纸过滤得到瓶中贝类吐出的泥沙，如图5-19（a）所示。将暂养瓶和滤纸放入60℃烘箱中烘干4h，如图5-19（b）所示，称取总质量，将暂养桶清洗后再次烘干，称取暂养瓶重量，计算贝类的呛沙率。

(a) 泥沙过滤　　(b) 滤纸烘干

图 5-19　贝类呛沙率测量

③ 幼贝回滩率测定方法：采捕过程中贝类和泥沙会在振动筛筛面停留一段时间后才能分离，导致采捕前后的幼贝发生转移，为保证数据的可靠性，本次在采捕机采捕前后滩涂上随机找3个采样点，每个采样点随机抛放采样框（1m×1m），把采样框压入滩涂中，统计采捕前贝类的数量和采捕后幼贝的数量，计算幼贝的回滩率。

④ 滩涂贯入力和剪切力测量方法：通过WG-N型土壤贯入力测定仪分别对水力采捕和振动采捕后滩涂不同深度（50mm、100mm、150mm、200mm）的贯

入力进行测量，在不同的9个采捕区域进行采样，每个区域随机选取5个点进行测量（图5-20），去掉最大测量值和最小测量值后对其余数取平均值。通过十字板剪切仪对采捕前后不同深度（50mm、100mm、150mm）剪切力进行测量，测量方式与贯入力测量方式类似，如图5-21所示。

图 5-20　滩涂底质贯入力测量试验　　图 5-21　滩涂底质剪切力测量试验

5.3.5　结果及分析

5.3.5.1　单因素试验结果分析

（1）曲柄转速对采捕效果的影响　在一级滚刷转速55rpm，二级滚刷转速90rpm的条件下，调节驱动曲柄振动主动轴的转速，使得振动筛达到不同的曲柄转速，探究在不同滩涂下曲柄转速对滩涂贝类采捕机采捕性能的影响。

① 曲柄转速对贝类采捕效率的影响。随着曲柄转速的增加，干滩和湿滩的贝类采捕效率均随之增大。干滩作业，曲柄转速为770rpm时贝类采捕效率最小，为1.18kg/min；曲柄转速为870rpm时贝类采捕效率达到最大，为1.83kg/min，增加了55.08%；曲柄转速从770rpm增加到795rpm时贝类采捕效率的增幅最小，增幅为6.78%；曲柄转速从795rpm增加到820rpm时贝类采捕效率的增幅最大，增幅为22.22%。湿滩作业，在曲柄转速为770rpm时贝类采捕效率最小，为3.97kg/min；在曲柄转速为870rpm时最大，为6.02kg/min，增加了51.64%。随着曲柄转速的增加，贝类采捕效率的增幅却随之减小，当曲柄转速为795rpm、820rpm、845rpm、870rpm时，贝类采捕效率的增幅分别为19.4%、13.71%、6.54%和5.62%。随着曲柄转速增加，振动筛的筛分能力加强，泥-贝混合物可以更快地在筛面分离，在筛面滞留时间更短，因而采捕效率随着曲柄转速的增加而增大。

对比干滩和湿滩两种不同条件下的贝类采捕效率，发现湿滩条件下贝类采捕效率是干滩条件下的3.2～3.7倍，这是因为湿滩相对于干滩有较多的海水，在振动筛分过程中，适量的海水可以促进泥沙的流化，加快挖掘后泥-贝混合物的分离，进而可以加快采捕机的行进速度，减少试验区域的工作用时。

②曲柄转速对贝类破碎率的影响。贝类破碎率均随着曲柄转速的增加而增大，干滩条件下，当曲柄转速从770rpm增加到870rpm时，贝类破碎率从2.26%增加到4.74%；当曲柄转速从770rpm增加到795rpm时，贝类破碎率的增幅最小，为4.48%；当曲柄转速从820rpm增加到845rpm时，贝类破碎率的增幅最大，为39.16%；当曲柄转速达到870rpm时，相对845rpm时贝类破碎率的增幅为29.51%。湿滩条件下，贝类破碎率最小值为7.33%，最大值为11.85%，其贝类破碎率增幅也越来越大，当曲柄转速从770rpm增加到820rpm时，破碎率从7.33%增加到8.25%，贝类破碎率的增幅分别为5.59%和6.59%；当曲柄转速为845rpm和870rpm时，贝类破碎率的增幅分别为14.91%和25%。出现这种情况的原因是随着曲柄转速的增加，贝类在振动筛上跳跃的次数和高度也随之增加，贝类下落与筛面接触的瞬间所受的力也随着曲柄转速的增加而增大，因此贝类破碎率总体升高。

对比干滩和湿滩两种不同条件下的贝类破碎率，发现曲柄转速对其影响大致相似，并且湿滩条件下贝类破碎率要比干滩条件下大3～4倍，原因是在干滩条件下，贝类与泥沙分离相对较困难，筛面滞留泥沙的面积较大，泥沙对贝类有一定减阻和保护作用；但在湿滩条件下，筛分完成的贝类表面泥沙经过海水清洗大大减少，从而降低了泥沙对贝类的保护作用。

③曲柄转速对贝类漏采率的影响。干滩条件下，随着曲柄转速的增加贝类漏采率随之减小，当曲柄转速为770rpm时，贝类的漏采率最大，为13.14%，当曲柄转速为870rpm时，贝类的漏采率最小，为8.93%；当曲柄转速从770rpm增加到820rpm时，降幅较大，分别为11.34%和13.82%；当曲柄转速从820rpm增加到870rpm时，降幅较小，分别为6.78%和4.59%。通过试验发现贝类在振动波的影响下，表现出从滩涂底层向上运动的趋势，造成此现象的原因是干滩条件下，贝类和泥沙在筛面分离不及时，筛面负重较大，影响振动筛的振动幅度，进而影响振动筛铲尖振动波的传递，造成铲尖有漏采现象。此外筛面负重较大，振动的幅度较小，有些贝类不能从振动筛末端跳到输送链上，在二筛与输送链的间隙滑落。湿滩条件下，贝类的漏采率随着曲柄转速的增加而缓慢增加，造成此现象的原因是有水作业时，海水促进筛面泥沙流化，筛面的振动幅度受筛面负重影

响较小；此外曲柄转速越高，贝类在筛面跳动的幅度越大，增加了漏采的可能。当曲柄转速为770rpm时，贝类漏采率为6.42%，当曲柄转速增加到870rpm时，贝类的漏采率增加到7.48%，在此过程中贝类漏采率的增幅分别为4.21%、2.40%、3.65%和5.35%，可见在海水较多的湿滩条件下作业时，曲柄转速对漏采率的影响较小。

综合考虑曲柄转速对滩涂贝类筛-刷协同采捕机采捕效率、贝类破碎率和贝类漏采率的影响，干滩条件下选择820rpm、845rpm、870rpm三个曲柄转速水平进行正交试验，湿滩条件下选择795rpm、820rpm、845rpm三个曲柄转速水平进行正交试验。

（2）一级滚刷转速对采捕效果的影响　在曲柄转速820rpm，二级滚刷转速90rpm的条件下，调控一级滚刷的转速，探究在不同滩涂下一级滚刷转速对滩涂贝类筛-刷协同采捕机采捕性能的影响。

① 一级滚刷转速对贝类采捕效率的影响。干滩条件下，贝类采捕效率随着一级滚刷转速的增加呈现上升的趋势，当一级滚刷转速为45rpm时，贝类的采捕效率最小，为1.39kg/min；当一级滚刷转速为65rpm时，贝类采捕效率最大，为1.68kg/min；一级滚刷转速到达50rpm、55rpm、60rpm、65rpm时，采捕效率的增幅分别为5.76%、4.76%、5.19%、3.71%。这是因为在干滩时一级滚刷可以使滩涂底质变得松散，且转速越高底质越松散。湿滩条件下，采捕效率随着一级滚刷转速的增加先增大后减小，当一级滚刷转速为45rpm时，贝类采捕效率最小，为4.95kg/min；当一级滚刷转速为60rpm时，贝类采捕效率达到最大，值为5.52kg/min；当一级滚刷转速为65rpm时，贝类的采捕效率下降了1.45%。这是因为有水作业时，简单的外部扰动就能使海水和滩涂底质达到流化的效果，一级滚刷在合适的转速条件下就能使底质和海水混合流化，降低了筛分难度，进而促进了贝类-泥沙的分离。

② 一级滚刷转速对贝类破碎率的影响。在干滩条件下，贝类破碎率随着一级滚刷转速的增加呈现缓慢上升的趋势，一级滚刷转速为45rpm时贝类的破碎率最小，为2.48%。当转速为65rpm时，贝类的破碎率最大，为2.92%，此时贝类破碎率的增幅也最大，为5.41%。在湿滩条件下，贝类破碎率随着一级滚刷转速的增加而增大，当一级滚刷转速从45rpm增加到55rpm时，贝类破碎率的增幅较为缓慢，其增幅值相对于前一个参数分别增加了5.15%和3.64%。当一级滚刷转速从55rpm增加到65rpm时，贝类破碎率的增幅逐渐变大，相对于前一个参数贝类破碎率的增幅分别为7.41%和11.74%，贝类破碎率在一级滚刷转速65rpm时

达到最大值，为9.9%。这是因为，相对于干滩作业，贝类表面少了泥沙的保护，一级滚刷钢性刷毛与贝类碰撞，导致贝类表面损伤；随着转速的增加，底质与水的流化程度越大，泥浆对贝类保护程度越小，转速的增加也使刷毛有更大的动力，进而随着一级滚刷转速的增加，贝类破碎率越大。

③ 一级滚刷转速对贝类漏采率的影响。干滩条件下，贝类的漏采率随着一级滚刷转速的增加而减小，且减小的趋势越来越大，当一级滚刷转速为45rpm时，贝类漏采率最大，为10.88%。当一级滚刷转速为65rpm时，贝类漏采率最小，为7.83%。一级滚刷转速从45rpm增加到50rpm时，贝类漏采率降幅最小，为3.22%。一级滚刷转速从60rpm增加到65rpm时，贝类的漏采率降幅最大，为14.52%。此现象是因为干滩条件下，采捕机振动筛的前端壅土较多，一部分贝类跟随着一级滚刷反复转动跳出采捕范围，随着一级滚刷转速的增加，一级滚刷疏散底质效果越好，减小了振动筛上的壅土，此外一级滚刷转速越大，对混合物的抛掷距离越远，进而也导致了贝类漏采率的增大。湿滩条件下，贝类的漏采率随着一级滚刷转速的增加呈现先减小后趋于平缓的趋势。当一级滚刷转速从45rpm增加到50rpm和55rpm时，贝类漏采率的降幅分别为13.45%和9.03%；当一级滚刷转速从55rpm增加到65rpm时，贝类漏采率增加了0.12%，贝类漏采率的变化不明显，增幅为1.75%。造成此现象的原因是一级滚刷转速在合理范围内，贝类和底质流化程度随着一级滚刷转速的增加而逐渐增大，当流化程度最大时，一级滚刷过快的转速使贝类从一级滚刷和振动前筛的空隙中流出。

综合考虑一级滚刷转速对滩涂贝类筛-刷协同采捕机BCJ-2采捕效率、贝类破碎率和贝类漏采率的影响，干滩条件下选择55rpm、60rpm、65rpm三个转速水平作为正交试验，湿滩条件下选择50rpm、55rpm、60rpm三个转速水平作为正交试验。

（3）二级滚刷转速对采捕效果的影响　在曲柄转速820rpm，一级滚刷转速55rpm的条件下，调控二级滚刷的转速，探究在不同滩涂下二级滚刷转速对滩涂贝类采捕机采捕性能的影响。

① 二级滚刷转速对贝类采捕效率的影响。贝类采捕效率整体上随着二级滚刷转速的增加呈现上升趋势，干滩条件下，当二级滚刷转速为70rpm时，贝类的采捕效率最小，为1.37kg/min。当二级滚刷转速为110rpm时，贝类的采捕效率最大，为1.79kg/min，增加了0.31倍。随着二级滚刷转速的增大，贝类采捕效率随之增加，这是因为干滩条件下贝类与泥沙分离较困难，前筛堆积较多，二级滚刷作用比较明显，同时二级滚刷的疏散和向后筛输送效果也随之增加，促进了贝类

的进一步筛分。湿滩条件下，二级滚刷转速从70rpm增到110rpm，贝类采捕效率从4.89kg/min增加到5.5kg/min，贝类采捕效率增加了0.12倍，但贝类采捕效率的增幅越来越小，二级滚刷转速从70rpm增到80rpm，贝类采捕效率的增幅最大，为6.14%；二级滚刷转速从100rpm增到110rpm，贝类采捕效率的增幅最小，仅为0.73%。这是因为有水作业时，在海水和振动的影响下，泥沙的流化效果较好，贝类在前筛可以有效分离，而二级滚刷和后筛的进一步分离作用不明显。

② 二级滚刷转速对贝类破碎率的影响。在干滩条件下，随着二级滚刷转速的增加贝类破碎率先缓慢减少后趋于平缓，当二级滚刷转速最低为70rpm时贝类的破碎率最大值为3.08%，当转速为90rpm时，贝类的破碎率最小，值为2.63%，贝类破碎率的最大值是最小值的1.17倍，贝类破碎率曲线变化较小，二级滚刷转速对干滩贝类的破碎率影响较小。这是因为贝类在二级滚刷位置时有较多的泥沙保护，贝类在此位置损伤较小。在湿滩条件下，贝类破碎率随着二级滚刷转速的增加呈现上升的趋势，贝类破碎率整体变化较小，当二级滚刷转速从70rpm增加到110rpm时，贝类破碎率增加了1.11%。产生这种现象的原因是随着二级滚刷转速的增加，增大了二级滚刷刷毛与贝类接触力，同时加大了贝类在二级滚刷和筛面的挤压，进而增大了贝类二级滚刷处的破裂，因此贝类破碎率总体不断上升。随着二级滚刷转速的增加，每段区间贝类破碎率的变化都比较小，当二级滚刷转速从70rpm增加到80rpm时，贝类破碎率的增幅最小，仅为1.02%，当二级滚刷转速从100rpm增加到110rpm时，贝类破碎率的增幅最大，其值也仅为4.78%。

③ 二级滚刷转速对贝类破碎率的影响。干滩条件下，贝类的漏采率随着二级滚刷转速的增加呈现逐渐上升的趋势，当二级滚刷转速为70rpm时，贝类漏采率最小，为9.37%；当二级滚刷转速为110rpm时，贝类漏采率最大，为10.59%，贝类漏采率增加了0.13倍。产生这个现象的原因是二级滚刷对经过的贝类有强压和拨送的作用，随着二级滚刷转速的增加，有些贝类跟随二级滚刷反复旋转，造成部分贝类漏出振动筛。湿滩条件下，随着二级滚刷转速的增加，贝类的漏采率呈现先降低后缓慢上升的趋势，产生这个结果的原因是二级滚刷转速增加促进了贝类向后筛拨送，进而减少了贝类在前后筛衔接处的反复跳动，从而使贝类漏采率随之减小；当二级滚刷转速继续增大时，二级滚刷增大了贝类的抛掷，使得贝类在后筛的跳跃幅度增大，进而导致了漏采率的升高。当二级滚刷转速从70rpm增加到80rpm、90rpm时，贝类漏采率的降幅分别为11.31%和7.18%；当二级滚刷转速从90rpm增加到110rpm时，贝类漏采率增加了0.28%，贝类漏采率的增幅

不明显，增幅为5.23%。

综合考虑二级滚刷转速对滩涂贝类筛-刷协同采捕机BCJ-2采捕效率、贝类破碎率和贝类漏采率的影响，干滩条件下选择90rpm、100rpm、110rpm三个转速水平作为正交试验，湿滩条件下选择80rpm、90rpm、100rpm三个转速水平作为正交试验。

采捕机在干滩条件下作业时，贝类的采捕数量与曲柄、一级刷、二级刷转速正相关，贝类采捕数量受曲柄转速影响最大，为55.08%，受一级滚刷影响最小，为20.86%，曲柄转速从最小增加到最大时，贝类采捕数量增加8枚，一级滚刷转速从最小增加到最大时，贝类采捕数量增加3枚。对比干滩试验与联合仿真贝类的漏采率，发现干滩时漏采率随着曲柄二级刷转速增加而增大，随着一级刷转速增加而减小与联合仿真中结果类似，验证了在干滩条件下仿真结果的有效性。

5.3.5.2　正交试验结果分析

极差分析方法是利用数理统计方法计算出正交表中每列的极差 R 值，根据分析结果，可以直观地得到最优组合水平和影响因素的主次顺序。极差分析法只能得到各因素对检验指标影响的相对大小，而不能确定各因素对检验指标的影响是否显著以及显著性的大小。因此，有必要对正交试验的结果进行方差分析，探究各个因素影响的显著性。通过对试验指标数据进行方差分析，可以考察一级滚刷、曲柄和二级滚刷转速三个因素对贝类采捕效率、贝类破碎率和贝类漏采率所产生影响的显著性。

回归分析是指由几个非随机变量来预测某个随机变量的观察值所建立的数学模型及进行的统计分析。方差分析能够确定各因素对指标影响的主次顺序，通过回归分析得到的回归方程，利用所得的回归方程对采捕机的采捕性能进行预测。为了确定采捕机各参数对采捕性能影响的定量关系，以一级滚刷转速、曲柄转速和二级滚刷转速三个因素作为自变量，以贝类的采捕效率、破碎率和漏采率为因变量，建立相互对应的多元线性回归方程。

5.3.5.3　干滩条件下正交试验结果分析

（1）干滩条件下正交试验极差分析　　选取 $L_9(3^4)$ 正交表进行滩涂贝类筛-刷协同采捕机干滩条件下试验性能测试，每个因素和水平的排列、测试结果和采捕机极差分析结果如表5-11所示。

表5-11　采捕机干滩条件下正交试验极差分析结果

试验号	A 一级滚刷转速	B 曲柄转速	C 二级滚刷转速	D空白	采捕效率 /（kg/min）	测试指标 破碎率/%	漏采率 /%
1	1	1	1	1	1.542	2.628	10.035
2	1	2	2	2	1.775	3.894	9.063
3	1	3	3	3	2.244	4.426	7.564
4	2	1	2	2	1.796	3.484	9.064
5	2	2	3	1	2.069	3.835	8.637
6	2	3	1	2	1.943	4.675	7.396
7	3	1	3	2	1.683	3.856	8.034
8	3	2	1	3	1.736	4.532	8.342
9	3	3	2	1	2.142	5.475	7.034

			采捕效率				
K_1	1.787	1.674	1.740	1.951			
K_2	1.969	1.933	1.944	1.940			
K_3	1.854	2.143	2.065	1.959			
极差 R	0.182	0.469	0.325	0.018			
影响顺序	曲柄转速（B）＞二级滚刷转速（C）＞一级滚刷转速（A）						
优化方案	A_2	B_3	C_3				
采捕效率最优组合条件为：一级滚刷转速 60rpm，曲柄转速 870rpm，二级滚刷转速 110rpm							

			破碎率				
K_1	3.998	3.323	4.039	3.979			
K_2	3.649	4.087	4.284	4.147			
K_3	4.621	4.859	3.945	4.142			
极差 R	0.972	1.536	0.339	0.168			
影响顺序	曲柄转速（B）＞一级滚刷转速（A）＞二级滚刷转速（C）						
优化方案	A_2	B_1	C_3				
破碎率最优组合条件为：一级滚刷转速 60rpm，曲柄转速 820rpm，二级滚刷转速 110rpm							

			漏采率				
K_1	8.887	9.044	8.591	8.569			
K_2	7.803	8.681	8.387	8.164			

试验号	*A* 一级滚刷转速	*B* 曲柄转速	*C* 二级滚刷转速	D空白	采捕效率 /（kg/min）	测试指标 破碎率/%	漏采率 /%
K_3	8.366	7.331	8.078	8.323			
极差 *R*	1.084	1.713	0.513	0.404			
影响顺序	曲柄转速（*B*）＞一级滚刷转速（*A*）＞二级滚刷转速（*C*）						
优化方案	A_2	B_3	C_3				

漏采率最优组合条件为：一级滚刷转速60rpm，曲柄转速870rpm，二级滚刷转速110rpm

在试验各因素的水平变化范围内，K_i为相同因素下第 *i* 个水平测试指标的平均值，*R* 表示同一因素下最大值K和最小值K的差值，相对于空白对照组D的 R_D 值，*R* 值越大代表此因素在试验中的重要性就越大，相反，*R* 值越小，这个因素的重要性就越小。对表中因素 *A*、因素 *B* 和因素 *C* 的 *R* 值进行比较，可以得出曲柄转速（*B*）对滩涂贝类筛-刷协同采捕机的采捕效率的影响最大，其次为二级滚刷转速（*C*），影响最小的是一级滚刷转速（*A*）。因此，滩涂贝类筛-刷协同采捕机的采捕效率最高的条件是一级滚刷转速60rpm，曲柄转速870rpm，二级滚刷转速110rpm。

评测指标为贝类破碎率的极差分析结果，见表5-11。表中比较极差 *R* 值大小的排序表明曲柄转速（*B*）是影响采捕过程中贝类破碎率的主要因素，一级滚刷转速（*A*）为次要因素，影响最小的因素是二级滚刷转速（*C*）。曲柄转速（*B*）和贝类破碎率呈正相关关系，一级滚刷转速（*A*）的增加使贝类破碎率先下降后上升。滩涂贝类筛-刷协同采捕机的贝类破碎率最小的组合条件是一级滚刷转速60rpm，曲柄转速820rpm，二级滚刷转速110rpm（$A_2B_1C_3$）。

评测指标为漏采率的极差分析结果见表5-11。通过对表中极差 *R* 值大小比较进行排序得到曲柄转速（*B*）是影响滩涂贝类筛-刷协同采捕机贝类漏采率的主要因素，一级滚刷转速（*A*）是次要因素，影响最小的因素是二级滚刷转速（*C*）。曲柄转速（*B*）、二级滚刷转速（*C*）与采捕机的贝类漏采率呈负相关关系，曲柄转速越高、二级滚刷转速越大、漏采率越小，一级滚刷转速（*A*）在中水平下采捕机的贝类漏采率最小。贝类漏采率最小的组合是一级滚刷转速60rpm，曲柄转速870rpm，二级滚刷转速110rpm（$A_2B_3C_3$）。

（2）干滩条件下正交试验方差分析　采捕机采捕贝类的效率、破碎率和漏采率的方差分析结果见表5-12。*P* 值可以看出，曲柄转速（*B*）对贝类采捕效率的影响极其显著（$P < 0.01$），二级滚刷转速对贝类采捕效率的影响显著（$P < 0.05$），一级滚刷转速对贝类采捕效率没有显著影响（$P > 0.05$）。分析各因素对破碎率的影响，一级滚刷转速（A）和曲柄转速（B）对其影响显著，且曲柄转速对贝类破碎率的影响比一级滚刷转速更显著。通过分析发现，曲柄转速（B）对贝类漏采率的影响显著大于一级滚刷转速（A）对贝类漏采率的影响。

表5-12　采捕机干滩条件下正交试验方差分析

项目	指标	类平方和	自由度	均方	F	P值
修正模型	采捕效率	0.514a	6	0.086	6.514	0.139
	破碎率	5.177b	6	0.863	31.601	0.031
	漏采率	7.050c	6	1.175	9.44	0.099
截距	采捕效率	33.063	1	33.063	2513.43	0
	破碎率	150.512	1	150.512	5512.43	0
	漏采率	627.82	1	627.82	5043.643	0
A	采捕效率	0.021	2	0.01	0.781	0.561
	破碎率	1.454	2	0.727	26.623	0.036
	漏采率	1.763	2	0.882	7.083	0.048
B	采捕效率	0.332	2	0.166	12.607	0.007
	破碎率	3.539	2	1.769	64.807	0.015
	漏采率	4.887	2	2.444	19.631	0.032
C	采捕效率	0.162	2	0.081	6.153	0.024
	破碎率	0.184	2	0.092	3.373	0.229
	漏采率	0.4	2	0.2	1.606	0.384
误差	采捕效率	0.026	2	0.013		
	破碎率	0.055	2	0.027		
	漏采率	0.249	2	0.124		

a.$R^2=0.951$（调整后 $R^2=0.905$）
b.$R^2=0.990$（调整后 $R^2=0.958$）
c.$R^2=0.966$（调整后 $R^2=0.964$）

（3）干滩条件下正交试验回归分析　对采捕机采捕贝类的效率、破碎率和漏采率正交试验结果进行多元线性回归分析，由表5-13所示。

表5-13　采捕机干滩条件下正交试验回归分析

因变量		未标准化系数	标准错误	标准化系数	t	显著性	共线性统计	VIF
采捕效率	（常量）	1.187	0.142		8.385	0		
	A	0.032	0.043	0.144	0.767	0.278	1	1
	B	0.218	0.04	0.812	5.482	0.003	1	1
	C	0.129	0.04	0.481	3.248	0.023	1	1
破碎率	（常量）	1.488	0.333		4.463	0.007		
	A	0.486	0.094	0.52	5.187	0.004	1	1
	B	0.768	0.094	0.822	8.2	0.001	1	1
	C	0.047	0.094	0.05	0.502	0.637	1	1
漏采率	（常量）	11.662	0.559		20.849	<0.001		
	A	−0.542	0.157	−0.491	−3.449	0.018	1	1
	B	−0.857	0.157	−0.777	−5.45	0.003	1	1
	C	−0.256	0.157	−0.232	−1.631	0.264	1	1

采捕效率受一级滚刷转速（A）的影响不显著（$P=0.278$），破碎率受二级滚刷的影响不显著（$P=0.637$），漏采率受二级滚刷的影响不显著（$P=0.264$）。排除不显著因素，获得干滩条件下的贝类采捕效率、贝类破碎率和贝类漏采率的回归模型分别为：

$$y_1 = 0.218x_A + 0.129x_C + 1.187 \qquad (5.25)$$

$$y_2 = 0.486x_A + 0.768x_B + 1.488 \qquad (5.26)$$

$$y_3 = -0.542x_A - 0.857x_B + 11.662 \qquad (5.27)$$

式中，y_1为采捕机的采捕效率，kg/min；y_2为贝类破碎率，%；y_3为贝类漏采率，%；x_A为一级滚刷转速的水平值；x_B为曲柄转速的水平值；x_C为二级滚刷转速的水平值。

通过多元线性回归方程式（5-25）（5-26）（5-27），当采捕效率y_1取最大值时，x_B最大，即曲柄转速（870rpm），x_C最大，即二级滚刷转速（110rpm）。当破碎率越低，x_A和x_B应取低水平，而为降低漏采率x_A和x_B应取高水平，由于破碎率y_2整体比较低，当x_A和x_B取高水平时，破碎率仅为5.25%，此时漏采率y_3最低，为7.456%，采捕效率最高，为134kg/h。所以干滩条件下，一级滚刷转速、曲柄转速和二级滚刷转速的最佳配合为65rpm、870rpm和110rpm。在贝类养殖密度相同条件下，采捕机的贝类采捕效率较上一代提升了117.63%，破碎率降低了2.09%。

5.3.5.4　湿滩条件下正交试验结果分析

（1）湿滩条件下正交试验极差分析　湿滩条件下选取一级滚刷转速水平为 50rpm、55rpm 和 60rpm，曲柄转速水平为 795rpm、820rpm 和 845rpm，二级滚刷转速水平为 90rpm、100rpm 和 110rpm，每个因素和水平的排列、测试结果和极差分析结果如表 5-14 所示。

表 5-14　采捕机湿滩条件下正交试验极差分析

试验号	A 一级滚刷转速	B 曲柄转速	C 二级滚刷转速	D	采捕效率	实验指标破碎率 %	漏采率/%
1	1	1	1	1	4.563	7.542	8.245
2	1	2	2	2	5.166	7.962	7.413
3	1	3	3	3	5.634	8.363	7.367
4	2	1	2	3	4.735	7.743	6.225
5	2	2	3	1	5.465	8.466	7.066
6	2	3	1	2	5.738	9.396	6.902
7	3	1	3	2	4.976	8.034	6.055
8	3	2	1	3	5.512	8.909	6.342
9	3	3	2	1	5.923	9.464	5.476
采捕率							
K_1	5.121	4.758	5.271	5.317			
K_2	5.313	5.381	5.275	5.293			
K_3	5.470	5.765	5.458	5.294			
极差 R	0.349	1.007	0.187	0.024			
影响顺序曲柄转速＞一级滚刷转速＞二级滚刷转速							
优化方案	A_3	B_3	C_1				
采捕效率最优组合条件为：一级滚刷转速 60rpm，曲柄转速 845rpm，二级滚刷转速 100rpm							
破碎率							
K_1	7.956	7.773	8.616	8.491			
K_2	8.535	8.446	8.390	8.464			
K_3	8.802	9.074	8.288	8.338			
极差 R	0.847	1.301	0.328	0.152			

续表

试验号	A 一级滚刷转速	B 曲柄转速	C 二级滚刷转速	D	采捕 效率	实验指标 破碎率%	漏采率 /%
影响顺序 曲柄转速＞一级滚刷转速＞二级滚刷转速							
优化方案	A_1	B_1	C_3				
采捕效率最优组合条件为：一级滚刷转速50rpm，曲柄转速795rpm，二级滚刷转速100rpm							
漏采率							
K_1	7.675	6.842	7.163	6.929			
K_2	6.731	6.940	6.371	6.790			
K_3	5.958	6.582	6.829	6.645			
极差 R	1.717	0.395	0.792	0.284			
影响顺序 一级滚刷转速＞二级滚刷转速＞曲柄转速							
优化方案	A_3	B_3	C_2				
采捕效率最优组合条件为：一级滚刷转速60rpm，曲柄转速870rpm，二级滚刷转速110rpm							

采捕机湿滩条件下正交试验极差分析见表5-16。在湿滩条件下，采捕机的采捕效率和曲柄转速呈正相关，曲柄转速越大，采捕效率越高。对表中因素A、因素B和因素C的R值进行比较，可以得出曲柄转速（B）对采捕机的采捕效率的影响最大，其次为一级滚刷转速（C），二级滚刷转速（A）的影响最小。因此，得到采捕机的采捕效率最高的条件是一级滚刷转速60rpm，曲柄转速845rpm，二级滚刷转速100rpm；以贝类破碎率作为评测指标的正交试验极差分析结果，表中比较极差R值大小的排序表明，曲柄转速（B）是影响采捕过程中贝类破碎率的主要因素，一级滚刷转速（A）为次要因素，影响最小的因素是二级滚刷转速（C）。采捕机的贝类破碎率最小的组合条件是一级滚刷转速50rpm，曲柄转速795rpm，二级滚刷转速100rpm（$A_1B_1C_3$）；将漏采率作为评测指标的正交试验极差分析结果，一级滚刷转速（A）是影响采捕机贝类漏采率的主要因素，曲柄转速（B）是次要因素，二级滚刷转速（C）是影响最小的因素。一级滚刷转速（A）与采捕机的贝类漏采率呈负相关关系，一级滚刷转速越大漏采率越小。采捕机的贝类漏采率最小的组合条件是一级滚刷转速60rpm，曲柄转速870rpm，二级滚刷转速110rpm（$A_3B_3C_2$）。

（2）湿滩条件下正交试验方差分析　湿滩条件下采捕机采捕贝类的效率、采捕过程中的破碎率和漏采率方差分析结果如表5-15所示。

表5-15　采捕机湿滩条件下正交试验方差分析

项目	指标	类平方和	自由度	均方	F	P值
修正模型	采捕效率	1.819a	6	0.303	394.785	0.003
	破碎率	3.834b	6	0.639	32.186	0.030
	漏采率	5.592c	6	0.932	15.369	0.062
截距	采捕效率	251.614	1	251.614	327574.507	0.000
	破碎率	639.736	1	639.736	32221.472	0.000
	漏采率	414.679	1	414.679	6837.909	0.000
A	采捕效率	0.184	2	0.092	119.949	0.018
	破碎率	1.124	2	0.562	28.305	0.034
	漏采率	4.438	2	2.219	36.594	0.027
B	采捕效率	1.622	2	0.811	1055.587	0.001
	破碎率	2.541	2	1.271	63.995	0.015
	漏采率	0.206	2	0.103	1.698	0.371
C	采捕效率	0.014	2	0.007	8.819	0.102
	破碎率	0.169	2	0.085	4.258	0.190
	漏采率	0.948	2	0.474	7.815	0.113
误差	采捕效率	0.002	2	0.001		
	破碎率	0.040	2	0.020		
	漏采率	0.121	2	0.061		

a.R^2=0.999（调整后 R^2=0.997）
b.R^2=0.990（调整后 R^2=0.959）
c.R^2=0.979（调整后 R^2=0.915）

　　采捕机湿滩条件下正交试验方差分析见表5-15。曲柄转速（B）对贝类采捕效率的影响极其显著（$P<0.01$），二级滚刷转速对贝类采捕效率的影响显著（$P<0.05$）；分析各因素对破碎率的影响，一级滚刷转速（A）和曲柄转速（B）对其影响显著，且曲柄转速（P=0.015）对贝类破碎率的影响比一级滚刷转速（$P>0.034$）更显著；通过对比发现，只有一级滚刷转速（A）对贝类漏采率的影响具有显著性。

（3）湿滩条件下正交试验回归分析　采捕机湿滩条件下正交试验回归分析如表5-16所示。

表5-16　采捕机湿滩条件下正交试验回归分析

因变量		未标准化系数	标准错误	标准化系数	t	P值	共线性统计	VIF
采捕效率	（常量）	3.837	0.122		31.519	0.000		
	A	0.175	0.034	0.317	5.107	0.004	1	1
	B	0.516	0.034	0.936	15.077	< 0.001	1	1
	C	0.035	0.034	0.064	1.023	0.353	1	1
破碎率	（常量）	6.611	0.022		32.661	0.000		
	A	0.423	0.057	0.527	7.443	0.001	1	1
	B	0.651	0.057	0.810	11.441	< 0.001	1	1
	C	−0.164	0.057	−0.204	−2.884	0.034	1	1
漏采率	（常量）	9.099	0.657		13.856	0.000		
	A	−0.859	0.185	−0.880	−4.654	0.006	1	1
	B	−0.130	0.185	−0.133	−0.705	0.513	1	1
	C	−0.167	0.185	−0.171	−0.904	0.407	1	1

将贝类的采捕效率、采捕率和漏采率正交试验结果进行多元线性回归分析，发现采捕效率受二级滚刷转速（C）的影响不显著，其P值为0.353；漏采率受曲柄转速（B）和二级滚刷转速（C）的影响不显著，其P值分别为0.513和0.407。排除不显著因素，获得湿滩条件下的贝类采捕效率、破碎率和漏采率的回归模型分别为：

$$y_1 = 0.174x_A + 0.516x_B + 3.837 \tag{5.28}$$

$$y_2 = 0.423x_A + 0.651x_B - 0.164x_C + 6.611 \tag{5.29}$$

$$y_3 = -0.859x_A + 9.099 \tag{5.30}$$

式中：y_1为采捕机的采捕效率，kg/min；y_2为贝类破碎率，%；y_3为贝类漏采率，%；x_A为一级滚刷转速的水平值；x_B为曲柄转速的水平值；x_C为二级滚刷转速的水平值。

通过多元线性回归方程分析，发现二级滚刷转速x_C仅对破碎率y_2有明显影响，且二级滚刷转速x_C越快破碎率y_2越小，贝类采捕过程中应在采捕效率大的前提下保证破碎率和漏采率尽可能小。当x_B取最高水平，即曲柄转速为845rpm时，采捕效率为5.385+0.175x_A，破碎率为8.072+0.423x_A；当x_B取中间水平，即曲柄转速为820rpm时，采捕效率为$4.869+0.175x_A$，破碎率为$7.421+0.423x_A$，综合考虑采捕效率和破碎率，曲柄转速选820rpm最为合理。考虑一级滚刷转速x_A对采捕效率、破碎率的综合影响，x_A不宜过小也不宜过大，取中间水平即一级滚刷转速选55rpm最佳，此时采捕效率y_1为5.219kg/min，破碎率y_2为7.844%，漏采率y_3为7.381%。所以湿滩条件下，一级滚刷转速、曲柄转速和二级滚刷转速的最佳配合为55rpm、820rpm和100rpm。

综上所述，在贝类密度为33枚/m²滩涂，干滩条件下单因素试验，一级滚刷转速选取为55rpm、60rpm、65rpm，曲柄转速选取为820rpm、845rpm、870rpm，二级滚刷转速选取为90rpm、100rpm、110rpm，通过极差分析影响贝类采捕效率主次因素排序为曲柄转速＞二级滚刷转速＞一级滚刷转速，影响贝类破碎率和贝类漏采率主次顺序为曲柄转速＞一级滚刷转速＞二级滚刷转速。通过Spss分析各因素对采捕效率、破碎率和漏采率影响的显著性，并建立多元回归模型，分别为：$y_1=0.218x_B+0.129x_C+1.187$，$y_2=0.486x_A+0.768x_B+1.488$，$y_3=-0.542x_A-0.857x_B+11.662$。综合考虑贝类的采捕效率、破碎率和漏采率，一级滚刷转速、曲柄转速和二级滚刷转速的最佳配合为65rpm、870rpm和110rpm，此时采捕机采捕贝类的破碎率为5.25%，漏采率为7.456%，采捕效率为134kg/h，对比上一代采捕机，在贝类养殖密度相同条件下，采捕机的贝类采捕效率提升了117.63%、破碎率降低了2.09%；湿滩条件下单因素试验，一级滚刷转速选取为50rpm、55rpm、60rpm，曲柄转速选取为795rpm、820rpm、845rpm，二级滚刷转速选取为80rpm、90rpm、100rpm。分析影响贝类采捕效率和破碎率主次因素排序为曲柄转速＞一级滚刷转速＞二级滚刷转速，影响漏采率主次顺序为一级滚刷转速＞二级滚刷转速＞曲柄转速。通过方差分析各因素对采捕效率、破碎率和漏采率影响的显著性，并建立多元回归模型，分别为：$y_1=0.175x_A+0.516x_B+3.837$，$y_2=0.423x_A+0.651x_B-0.164x_C+6.611$，$y_3=-0.859x_A+9.099$。综合考虑贝类的采捕效率、破碎率和漏采率，一级滚刷转速、曲柄转速和二级滚刷转速的最佳配合为55rpm、820rpm和100rpm，此时采捕机采捕贝类的破碎率为7.844%，漏采率为7.381%，采捕效率为313kg/h。

5.3.5.5 采捕后滩涂及贝类品质测试结果

（1）采捕机沉陷深度测量试验结果 两种不同情况下的履带沉陷深度的测量结果见表5-17。采捕机在非采捕状态时，履带左侧的沉陷深度平均值为1.715cm，右侧的沉陷深度为1.665cm。采捕机在采捕状态时，左侧的沉陷深度平均值为3.925cm，右侧的沉陷深度为3.865cm。

表 5-17　两种不同情况下的履带沉陷深度

序号	非采捕状态		采捕状态	
	左侧沉陷深度/cm	右侧沉陷深度/cm	左侧沉陷深度/cm	右侧沉陷深度/cm
1	1.65	1.55	3.65	3.80
2	1.90	1.75	3.80	3.45
3	1.50	1.85	3.95	4.10
4	1.45	1.70	4.25	4.35
5	1.75	1.35	3.40	4.35
6	2.05	1.95	3.85	4.05
7	1.65	1.55	4.35	3.50
8	2.15	1.75	3.80	3.65
9	1.70	1.65	4.55	3.55
10	1.35	1.55	3.65	3.85
均值	1.715	1.665	3.925	3.865

（2）贝类呛沙率试验结果　不同采捕情况下的贝类呛沙率试验结果见表5-18。滩涂贝类筛-刷协同采捕机采捕后，贝类呛沙率最低为1.7%，最高为3.14%，平均呛沙率为2.11%，水力采捕后的贝类呛沙率为5.42%，振动采捕技术相对于水力采捕技术贝类呛沙率降低了61.11%，也表明了本采捕机采捕后的贝类有着较小的含沙率。

表5-18　不同采捕情况下的贝类呛沙率试验结果

序号	5枚质量/g	沙质量/g	呛沙率/%	平均呛沙率/%
采捕机1	61.4	2.284	2.03	
采捕机2	59.8	2.056	1.70	
采捕机3	63.2	2.302	2.00	
采捕机4	58.4	2.876	3.14	
采捕机5	60.3	2.027	1.64	2.11
采捕机6	71.2	2.704	2.34	
采捕机7	50.4	2.093	2.09	
采捕机8	67.3	2.38	1.99	
采捕机9	49.1	2.056	2.07	
水力1	81.2	5.282	5.22	
水力2	63.5	3.993	4.65	5.42
水力3	72.4	5.667	6.39	

（3）幼贝回滩率试验结果　采捕机采捕后幼贝经过振动筛筛条间的缝隙落回滩涂表面，如图5-22所示，采捕机实现了贝类的选择性采捕。

图 5-22　采捕机采捕后幼贝回滩图

滩涂贝类采捕机选择性（幼贝回滩率）试验结果见表5-19。经过九组重复试验，幼贝的回滩率在89.11% ～ 95.35%，幼贝平均回滩率为92.29%。

表5-19　幼贝回滩率试验统计结果

序号	采捕前贝类总数量/枚	采捕前幼贝数量/枚	采捕后幼贝数量/枚	幼贝回滩率/%	幼贝平均回滩率/%
1	136	91	86	94.51	92.29
2	135	95	87	91.58	
3	148	98	88	89.80	
4	141	101	90	89. 11	
5	131	91	85	93.41	
6	126	91	84	92.31	
7	139	99	90	90.91	
8	128	94	88	93.62	
9	126	86	82	95.35	

（4）滩涂变化对比试验结果

① 采捕机和水力采捕后贯入力变化。当测量深度为5cm时，采捕机采捕后与采捕前贯入力变化不明显，贯入力的大小分别为0.01N和0.07N，水力采捕后滩涂表面明显变硬，贯入力达到4.29N，当测量深度为10cm时，采捕机采捕后相对于采捕前贯入力减小了55.31%，而水力采捕后相对于采捕前贯入力增大了133.55%。当测量深度达到15cm 时，采捕机采捕后的贯入力为35.64N，相对于采捕前减小了

27.13%，水力采捕后的贯入力为84.7N，相对于采捕前增大了73.18%。可见采捕机在采收贝类作业时，不会造成滩涂板结变硬，并且有疏松滩涂表面的作用。

②采捕机采捕后剪切强度变化。从采捕前后滩涂表面剪切力的变化可以看出，采捕机采捕后剪切力的变化随着测量深度的增加而减小，当测量深度分别为5cm、10cm、15cm时，同深度采捕后剪切力相对于采捕前剪切力分别减小了65.13%、5.32%和0.46%。

综上所述，该研究基于滩涂贝类筛—刷协同采捕机，采用贝类的采捕效率、贝类的破碎率和贝类的漏采率作为评价指标，分别在干滩条件（水深＜2cm）和湿滩条件（水深＜10cm）两种情况下开展了一级滚刷转速、曲柄转速和二级滚刷转速的单因素试验和正交试验，为滩涂贝类筛—刷协同采捕机的工作参数提供参考。在采捕机采捕后对采捕的贝类进行呛沙试验，得到采捕后贝类呛沙率，对滩涂表面幼贝进行统计算出幼贝回滩率，通过贯入仪和剪切仪测量滩涂表面贯入力、剪切力变化，探究采捕机对滩涂表面的影响。通过采捕性能试验，在贝类密度为33枚/m²滩涂，综合考虑贝类采捕效率、破碎率和漏采率，干滩作业时，一级滚刷转速、曲柄转速和二级滚刷转速的最佳配合为65rpm、870rpm和110rpm，此条件下贝类破碎率为5.25%，漏采率为7.456%，采捕效率为134kg/h。湿滩作业时，一级滚刷转速、曲柄转速和二级滚刷转速的最佳配合为55rpm、820rpm和100rpm。此条件下贝类破碎率为7.844%，漏采率为7.381%，采捕效率为5.219kg/min。通过采捕后滩涂及贝类变化结果分析，得到采捕机采捕的贝类呛沙率相对于传统水力采捕有所减少，选择性采捕性强，幼贝回滩率达90%以上。通过采捕前后滩涂底质贯入力和剪切力的对比，该采捕机不会导致滩涂底质变硬反而可以疏松滩涂底质。

5.4
滩涂泥螺采收技术与装备

5.4.1　泥螺特征与产业现状

泥螺俗称"吐铁"，是一种软体螺类动物，对盐度、温度适应性强，是典型的潮间带底栖匍匐动物。泥螺壳薄而脆，成螺体长40mm左右，宽约12～15mm，产地主要为黄海南部和东海北部及渤海沿海滩涂。据统计，2021年我国螺类海水养殖产量为3×10⁵t，且近几年泥螺产量和销量一直呈现增长趋势，以浙江舟山为例，2021年泥螺养殖产量已经超过了2000t，相较于2017年泥螺产量增长高达75%。采收作为泥螺生产过程中的重要一环，直接影响泥螺产量及经济效益。目前我国泥螺机械化采收技术落后，无机可用，主要以网捞和手工抓捕为主，存在工作效率低、劳动强度大、泥螺易破损等问题。我国现有的滩涂贝类采收方式分别是高压水射流采收法、振动流化采收法和拖网式采收法，主要针对壳体硬度较高的贝类进行采收，若对泥螺进行采收，易造成泥螺的损伤、遗漏，并不适用于泥螺的采收。因此，泥螺的采收方式极大地限制了泥螺产业的高速发展。养殖企业急需一种适应泥螺生存环境、符合其生物力学特性，且采收效率高、破损率低的泥螺采收装备。

5.4.2 总体技术方案及工作原理

5.4.2.1 总体技术方案

滩涂泥螺采收技术要求：采收规格为壳高大于12mm；滩涂泥螺为活体动物，而且壳薄质脆，采收过程应尽量减少碰撞，以免造成破碎；滩涂泥螺的采收作业环境为高湿度、高盐度环境，因此泥螺机械化采收装备设计需要考虑防腐；滩涂泥螺生长密度低、散布面积大，且采收作业受潮汐影响，作业时间短，因此泥螺采收装备应作业高效、制造成本低、操作便利。

滩涂泥螺采收装备如图5-23所示，主要由采集机构、筛铲机构、输送机构、

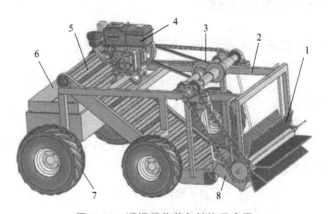

图 5-23　泥螺采收装备结构示意图

1—采集机构；2—车架；3—传动系统；4—动力机构；5—输送机构；6—收集机构；7—驱动轮；8—筛铲机构

行走机构等组成。其中，采集机构负责泥螺的清扫收集工作，筛铲机构负责泥螺与底质的初步分离及输送，输送机构负责泥螺的提升输送，收集机构负责泥螺的收集。

5.4.2.2　工作原理

采收装备工作原理如图5-24所示，图中虚线所指方向为泥螺运动方向，直线所指方向为采收装备前进方向。泥螺采收装备工作时，柔性滚刷由柴油机驱动，当接触到泥螺时，滚刷对泥螺产生作用力，克服泥螺与底质间的摩擦力，将泥螺以一定的初速度"扫"入筛铲机构，该机构与采集机构配合，将泥螺与底质、滩涂杂物等实现分离，底质、杂物等会从筛铲机构的筛条缝隙间落到滩面，而留在筛铲机构的泥螺会被滚刷进一步"扫"入输送机构，随输送机构向上输送进入收集机构，完成采收工作。

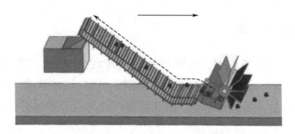

图 5-24　采收装备工作原理

5.4.3　泥螺采收装备运动分析

5.4.3.1　泥螺采收装备滚刷运动轨迹及漏扫区域分析

（1）滚刷运动轨迹分析　根据采收装备工作原理，滚刷除了自身的旋转运动外，还要随装备前进，即为圆周运动与水平移动合成，因此滚刷任意一排刷毛的运动轨迹均为余摆线，而且任意一条余摆线之间存在平移关系。以滚刷轴心为坐标原点，装备前进方向为X轴正向，竖直向上为Y轴正向，则任意一排滚刷刷毛末端的运动轨迹参数方程为：

$$\begin{cases} X_i = V_{车}t + R\sin(2\pi nt + 2i\pi / k) \\ Y_i = -R\cos(2\pi nt + 2i\pi / k) \end{cases} \tag{5.31}$$

式中，X_i为第i排刷毛的横坐标，i=0, 1, 2, ……, k；Y_i为第i排刷毛的纵坐标，

i同上；R为滚刷半径，m；$v_车$为采收装备行进速度，m/s；t为时间，s；n为滚刷转速，r/min；i为第i排刷毛，i=0，1，2，……，k；k为共有k排刷毛排列在滚筒上。

由上式可知，滚刷末端的运动轨迹随装备行进速度$v_车$、滚刷半径R、滚刷转速n和刷毛排数k的变化，呈现不同形状的余摆线。

（2）漏扫区域分析　运用MATLAB绘制出滚刷刷毛末端的运动轨迹。以采收装备行进速度0.8m/s、滚刷转速为30r/min和2排刷毛为例，分析得出滚刷末端的运动轨迹，如图5-25所示。滚刷轴心O为原点，滚刷前一排刷毛末端Ⅰ在A处与滩面接触，开始对滩面上的泥螺进行采收作业，直至刷毛末端运动至B处与滩面分离，从A到B为滚刷前一排刷毛采收作业的有效区域。滚刷后一排刷毛末端Ⅱ的运动轨迹、作业时间与滚刷前排刷毛末端Ⅰ相同，只是末端Ⅱ开始进行采收作业的位置为C，离开滩面时的位置为D，即当刷毛末端Ⅰ完成采收作业离开滩面时，刷毛末端Ⅱ还未进行采收作业，则可知图中BCE的面积即为漏采区域面积。漏采区域面积越大，泥螺采收量越少，采收效率越低。为提高采收效率，应尽量减少漏采区域BCE的面积。

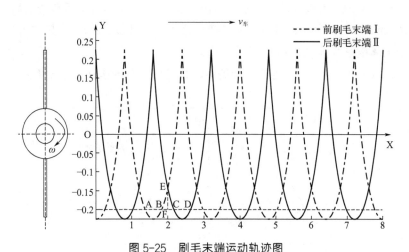

图 5-25　刷毛末端运动轨迹图

5.4.3.2　泥螺运动状态及受力分析

根据泥螺采收装备工作原理可知，泥螺采收过程可分为三个阶段，分别是采集机构对泥螺的采集阶段、筛铲机构上泥螺与底质的分离阶段（筛面运动阶段）、泥螺在输送机构的输送阶段。因前两个阶段为采收关键期，只分析相应过程中的运动状态及受力情况。

（1）采集阶段泥螺运动状态分析　当刷毛转至X_0时，与泥螺产生碰撞，此时刷毛将泥螺向后推动，直至与筛铲机构发生碰撞。泥螺与刷毛接触瞬间获得与刷毛末端相同的速度，并沿着水平面，此过程中泥螺在较短的时间获得了较大的动能。将整个过程理想化，不考虑采收装备在水平方向的行进速度，同时忽略收集过程中空气阻力对速度的影响，因此认为泥螺颗粒与刷毛碰撞到与筛铲机构碰撞的过程中，泥螺的速度只受到滩面的摩擦作用，发生匀减速运动。泥螺在与刷毛接触瞬间，具有与刷毛末端相同的速度，由于此过程发生时间短，因此忽略采收装备在水平方向的行进速度。

如图5-26所示，以刷毛发生最大变形量的位置为坐标原点O点，采收装备前进方向为X轴正方向，以滚刷中心为Y轴，竖直向上为正方向，建立泥螺颗粒在二维平面XOY内的运动轨迹方程：

$$\left.\begin{cases} x = X_0 - v_0 t + \dfrac{1}{2}at^2 \\ y = 0 \end{cases}\right\}(0\mathrm{p}t \leqslant t_1) \tag{5.32}$$

式中，X_0为刷毛接触泥螺颗粒时的初始位移，m；v_0为泥螺颗粒碰触后速度，$v_0=\omega R$，m/s；t为时间，s；a为泥螺在滩面运动的加速度，$a=\mu_1 g$，其中μ_1为泥螺与滩面的摩擦系数，g为重力加速度，m/s²。

由式（5.31）可知，泥螺在滩面的运动状态由滚刷转速及刷毛长度决定。

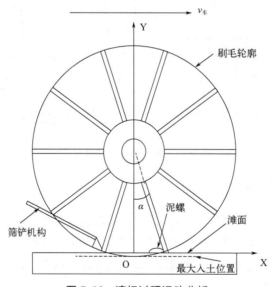

图 5-26　清扫过程运动分析

（2）采集阶段泥螺受力分析　通过上述泥螺采集阶段运动分析可知，泥螺在与刷毛碰撞后，只与滩面发生力的作用。因此泥螺与刷毛碰撞后直至与筛铲机构碰撞这一中间过程不会造成泥螺破碎，着重分析泥螺与刷毛接触瞬间的受力情况。

泥螺在与刷毛接触瞬间，具有与刷毛末端相同的速度，由于此过程发生时间短，因此忽略空气阻力的影响。

建立的坐标系如图 5-27 所示，由此可得出泥螺碰撞瞬间运动关系式：

$$\begin{cases} F_X = F_1 \cos\alpha - f_1 \\ F_Y = F_1 \sin\alpha + G - F_{N1} \\ f_1 = \mu_1 F_{N1} \end{cases} \qquad (5.33)$$

式中，F_1 为刷毛对泥螺正压力，N；f_1 为地面与泥螺的摩擦力，N；G 为泥螺自身重力，N；F_{N1} 为滩面对泥螺的支持力，N；α 为刷毛触碰滩面时与 Y 轴夹角，°；μ_1 为泥螺与滩面的摩擦系数。

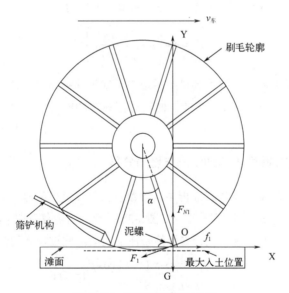

图 5-27　清扫过程受力分析

泥螺在竖直方向没有运动趋势，因此泥螺在 Y 方向的所受合力 F_Y 为 0；要使泥螺开始产生水平方向的位移，其在 X 方向所受合力 F_X 必须满足：$F_X = F_1 \cos\alpha - f_1 > 0$。

滚刷上的刷毛一端固定在滚筒上，一端为自由状态，可将其视为悬臂梁结构，将泥螺与刷毛碰撞瞬间视为悬臂梁受冲击载荷产生的位移问题，碰撞过程认

为是质量为 m 的泥螺以瞬时速度 v 冲击刷毛末端。尼龙、橡胶等材料在小变形中可视为线弹性体，为计算采收时刷毛对泥螺的冲击载荷，将泥螺视为刚体，对于碰撞时间很短的冲击力问题可用能量法求解，由此可得出刷毛对泥螺的冲击力关系为：

$$\begin{cases} F_1 = mgK_1 \\ K_d = 1 + \sqrt{1 + \dfrac{v^2}{g\Delta st}} \\ \Delta st = \dfrac{mgR^3}{3EI} \\ v = \omega R \end{cases} \qquad (5.34)$$

式中：K_1 为以速度 v 冲击时的动载荷系数；E 为弹性模量，MPa；I 为惯性矩，mm^4；v 为刷毛与泥螺碰撞时的速度，m/s；ω 为滚刷转速，rad/s；Δst 为悬臂梁受等量静载荷时产生的最大挠度，m；R 为刷毛长度，m。

综合上述公式（5.34）可知，刷毛对泥螺冲击力为：

$$F_1 = mg\left(1 + \sqrt{\dfrac{3EI\omega^2}{mg^2R}}\right) \qquad (5.35)$$

刷毛对泥螺的冲击力过大会导致泥螺在碰撞瞬间被碰碎，过小会导致泥螺不能往后运动。由上式（5.35）可知，刷毛对泥螺的冲击力主要由滚刷转速与刷毛长度决定。

5.4.3.3 泥螺在筛面上运动状态与受力分析

（1）筛面上泥螺运动状态分析 泥螺颗粒在与筛铲机构碰撞后，发生碰撞反射的过程较短，因此可忽略不计。如图5-28所示，当泥螺颗粒再次与刷毛碰撞后，泥螺会在短时间内被刷毛带着沿筛条往上运动。此过程运动轨迹为：

$$\begin{cases} x = x_0 + v_{车}t - v'(t - t_1)\cos\beta \\ y = v(t - t_1)\sin\beta \end{cases} (t_1 < t) \qquad (5.36)$$

式中，t_1 为泥螺与筛条铲接触的时间，s；x_0 为筛条铲与滚刷碰撞时的位置，m；v' 为刷毛带着泥螺颗粒往上运动时的速度，m/s，$v' = \omega r$，其中 r 为泥螺与刷毛接触时的位置；β 为筛铲机构与滩面夹角，°。

由此可知，泥螺在筛铲机构的运动状态由采收装备行进速度、滚刷转速、刷毛长度决定。

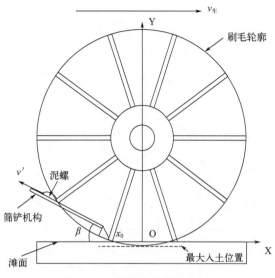

图 5-28　分离阶段运动分析

（2）筛面上泥螺受力分析　图5-29为泥螺在筛面运动过程的受力图。泥螺在刷毛的带动下沿筛条铲做爬坡运动直至刷毛与泥螺分离，此运动过程适当忽略刷毛与筛条铲产生的变形，以刷毛泥螺接触点为坐标原点，沿斜坡向下为X轴正方向，垂直X轴往上为Y轴正方向，由此可得如下关系：

$$\begin{cases} F_X = F_2 \cos\varphi - f_2 - G\sin\beta \\ F_Y = F_2 \sin\varphi + F_{N2} - G\cos\beta \\ \varphi = \sigma - \beta \\ \sigma = \sigma_0 + \omega t_2 \\ f_2 = \mu_2 F_{N2} \end{cases} \tag{5.37}$$

式中，F_2 为刷毛对泥螺的推力，N；f_2 为筛面与泥螺的摩擦力，N；F_{N2} 为筛面对泥螺的支持力，N；φ 为刷毛对泥螺的推力与筛面间的夹角；β 为筛条铲与地面夹角，°；σ 为刷毛从竖直方向运动时与竖直方向夹角，°；σ_0 为刷毛触碰到筛条铲时的角度，°；t_2 为刷毛触碰到筛条铲开始的时间，s；μ_2 为泥螺与筛条铲摩擦系数。

要使泥螺能在筛铲机构上向后运动的条件为：$F_X > 0$。

因此，可知能保证泥螺在筛面上的条件为：$F_2 > \dfrac{\mu_2 F_{N2} + G\sin\beta}{\cos(\sigma_0 + \omega t_2 - \beta)}$。

对于该装备筛铲机构与滩面夹角 β 为已知条件且固定不变，则可知泥螺沿筛面上升所需要的力与滚刷的转速有关。

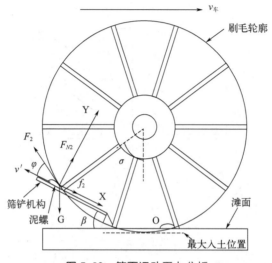

图 5-29　筛面运动受力分析

综上可知，泥螺在采收关键期的运动状态及受力情况由滚刷角速度 ω、刷毛长度 R、行进速度 v 等共同决定。刷毛对泥螺的作用力决定采收效果，其中滚刷转速过低不能将泥螺扫入筛铲机构；转速过高会对泥螺产生较大的碰撞，产生破碎；刷毛长度太短会导致其不能与泥螺产生碰撞，刷毛长度过长会导致刷毛与地面接触时产生较大的形变，刷毛会磨损严重。采收行进速度过快会导致滩面泥螺采收不完全，出现漏采；行进速度过低，即单位时间前进距离变短，影响采收效率。

5.4.4　滩涂泥螺采收离散元仿真研究

5.4.4.1　泥螺采收仿真模型构建

（1）泥螺及滩涂离散元模型构建　如图 5-30 所示，泥螺为非规则半椭球体，形态尺寸具有一定的差异性，正常生长状态下的泥螺为厣部接触地面，且生存环境（海水、滩涂底质、其他杂质）复杂，为提高仿真试验的准确性，对泥螺与滩涂底质做出如下假设：泥螺具有厣部，且螺壳未完全封闭，忽略其厣部，将泥螺视为完全封闭的贝类；泥螺生存环境具有多样性，忽略其他次要因素对泥螺采收的影响，滩涂环境仿真模型只包括泥螺与滩涂底质；滩涂土壤颗粒度复杂，为简化计算，假设土壤由粒径为 4mm 的圆球形颗粒黏结而成，底质间的 JkR 表面能为 $8.11\mathrm{J\cdot m^{-2}}$。

(a) 泥螺离散元颗粒模型　　　　　　　　(b) 泥螺-底质离散元模型

图 5-30　滩涂环境离散元模型

（2）采收装备离散元模型构建　泥螺采收装备主要机构为采集机构、筛铲机构、输送机构和收集机构，由于输送机构和收集机构与泥螺碰撞程度较小，此过程不易造成泥螺损伤，因此为减少仿真计算量，对采收装备三维结构进行如图5-31所示的简化，主要考虑采集机构与筛铲机构对泥螺采收的协同作用，将行走机构、动力机构等删除，由于输送机构设置有挡板，EDEM离散元仿真软件无法模拟其真实运动，因此将输送机构简化为平板，将收集机构简化为简单的收集盒。

图 5-31　采收装备离散元仿真模型

5.4.4.2　仿真环境参数设置

（1）模型参数选定　仿真过程中泥螺颗粒与简化模型之间不断发生力的作用，合理的材料参数（密度、摩擦系数等）决定了仿真结果的准确性。通过试验及查阅相关文献，确定了泥螺、滩涂底质、滚刷及筛铲机构的泊松比、密度、剪切模量，以及泥螺与各个材料之间的接触系数，具体仿真参数如表5-20、表5-21所示。

表5-20　仿真相关材料参数

材料	参数	数值
滩涂底质	泊松比	0.3
	剪切模量 /Pa	8.3×10^{7}
	密度 / (kg·m^{-3})	1758
泥螺	泊松比	0.25
	剪切模量 /Pa	1.1×10^{7}
	密度 / (kg·m^{-3})	1120

续表

材料	参数	数值
尼龙1010	泊松比	0.34
	剪切模量/Pa	1.8×10^9
	密度/（kg·m^{-3}）	1030
钢板	泊松比	0.3
	剪切模量/Pa	7×10^{10}
	密度/（kg·m^{-3}）	7800

表5-21　仿真接触参数设置

材料	参数	数值
泥螺与泥螺	碰撞恢复系数	0.25
	静摩擦系数	0.37
	动摩擦系数	0.28
泥螺与钢板	碰撞恢复系数	0.50
	静摩擦系数	0.30
	动摩擦系数	0.15
泥螺与尼龙1010	碰撞恢复系数	0.39
	静摩擦系数	0.28
	动摩擦系数	0.26
泥螺与滩涂底质	碰撞恢复系数	0.1
	静摩擦系数	0.1
	动摩擦系数	0.3

（2）模型约束设定　根据采收装备工作要求，分别在滚刷、筛条铲、收集框、输送链添加一个沿X方向的直线速度0.8m/s，在滚刷上添加一个沿Y轴方向为轴心的旋转速度300rad/s，最后添加一个沿着输送链的斜面向后的直线输送速度0.36m/s。仿真时间设置需要考虑泥螺与滚刷接触时间，以保证滚刷能够顺利收集泥螺，本试验设置仿真时长为10s。在仿真分析模块添加Grid Bin Group，分别用来监测泥螺的采收数量及采收过程中受力情况，在分析模块下输出数据进行分析研究。

5.4.5　泥螺采收装备试验研究

5.4.5.1　试验台架搭建

泥螺采收台架如图5-32所示。根据样机性能测试要求和试验条件，完成了泥螺采集机构和筛铲机构加工制造和试验台搭建，利用可调速式卷扬机作为台架装备的动力，试验台架参数如表5-22所示。

图 5-32　性能试验台架

1—采集机构；2—筛铲机构；3—电机

采收性能试验台架工作原理为：通过调节卷扬机的拖曳速度模拟采收装备在现场作业的行进速度，通过调节与电机相连变频器的频率改变电机转速，从而达到调节滚刷转速的目的。电机带动滚刷转动的同时，试验台架在卷扬机的拖曳下向采收区域运动，通过滚刷与筛铲机构的协同作用进行泥螺采收作业。

表5-22　试验台架参数

项目	参数
试验台架尺寸（长×宽×高）/mm	1200×1050×500
采收作业幅宽 /mm	1000
滚刷刷毛长度 /mm	175
滚刷转速 /r·min^{-1}	35 ～ 45
行进速度 /m·s^{-1}	0.7 ～ 0.9

5.4.5.2　采收试验

（1）材料　试验采用辽宁丹东黄海海域野生泥螺，挑选外壳无损伤且外壳长度＞10mm的泥螺，试验前将泥螺养殖于海水中。

（2）仪器装备　泥螺采收台架试验台、拖曳装备（可调速式2t卷扬机）、

X-680型变频调速器等。

（3）试验方法　根据仿真试验结果，选定滚刷刷毛长度为175mm。每次试验随机选取无损伤泥螺20枚放置于模拟滩面，如图5-33所示。试验前通过调节卷扬机的拖曳速度以保证试验台匀速前进；同时将X-680型变频调速器与电机相连，通过调节频率来改变电机的转速，从而达到调滚刷转速的目的，试验完成后对采收的泥螺进行收集计数。

图5-33　台架试验示意图

根据泥螺采收装备设计参数和仿真试验结果，考虑到部分参数不易调节，选取滚刷转速和采收装备行进速度为试验因素进行台架试验，探究不同运行参数对泥螺采收率和破碎率的影响效果，台架试验因素水平如表5-23所示。改变滚刷转速时将行进速度设定为0.8m/s，改变行进速度时将滚刷转速设定为40r/min，每组因素水平需进行5次重复试验，分别取5次试验的平均值作为实验结果。

表5-23　试验因素与水平

水平	滚刷转速/（r/min）	行进速度/（m/s）
−1	35	0.7
0	40	0.8
1	45	0.9

评价指标：台架试验评价指标选用泥螺采收率及破碎率作为评价指标。

5.4.5.3　台架试验结果及分析

（1）滚刷转速对采收效果的影响　行进速度为0.8m/s时，不同滚刷转速条件下泥螺采收率和破碎率试验结果：采收率分别为85%、90%、91%，破碎率分别为1.25%、2.28%、4.45%。采收装备的滚刷转速从35r/min增加到45r/min，泥螺采收率增长了6%，损失率增长了3.2%。试验结果表明，在行进速度与刷毛长度一定的情况下，泥螺的采收率及破碎率均呈现出增长的趋势。滚刷转速较低时，泥螺采收率和破碎率都相对较低，由泥螺采收过程受力分析可知，这主要是因为滚刷转速较低时，刷毛对泥螺的冲击力较小，不能及时将泥螺往后传输，因此滚刷转速较低时，采收率相对较低，但泥螺破碎率也相对较低；滚刷转速较高时，泥螺采收率、破碎率越高，这主要是因为滚刷转速越高，与泥螺接触后，泥螺的运动速度越快，滚刷与泥螺接触时力越大，抛出收集区域的泥螺数量增加，因此转速较高时，采收率与破碎率均相对较大，而且滚刷转速越高，单位时间内与滩面摩擦次数越多，缩短滚刷使用寿命。因此，合适的滚刷转速不仅可以提高装备的采收性能，保证采收率的同时尽可能降低其采收过程中的破碎率；同时也可以减少滚刷与滩面的摩擦，提高使用寿命。

（2）行进速度对采收效果的影响　滚刷转速为40r/min时，不同行进速度条件下泥螺采收率和破碎率的试验结果：在三个不同行进速度下，采收率分别为92%、90%、87%，破碎率分别为3.27%、2.22%、3.54%。试验结果表明，在滚刷转速与刷毛长度一定的情况下，泥螺的采收率随采收装备行进速度的增大呈现出减小的趋势，而破碎率随着行进速度的增大呈现出先减小后增大的趋势。行进速度较低时，相同采收面积内，滚刷与滩面接触次数增加，漏采区域面积相对较小，并且泥螺在铲螺机构上往后运动速度较低，会与刷毛发生多次接触，因此泥螺采收率与破碎率相对较高，而当行进速度增大到一定范围时，泥螺在筛铲机构上能够顺利往后运动，与刷毛接触次数减少，破碎率明显降低。行进速度较大时，泥螺在铲螺机构上往后运动速度较快，被抛出收集区域的数量会增加，并且行进速度越大，采收装备与泥螺发生接触时，对泥螺的碰撞力越大，因此泥螺采收相对较低，但破碎率相对较高。同时，采收装备行进速度越高，单位时间采收面积越大，采收效率高。因此，合适的行进速度不仅可以提高装备的采收性能，而且能明显提高装备的工作效率。

将泥螺采收仿真回归模型最优工作参数的采收性能预测值与台架试验值对比，结果如表5-24所示。从表中可知仿真预测值与台架验证试验值基本一致，采收率与回归模型预测值误差值为4.26%，破碎率与回归模型预测值误差值为4.05%，试验值与仿真预测值误差在5%以内，可以确定响应面试验的回归模型可靠性高。

表 5-24　最优工作参数验证试验结果

参数	评价指标	
	采收率/%	破碎率/%
仿真预测值	94	2.13
台架试验值	90	2.22
相对误差	4.26	4.05

综上，由上述滚刷转速与采收装备行进速度的单因素试验可知，泥螺采收率和破碎率在滚刷转速改变时，采收率随着滚刷增大呈现出增大的趋势，破碎率呈现出不断增大的趋势。在行进速度改变时，泥螺的采收率随着行进速度的增大逐步下降，破碎率呈现出先减小后增大的趋势。采收率与回归模型预测值误差值为4.26%，破碎率与回归模型预测值误差值为4.05%，试验值与仿真预测值误差在5%以内，采收率最优工作参数的采收性能预测值与台架试验值误差较小。

5.5
滩涂围塘养殖贝类机械化采捕技术与装备

江浙地区沿海的滩涂贝类主要以围塘养殖为主，采用以"虾、蟹、贝"混养为主，围塘由滩面和环沟组成，滩面养殖贝类，环沟供虾蟹生活。一般贝类产量占70%～75%，滩涂贝类产量65万吨，约占海水贝类的60%。滩涂贝类围塘养殖对技术和管理要求相对较低，以传统的人工"管、养、捕"为主要手段，滩面采捕基本依靠人力，作业劳动强度大，由于劳动力缺乏，生产成本高，同时由于养殖人员老龄化严重，制约了滩涂贝类池塘养殖业可持续发展。针对浙江省围塘养殖的泥蚶、青蛤和文蛤等贝类的机械化采捕还没有成熟的装备。

5.5.1　养殖模式

浙江省海水围塘具有承载力极低、高腐蚀性、结构为环沟—滩面式、机耕道路平整度差等特点，如图5-34所示。

其养殖围塘主要包括"贝—鱼"循环水养殖系统和"贝—虾—蟹"生态养殖系统（图5-35）。除一般养殖池塘的基本要求外，还具备以下条件：围塘

图 5-34　浙江省海水养殖围塘结构

的最理想底质是上层为软泥，池塘内有环沟和一定面积的中央滩，环沟深度在
120 ～ 150cm，中央滩面平坦，略有坡度，便于排水露干；池塘滩面水深要求
30 ～ 50cm，池塘内海水密度为1.008 ～ 1.022g/cm³，面积以 2 公顷左右为宜；围塘
的机耕道路到围塘斜度不大于30 度，宽度大于2.5m，工作道路便于工作机具进入。

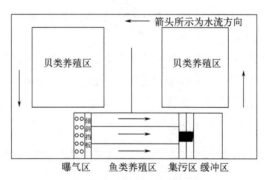

(a)"贝—鱼"循环水养殖系统

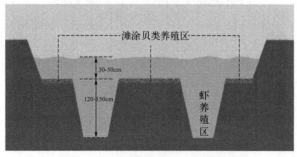

(b)"贝—虾—蟹"循环水养殖系统

图 5-35　围塘养殖系统

5.5.2　贝类采捕机选配

目前，国内开发的采捕机主要针对北方沙质底为主，无法适用于围塘养殖滩面软性泥质承载力极低的情况。浙江省大面积的滩涂贝类围塘养殖存在"有机难用"的问题，目前的采捕机不适合当前围塘养殖工况，而且机艺融合度欠缺。

浙江省养殖贝类的滩面属软泥质土，滩面土壤抗剪和承压能力弱，不能应用传统的轮式行走系统和履带行走系统。根据养殖滩面有一定的蓄水深度，采用"浮体与轮子"相结合的行走系统形式，通过浮体承受大部分装备重量，减少对养殖滩面的承压力，防止下陷，同时采用宽体高齿的铁轮，增加与滩面土壤剪切面积，保证机器具有足够的前进能力，并通过差速转动的方式，实现转向。

浙江大学研究团队研发的贝类采捕机，采用15马力的195型柴油机作为动力源，采捕装置作业深度可调节，适用于生长在滩面浅层的泥蚶、青蛤和文蛤等贝类的机械化采捕。

该贝类采捕机重650kg，浮力1000kg，有效工作宽度为1.3m，行进速度为0.1m/s，效率为6亩/天。

机器采捕作业时，沿滩面纵向从头到尾行进，到滩面末尾时，转向调头，在紧贴已采捕滩面进行下一个工作幅宽的贝类采捕，在一个滩面上纵向方向来回采捕，完成一个滩面的采捕后，转移到另一个滩面，继续进行采捕，采捕上来的贝类，装入袋子，转运到岸上（图5-36）。

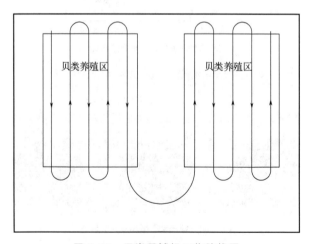

图 5-36　贝类采捕机工作路线图

工作原理。发动机带动齿轮箱和液压系统运动，齿轮箱带动前轮和后轮转动，方向盘控制后轮转向，踏板控制两个前轮差速转动，通过后轮转向和两个前轮差速转动实现整个机器转向。液压系统带动液压缸伸缩实现采捕装置和水平螺旋输送机的升降，前传动系统带动挖掘爪和水平螺旋输送机转动，实现贝类挖掘（图5-37）。

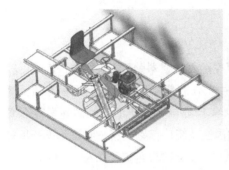

图 5-37　池塘贝类采捕机

贝类采捕。前传动系统分别带动挖掘爪和水平螺旋输送机转动，挖掘爪从围塘中贝类养殖区抓取贝类，通过旋转进入水平螺旋输送机的上开口，水平螺旋输送机下部开设有漏泥口，将淤泥在传输过程中从底部排出（图5-38）。

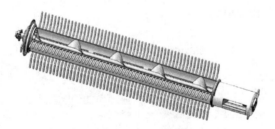

图 5-38　采捕装置

贝类清洗。在输送链网上设置高压水枪，对泥蛤等贝类进行冲洗（图5-39）。

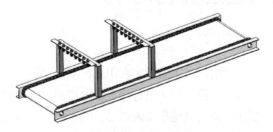

图 5-39　清洗装置

5.6
贻贝机械化采收作业工船

5.6.1　产业现状

　　中国养殖贻贝主要包括紫贻贝、厚壳贻贝和翡翠贻贝3个种类。紫贻贝养殖产业集中在北方沿海地区，且3种贻贝中，仅有紫贻贝在北方有规模养殖；厚壳贻贝虽然在北方有分布，但没有养殖，其产业中心位于浙江嵊泗等南方沿海地区；翡翠贻贝在北方没有分布。根据中国渔业统计年鉴数据，我国贻贝产量总体变化平稳，2023年总产量达到77.7065万吨，较2022年提高0.76%，但我国贻贝采收设施装备相对落后，与产业规模匹配性较差，主要存在问题为分段收获清洗效率低、在岸集中清洗破坏环境。如图5-40所示，海上捕捞作业时，每艘船配备6人，耗时4～5h，可收获200根。捕捞完成后，需要5～8人在岸上进行清洗工作。由于集中清洗，产生的废弃物与浑水超过自然消纳能力。因此，需要突破海上原位收获清洗一体化，即一体化高效机械作业、海上生态原位、自然消纳，以及标准化船型与作业模式。

图 5-40　贻贝采收作业现状

5.6.2　贻贝筏式养殖模式与采收方式

5.6.2.1　贻贝筏式养殖模式

　　我国贻贝筏式养殖范围广，主要集中在山东、浙江、福建等沿海地区，不同地区的贻贝筏式养殖农艺参数不同。进行贻贝采收工船设计时充分考虑贻贝筏式养殖的农艺要求，以满足贻贝机械化采收需要。在本书中以浙江沿海地区的贻贝筏式养殖农艺参数为例开展贻贝筏式养殖采收作业工船设计研究。

在贻贝筏式养殖模式中，养殖绳挂在梗绳（主绳）上贻贝附着在养殖绳上生长，位于梗绳上的浮球为吊养的贻贝提供浮力。锚桩固定于海底通过锚绳与梗绳连接，梗绳之间通过连绳相互连接，然后组成一个养殖单元，将吊养的贻贝固定于养殖海区，一个贻贝养殖区通常由多个养殖单元组成。根据调研，浙江沿海的贻贝养殖绳的间距为0.5m，养殖绳上端的挂绳与梗绳连接，养殖绳的长度约为2.5m，挂绳长度为0.5m，两个浮漂之间通常挂有两个或者多个养殖绳，梗绳的长度为40～45m，两条梗绳之间的距离为4.5～5m，如图5-41所示。

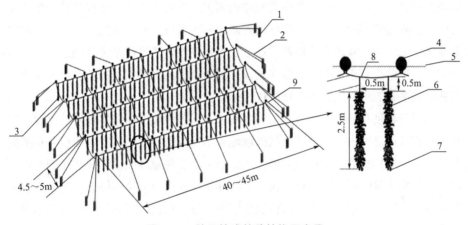

图 5-41　贻贝筏式养殖结构示意图

1—锚桩；2—锚绳；3—连绳；4—浮漂；5—海面；6—养殖绳；7—贻贝；8—挂绳；9—梗绳

5.6.2.2　现有贻贝采收流程

我国缺乏机械化的贻贝采收设备，无法直接得到符合规格的贻贝。现有的贻贝采收可划分为起苗、取苗、打散、清洗、分级、装袋等环节，大部分贻贝采收环节需运送至岸边完成，各工序之间按照顺序进行，最终才能得到符合规格的贻贝并装入收集袋中。贻贝采收的第一个环节为起苗，是将贻贝从海上拉至采收船上。由于筏式养殖的贻贝是吊养在海平面之下，起苗过程中工人需要弯腰将挂绳解开，利用船上的吊机将贻贝吊运至船上，部分未安装吊机的采收船则需人工将贻贝拉上船。第二环节为取苗，需要将第一环节中拉上来的贻贝与养殖绳分离。由于贻贝在生长过程中会分泌特殊的蛋白形成足丝，贻贝通过足丝与养殖绳和附近的贻贝固定，使贻贝的取苗过程效率较低，在采收船上进行取苗严重影响第一环节中起苗的效率，起苗之后养殖绳堆放在甲板上然后运送至岸边进行取苗操作；取苗过程采用牵引式取苗装置，通过牵引苗绳穿过留有一定孔径的挡板将养殖绳与贻贝分离。第三环节为打散，是将取苗之后的贻贝团分离为单个的贻贝，由于贻贝通过足丝与相邻的贻贝粘连形成贻贝团，对后续的清洗和分级造成很大困扰，目前将取苗之后的贻贝倒入搅拌桶中利用搅拌杆的旋转使贻贝之间和搅拌桶之间相互摩擦最终实现贻贝的打散。第四环节为清洗，主要清洗附着在贻贝表面的足丝、淤泥、藤壶等附着物，清洗环节通常与打散一并进行，主要利用高压水冲洗完成贻贝的清洗。第五环节为分级，采收的贻贝依据规格大小进行分类，目前常用的分级装置为振动筛分级装置和螺杆分级装置，前者是利用曲柄连杆机构使筛网震动，较小的贻贝在筛网空隙间漏下；后者则是通过螺杆的转动带动贻贝前进，规格较小的贻贝在两螺杆的间隙中掉落最终实现贻贝的分级。最后环节是装袋，贻贝经过众多工序处理完成之后为保证新鲜需要将贻贝装袋运输至食品加工厂，目前没有相关贻贝装袋装置，主要是人工将处理完成的贻贝铲入袋中或者在分级装置的出口放置袋子直接进行装袋。

同时分析现有贻贝采收方式发现各环节之间不衔接、无法实现协同作业，如在起苗和卸苗之间由于两个环节的处理地点不同导致养殖船将附着贻贝的养殖绳收集调运至岸边然后才能进行处理，这期间采收船往返养殖区与岸边和调运贻贝过程中耗费大量时间；在贻贝卸苗和打散环节之间由于两个机械无法有效衔接导致卸苗后的贻贝团需要人工铲入打散装置中，以上贻贝处理环节的不衔接都严重影响贻贝采收效率。

5.6.3　工船总体结构

5.6.3.1　总体结构

根据贻贝筏式养殖农艺参数和现有贻贝采收设备结构原理，利用三维软件绘制了贻贝筏式养殖采收作业工船模型图，如图5-42所示。船体采用双体船结构，由船舶驾驶楼后方的柴油机驱动液压泵站为船舶上设备提供动力。吊机位于采收船甲板中部靠左的位置负责移动码放袋装的贻贝，当船舶靠岸时也可将船上的贻贝吊运至岸上。贻贝采收设备主要包括梗绳提升装置、行星轮机构、贻贝打散清洗装置、传送装置、贻贝分级装置，贻贝采收装置集中安装于船舶尾端，可提升甲板利用率，便于码放采收后的贻贝。梗绳提升装置可将梗绳吊起一定高度放置于行星轮机构上，行星轮两侧对称安装有钢管且行星轮机构上辐条向外辐射，可以将梗绳与贻贝养殖绳区分开便于贻贝采收同时也不妨碍采收船前进，贻贝打散机构上方安装有液压绞盘可将养殖绳从海底拉起并完成贻贝的取苗、打散、清洗操作，传送装置将处理后的贻贝传送至分级装置，确保各装置之间的协同作业。

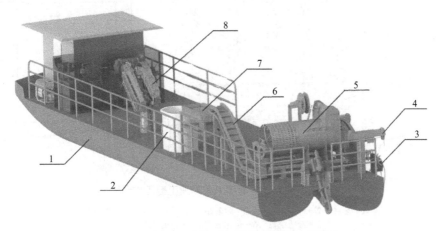

图 5-42　贻贝筏式养殖采收作业工船三维模型

1—船体；2—贻贝收集袋；3—行星轮机构；4—梗绳提升装置；5—贻贝打散清洗装置；
6—传送装置；7—贻贝分级装置；8—吊机

5.6.3.2　工作流程

设计的贻贝采收船采用单侧作业模式，沿梗绳对吊养的贻贝进行逐吊采收，所以在采收下一行的贻贝时首先需要将梗绳提起，梗绳提升装置将梗绳提起放置于行星轮上使梗绳周围的贻贝挂绳露出海面，工人将挂绳解下穿入贻贝打散清洗装置前端的挡板缝隙中，然后将其缠绕于液压绞盘上，利用液压绞盘将贻贝养殖绳拉上来，在液压绞盘的带动下完成一吊贻贝的卸苗，如图 5-43 所示。由于梗绳是放置于采收船的行星轮机构上，所以随采收船前进前端未采收的贻贝养殖绳被抬升至一定的高度露出海面，当前一吊贻贝卸苗完成之后工人便可重复之前操作，将抬升的贻贝挂绳解下缠绕于液压绞盘上。贻贝养殖绳在液压绞盘的带动下被打散清洗装置上端的挡板阻拦完成贻贝的卸苗，经过卸苗后的贻贝和贻贝团掉入打散清洗装置中完成贻贝的清洗和打散流程，然后经装置处理后的贻贝通过传送带，落入贻贝分级机构，分选合格的贻贝落入贻贝收集袋中。采收船上的吊机负责码放和吊运贻贝收集袋，当甲板上堆满贻贝时或养殖区贻贝采收完成时，采收船回港利用船上的吊机将贻贝卸下，贻贝采收船工作流程如图 5-44 所示。

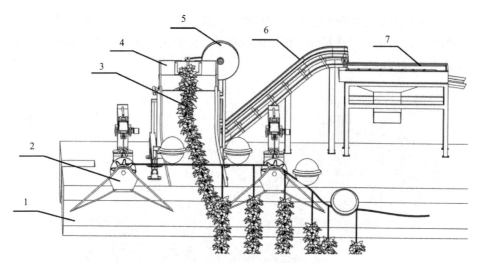

图 5-43 贻贝筏式养殖采收作业工船工作示意图

1—采收船船体；2—行星轮机构；3—附着贻贝的养殖绳；4—贻贝打散清洗装置；
5—液压绞盘；6—传送装置；7—贻贝分级装置

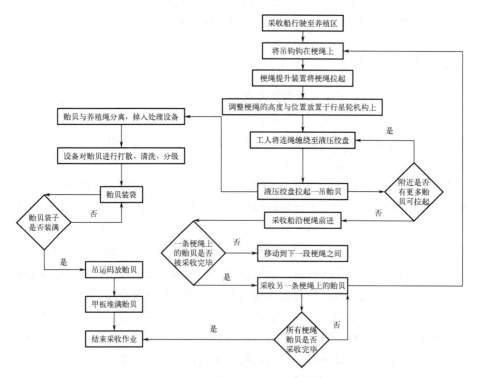

图 5-44 筏式贻贝采收作业流程图

5.6.4 关键装备设计

5.6.4.1 梗绳提升装置及行星轮机构设计

贻贝采收船沿养殖梗绳进行采收，在采收之前需将梗绳提起一定高度放置于行星轮机构上，梗绳提升装置负责将前端的梗绳提起。梗绳提升装置位于采收船后端船舷外侧右侧，两个梗绳提升装置在同一水平面上。当采收船行驶至即将采收的梗绳前端时，工人操作梗绳提升装置将吊钩钩到梗绳上，在液压马达的带动下吊钩上行缓慢将梗绳提起，梗绳提升装置结构及作业模式如图 5-45 所示。梗绳提升装置上端的液压杆可以伸缩调节吊臂与行星轮机构的位置，将梗绳放置于行星轮机构上。

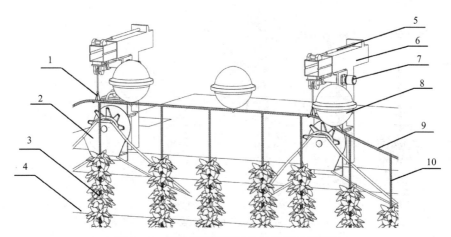

图 5-45 梗绳提升装置结构及其工作示意图

1—吊钩；2—行星轮机构；3—贻贝养殖绳；4—采收船船体；5—液压杆；
6—吊臂；7—液压马达；8—浮球；9—梗绳；10—连绳

梗绳提升装置由机架、液压马达、绞盘、液压杆、吊钩等组成。通过液压马达提供动力带动绞盘缠绕钢丝绳带动吊钩提升梗绳，装置上端的液压杆可伸缩调整吊臂长度。行星轮机构由挡板、轴承、引导钢管、辐条等组成，与梗绳提升装置通过销子固定，引导钢管上端与挡板的上边缘相连接，末端与船体紧密贴合，辐条为向外发散结构，辐条由末端到中部宽度不断增加直至各辐条相连接，装置如图 5-46 所示。行星轮机构的作用是使待采收的贻贝养殖绳保持一定高度，避免贻贝梗绳脱落，同时还可以使采收船跨过贻贝养殖绳，不影响船舶的航行。由于贻贝通过锚绳固定于养殖海区，梗绳下方的连绳与贻贝养殖绳在重力的作用下保持在同一竖直平面上，若采用普通滑轮机构则梗绳下方的连绳会挡在滑轮机构前方阻碍采收船的前行。而行星轮结构下端安装有引导钢管，随着采收船的前进连绳与梗绳相对移动，连绳沿着引导钢管滑动；采收船前进时由于梗绳与行星轮机构产生相对位移，在摩擦力的作用下行星轮逆时针旋转，当连绳到达行星轮机构的上方时，向外发散的辐条会拨动连绳使其通过行星轮机构到达后端便于工人进行下一步操作。由于行星轮机构的使用，在对一行的贻贝进行采收时，梗绳只需抬起一次，使采收船能够连续且重复对悬挂一定高度的贻贝进行采收。行星轮结构是贻贝机械化采收的必备设备，可大幅提高贻贝采收效率。

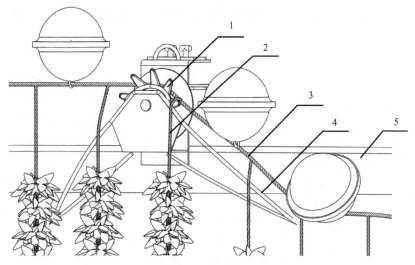

图 5-46　行星轮机构结构及其工作示意图

1—辐条；2—连绳；3—梗绳；4—引导钢管；5—采收船船体

5.6.4.2　贻贝打散清洗装置设计

传统的贻贝采收需经过卸苗、打散、清洗、分级等流程，每个流程都需要相应的机械配合完成，由于机械设备较为简易且各设备之间无法协同作业导致贻贝采收效率低下。针对此问题设计了贻贝打散清洗装置，将贻贝的卸苗、打散、清洗流程集成到一个设备中。贻贝打散清洗装置安装于船甲板的后端，在两梗绳提升装置之间靠近船舷右侧，两个液压马达分别为液压绞盘和内部的运动部件提供动力。该装置工作时工人将一吊贻贝在梗绳上解下，将连绳依次穿入橡胶挡板间隙、钢管滑槽，然后缠绕在液压绞盘上，在液压绞盘的带动下，附着有贻贝的养殖绳沿着装置的滑槽向上前进，由于养殖绳上附着大量的贻贝，在绞盘的牵引作用下两个挡板将贻贝从养殖绳上剥离，使养殖绳顺利通过胶皮挡板之间的缝隙，贻贝打散清洗装置的入口设置在胶皮挡板的下方，所以经过剥离之后的贻贝直接掉落至贻贝打散清洗装置中。贻贝打散清洗装置内部通过搅拌使各贻贝之间、贻贝与设备之间相互摩擦，配合高压水冲洗以实现贻贝的打散与清洗。贻贝打散清洗装置工作模式如图 5-47 所示。

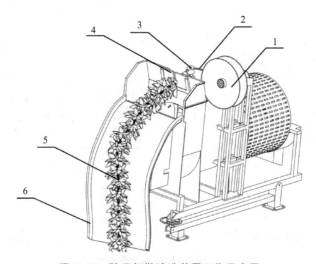

图 5-47　贻贝打散清洗装置工作示意图

1—液压绞盘；2—连绳；3—定滑轮；4—胶皮挡板；5—贻贝养殖绳；6—引导滑板

贻贝打散清洗装置结构包括液压马达控制箱、引导槽、贻贝掉落口挡板、橡胶挡板、液压绞盘、高压水管等装置。装置如图 5-48（a）所示。为保证贻贝能够被打散，其装置内部还包括搅龙、辐条、轴、链条、挡板等装置。装置内部结构示意图如图 5-48（b）所示。设置引导滑板和液压绞盘可以方便将吊养的贻贝拉上采收船，同时利用两个胶皮挡板之间的缝隙完成贻贝的卸苗工作，能够免去传统贻贝采收过程中利用吊机直接将贻贝吊上船舶的操作，在此过程中还可以完成卸苗工作。经卸苗后的贻贝团掉入贻贝打散清洗装置内部，装置内部的搅龙与轴固定随着搅龙的旋转将贻贝团输送至桶内部，链条的两端固定于桶外侧并跨过轴，桶内部的辐条安装在轴上且位于两链条之间。在进行打散作业时贻贝团会卡在两链条之间，当辐条通过时将贻贝初步打散，内部的贻贝之间与装置相互摩擦也可对贻贝进行打散。装置通过旋控机构将前端抬起，在前端搅龙的推动和重量作用下贻贝团向桶后端前行继续进行打散。在桶内部设置挡板可以减少贻贝出桶的速度，使桶内贻贝保持较高数量有利于贻贝的打散。桶内通有高压水对贻贝进行打散的同时对贻贝进行清洗。贻贝打散清洗装置后端安装有网状滚筒，网状滚筒通过钢条与桶内轴固定随着轴转动，可以淋掉贻贝的水分，分离贻贝与较大的附着物，还可以使出口处的贻贝相对分散。该装置体积较小可在船上实现贻贝采收环节中的卸苗、打散、清洗，同时能够与船上的其他贻贝采收处理机械相互配合，实现协同作业，可显著提高贻贝采收效率。

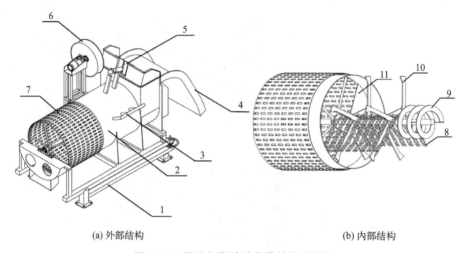

(a) 外部结构   (b) 内部结构

图 5-48 贻贝打散清洗装置结构示意图

1—机架；2—筒壁；3—高压水管；4—引导滑板；5—胶皮挡板；6—液压绞盘；
7—网状滚筒；8—链条；9—搅龙；10—辐条；11—挡板

5.6.4.3 贻贝分级装置设计

采收后的贻贝需按大小规格进行区分。利用特定装置区分采收的贻贝规格是否符合销售加工的需要，确保将符合要求的贻贝区分开。目前传统的贻贝分级装置采用振动筛对贻贝进行分级，此方式振动噪声较大且容易损伤贻贝。本文在借鉴国内外其他分级装置的基础上设计了一种贻贝分级装置。该装置安装于传送装置后端，可以及时将传送过来的贻贝进行分级。符合规格的贻贝在振动筛的后端滑落至收集袋中，不符合规格大小的贻贝在传送装置的底部掉落。贻贝分级装置主要由机架、齿轮箱、液压马达、螺杆、滑槽等组成，如图5-49所示。经过打散清洗后的贻贝被传送装置运输至贻贝分级装置前端，在液压马达的带动下分级装置上的螺杆同步顺时针旋转，贻贝在螺杆上凸起的螺纹线的作用下推动前进，不符合规格的贻贝在两个螺杆之间的缝隙掉落，符合规格的贻贝被继续传送至分级装置尾端，由于尾端的螺杆间距增大，所有的贻贝会在螺杆之间掉落通过滑槽，落至分级装置尾端的收集袋中。贻贝贝壳呈楔形，贝壳表面在前端近腹缘处凸起，向背缘逐渐收缩。贻贝进入分级装置中后由于贻贝的外形特点及其重量分配，在重力的作用下贻贝两个扇形外壳会与螺杆接触，所以采用贻贝的厚度作为其分级依据。市面上销售的贻贝厚度在30～40mm，所以设计的两螺杆之间的最小距离为30mm以满足贻贝分级要求，贻贝的尺寸模型及在分级装置中的姿态如图5-50所示。该贻贝装置结构简单，可以高效地筛分采收的贻贝是否符合规格。

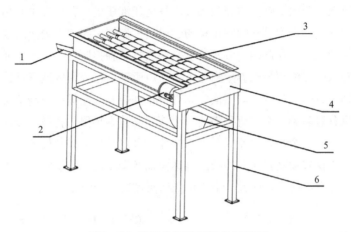

图 5-49　贻贝分级装置结构示意图

1—符合规格贻贝滑落槽；2—液压马达；3—螺杆；4—齿轮箱；5—不符合规格贻贝滑落槽

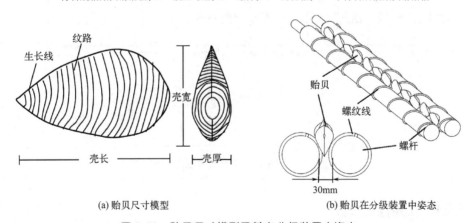

(a) 贻贝尺寸模型　　　　　　　　　(b) 贻贝在分级装置中姿态

图 5-50　贻贝尺寸模型及其在分级装置中姿态

5.6.4.4　贻贝采收设备液压系统设计

贻贝筏式养殖采收作业工船主要由船舶驾驶楼后方的柴油机驱动液压泵站为

船舶上设备提供动力，根据采收船的总体设计和采收船的工作流程，对采收设备的液压原理图进行简单的设计，液压原理图如图5-51所示。其主要原理是通过柴油机带动液压泵为各执行元件提供动力，通过各种阀件实现对各执行元件的控制，通过添加过滤器、溢流阀、冷却器等辅助元器件确保整个系统正常运行。采收船上的梗绳提升装置利用液压马达的正反转实现吊钩的收放，通过液压缸的伸缩调节吊臂伸出的长度，所以梗绳提升装置上的液压马达采用双向液压马达，通过两个O形三位四通电磁换向阀控制液压马达和液压缸；在前文中对贻贝采收船工作流程的介绍中提到吊养的贻贝是通过贻贝打散清洗装置上的液压绞盘将其拉上船进行后续处理，在此期间液压绞盘需要进行单独控制启停并确保液压绞盘可实现正反转以确保将缠绕的养殖绳解下，所以驱动液压绞盘的液压马达也为双向液压马达通过O形三位四通电磁换向阀进行单独控制；贻贝打散清洗装置、传送装置、贻贝分级装置三个装置各需要一个液压马达为贻贝的打散、传送、分级提供动力，由于这三个装置需要同时工作才能实现对贻贝的采收处理，通过分析三个装置的工作模式发现其所需的液压马达无需实现正反转的功能，所以选用单向液压马达，三个液压马达通过一个二位二通阀控制三个液压马达的启停。

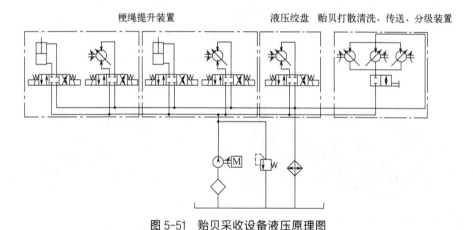

图 5-51 贻贝采收设备液压原理图

5.6.5 工船稳性分析

为验证采收船在不同装载工况下具有良好的稳性，对采收船出港作业、采收作业、满载回港、满载到港四种工况进行分析，利用Compass-Rules 软件对这四种工况进行装载计算，检验船舶的稳性是否符合作业需求。

5.6.5.1　Compass-Rules 软件简介

海船规范计算系统（Compass-Rules），作为中国船级社（CCS）COMPASS工程计算软件系统的关键组成部分，已在多个领域发挥着重要作用。它不仅广泛应用于船舶审图、规范科研、辅助设计和航运安全评估，还涵盖了船舶结构、性能、轮机和电气四大专业，共计30个计算模块。该软件遵循规范和法规要求，能够执行一系列复杂的计算任务，包括但不限于船体结构的总强度与局部强度分析、大开口强度评估、稳性计算（包括完整稳性、破损稳性和谷物稳性）、许用重心高度的确定、干舷和装载的计算、溢油量和吨位的估算，以及曲轴和齿轮的强度分析等。

5.6.5.2　稳性计算

在COMPASS装载计算中主要通过判断稳性衡准数、初稳性高度、最大复原力臂及最大复原力臂对应角的计算结果是否符合相关技术法规的要求，来确定船舶在不同装载情况下是否满足稳性要求。

根据《国内海洋渔船法定检验技术规则（2019）》（以下简称检验规则）中的要求，船舶在其所核算的各种装载情况下，稳性衡准数 K 应符合下式要求：

$$K = \frac{l_c}{l_v} \geqslant 1 \tag{5.38}$$

式中，l_c 为最小倾覆力臂，m；l_v 为风压倾侧力臂，m。

根据船舶的动稳性曲线来确定最小倾覆力臂，如图5-52所示，将动稳性曲线向 φ 负值方向对应延伸，自原点向 φ 负值方向取等于所得横摇角 φ_1 的一点，经此

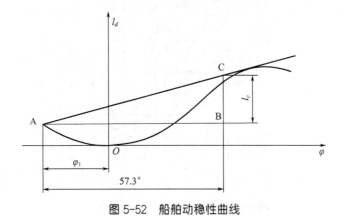

图 5-52　船舶动稳性曲线

点向上作 φ 轴的垂直线，与动稳性曲线交于 A 点，由 A 点作动稳性曲线的切线，再经过点作一直线平行于 φ 轴，自 A 点起，在此直线上量取等于 1rad（57.3°）的一段长度得 B 点，由 B 点向上作 AB 线的垂直线，与上述的切线相交于 C 点，则线段 BC 为最小倾覆力臂。

风压倾侧力臂 l_v 按下式计算：

$$l_v = \frac{PA_v Z}{9810\varDelta} \tag{5.39}$$

式中，l_v 为风压倾侧力臂，m；P 为单位计算风压，Pa；A_v 为船舶装载水线以上受风面积，（包括甲板上装载物），m^2，Z 为计算风力作用力臂，m；计算风力作用力臂 Z 为在所核算装载情况下船舶正浮时受风面积中心至水线的垂向距离；$\varDelta$ 为所核算装载情况下船舶排水量，t。

该贻贝采收船为圆舭形船舶，横摇角 φ_1 按下式计算：

$$\varphi_1 = 15.28 C_1 C_4 \sqrt{\frac{C_2}{C_3}} \tag{5.40}$$

式中，φ_1 为横为摇角，°；C_1、C_2、C_3、C_4 均为系数。

横摇角计算公式中的系数 C_1，应按横摇自摇周期及航区由图 5-53 查询，对遮蔽航区船舶，C_1 值按沿海航区从图 5-53 查得值乘以 0.80。横摇自摇周期 T_φ 按下式计算：

$$T_\varphi = 0.58 \sqrt{\frac{B^2 + 4Z_g{}^2}{GM_0}} \tag{5.41}$$

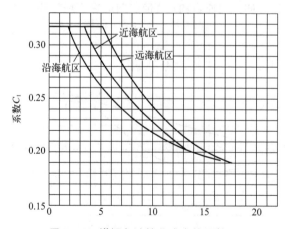

图 5-53　横摇角计算公式中的系数 C_1

式中，T_{φ} 为横摇自摇周期，s；B 为不包括船壳板的最大船宽，m；d_m 为所核算装载情况下的平均吃水，m；Z_g 为所核算装载情况下船舶重心到基线的高度，m；$\overline{GM_0}$ 为所核算装载情况下船舶未计及自由液面修正的初重稳距，m。

横摇角计算公式中的系数 C_2，应按船舶的 Z_g/d_m 值由下式计算：

$$C_2 = 0.13 + 0.6Z_g / d_m \qquad (5.42)$$

当 $C_2 > 1$ 时取 1.0，$C_2 < 0.68$ 时取 0.68。横摇角计算公式中的系数 C_3，应按船舶的 B/d_m 值由表 5-25 查询。

表 5-25　横摇角计算公式中的系数 C_3

B/d_m	2.5 及以下	3.0	3.5	4.0	4.5	5.0	5.5	6.0	6.5	7.0 及以上
C_3	0.011	0.013	0.015	0.017	0.018	0.019	0.020	0.021	0.022	0.023

横摇角计算公式中的系数 C_4，应按船舶的类型及舭龙骨尺寸由表 5-26 查询。

表 5-26　横摇角计算公式中的系数 C_4

$\dfrac{A_b}{LB}$/%	0	0.5	1.0	1.5	2.0	2.5	3.0	3.5	4.0 及以上
渔船	1.000	0.885	0.823	0.769	0.708	0.654	0.577	0.546	0.523

注：A_b 为舭龙骨及方龙骨面积之总和，m^2；L 为垂线间长，m。

5.6.5.3　初重稳距与复原力臂曲线特性衡准

在各种装载工况下经自由液面修正后的初重稳距 GM_0，对于单甲板渔船，应大于或等于 0.35m。当横倾角等于或大于 30°时近海沿海航区的渔船最大复原力臂（GZ）应大于 0.2m。最大复原力臂对应的横倾角应大于或等于 25°。当复原力臂曲线因计及上层建筑和甲板室而有两个峰值时，则第一个峰值对应的横倾角应大于或等于 25°。当船舶的宽度与型深比 B/D 大于 2 时，最大复原力臂（GZ）对应的横倾角可按下式计算值相应的减小。

$$\Delta\varphi = 20\left(\frac{B}{D} - 2\right)(K - 1) \qquad (5.43)$$

式中，$\Delta\varphi$ 为最大复原力臂对应的横倾角减少值，（°）；B 为型宽，m；D 为型深，m；K 为稳性衡准数。

当 B/D > 2.5 时，取 B/D=2.5，当 $K > 1.5$ 时，取 K=1.5。

对于遮蔽航区渔船最大复原力臂对应角（θ_m）应大于或等于15°，最大复原力臂应大于或等于下式规定值：

$$GZ = 0.2 + 0.022(30 - \theta_m) \tag{5.44}$$

式中，GZ为最大复原力臂，m。θ_m为最大复原力臂的对应角，（°）。

5.6.5.4　COMPASS装载计算

（1）单位与坐标轴定义　在COMPASS软件中长度单位是米（m）、重量单位是吨（t）、角度单位是度（deg）。

（2）坐标轴定义

横向：X轴，方向朝右舷为正，原点取在船体中心线上；

纵向：Y轴，方向朝船首为正，原点取在尾垂线上；

垂向：Z轴，方向朝上为正，原点取在基线上。

（3）装载工况选取与重量重心估算　参照相关的检验规则要求并结合采收船的实际作业情况对采收船的出港作业、采收作业、满载回港、满载到港这四种工况进行装载计算，检验其稳性是否符合检验规则要求。

① 出港作业工况指船舶上装载设计要求的货物（包括船舶、船员及其行李、粮食、水、燃料、润滑油、锅炉水）为100%的情况。由于本船为小型渔船且各设备采用液压驱动，结合贻贝采收船实际作业工况，对相应装载情况进行简化，在出港作业时装载情况为燃油100%和3个船员的情况，并考虑空船的重量重心和装载的重量重心进行计算，将出港作业的装载情况用L1表示。

② 采收工况时船上所携带的燃油、淡水、食品等有所消耗，但是船员和船上设备重量不变。由于贻贝采收船单次作业时间较短，认为船上所携带的消耗物品除燃油之外质量不变，采收船处于采收作业工况时假设采收3.5t贻贝堆放至甲板上，燃油还剩余70%，船上的人员数量不变，将采收工况的装载情况用L2表示。

③ 满载回港工况是指装满贻贝的情况，燃油剩余70%。采收船将采收的贻贝都堆放至甲板上，堆放的贻贝重量为7t，燃油剩余30%，船上的人员数量不变，将采收船满载回港的工况用L3表示。

④ 满载到港工况是指采收船满载贻贝，燃油剩余10%，船上人员数量不变，将采收船满载到港的装载情况用L4表示。

利用SOLIDWORKS软件对采收船空船重量重心及装载物重量重心进行估算，估算结果如表5-27所示。

表 5-27　空船及各装载工况下装载物重量重心

项目	重量 /t	重心（x，y，z）/m
空船	6.480	（−0.024，7.278，0.950）
人员	0.230	（0.099，8.55，1.900）
燃油 100%	0.168	（1.150，11.950，0.437）
燃油 70%	0.117	（1.150，11.950，0.347）
燃油 30%	0.0504	（1.150，11.950，0.317）
燃油 10%	0.0168	（1.150，11.950，0.197）
贻贝 100%	7.000	（0.308，7.072，1.318）
贻贝 50%	3.500	（0.308，7.072，1.068）

（4）船体建模与计算　利用 COMPASS 软件采用横纵剖面的坐标点输入法输入船体几何数据，采用封闭曲线方法处理各种几何形体，将船体及其结构划分成单元体逐一进行定义，然后通过切割、组合形成完整的船体，船体建模图和软件建模界面如图 5-54 所示。

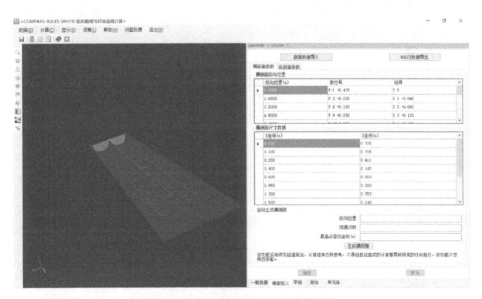

图 5-54　船体建模图和软件建模界面

建模完成之后进行绑金曲线计算、静水力计算、横交曲线计算后再进行装载计算，根据计算得出的稳性衡准数（K）、初重稳距（GM_0）、最大复原力臂（GZ）、最大复原力臂对应角（θ_m）与检验规则中的要求的数值比较判断船舶稳性是否符合要求，计算结果汇总如表5-28所示，具体装载计算书见附件。

表5-28　COMPASS装载计算汇总表

装载情况	修正后的初稳性高度 /m ≥ 0.350	最大复原力臂 /m	最大复原力臂对应角 /deg ≥ 15.000	稳性衡准数 ≥ 1.0
L1	5.108	0.832（≥ 0.495）	16.581	2.959
L2	3.512	0.651（≥ 0.404）	20.715	3.044
L3	2.749	0.455（≥ 0.399）	20.974	2.325
L4	2.754	0.459（≥ 0.399）	20.964	2.352

综上，根据检验规则中要求阐述软件计算的原理和计算结果判断依据，利用 SOLIDWOKS软件求出采收船和各装载物的重量重心，参照检验规则判断衡量船舶稳性的标准，利用COMPASS软件对采收船进行建模和装载计算，计算结果显示在四种工况下的稳性衡准数 $K \geq 1.0$，最大复原力臂对应角 $\theta_m \geq 15°$，修正后的稳性高度 $GM_0 \geq 0.35m$，且四种工况下的最大复原力臂都大于要求值，采收船在这四种装载工况下符合稳性要求。

第 **6** 章
滩涂贝类高效清洗、分级技术装备

6.1
引言

　　清洗与分级是贝类捕捞后处理的必要环节，清洗与分级设备的开发是产业效率提升的关键。国内外学者开展了贝类清洗、分级设备研制，具有代表性的分级方式有栅条式分级机、滚筒式分级机、振动筛式分级机、滚杠式分级机。意大利研制的Italy-001-A型分级机利用传送带将贝壳按大小进行无级分级。日本横崎公司的自动分级机可将各种海鲜类制品根据重量大小的不同分成不同的等级。日本三菱公司研制的双壳贝类分级机利用传感器综合测出贝类的重量、形状和大小，与计算机中设定的数据进行对比筛分贝类。

　　国内对贝类单作业的清洗、分级设备研制较多。基于栅条滚筒式贝类分级机，新疆农业机械研究所研制出6FG-3000型滚杠式贝类分级机。通过对蛤类滚筒分级工艺参数进行研究，发现影响最小的是滚筒转速。滚筒式分级设备结构简单，可连续工作，其分级精度受滚筛结构及运行参数影响，而分级设备的准确率是其研制的关键。清洗方法主要有高压清洗、滚刷清洗和超声波清洗等。目前国内已经研制了滚筒清洗、高压喷淋式贝类清洗、牡蛎壳清洗等清洗设备。国内学者先后设计了一种多作用式贝类清洗机，在工作中可将清洗好的扇贝输送出来，提高了清洗效率；设计了喷刷式贝类清洗机，采用带螺旋板和毛刷的清洗刷辊及蜗轮—蜗杆传动形式，解决了人工清洗劳动强度低的问题。基于水射流贝类清洗机械，医用水箱中的压力结合气罐释放出高压气流，使高压水通过喷嘴射出来，可将贝类表面淤泥清洗掉。不同的清洗设备的运行参数、清洗方式对清洗效果影响显著。也有学者对清洗分级一体设备进行研究，采用高压气流将扇贝表层污物吹走清除，此设备毛刷辊的长度、倾角都可调节，提高了分级的适应性。设计了一种蛤蜊分级除杂装置，利用离心法和密度原理，解决了蛤蜊分级清洗及去除杂质的问题。贝类清洗分级一体机面临着产品功能单一，自动化程度低，并且分级精度不高和破损率较高的问题，即装置分级精度无法达到90%以上且破损率约为3%。因此提高实际贝类清洗分级过程中的分级精度，减少破损率，实现其高效率、高品质的清洗分级十分必要。

6.2
机械化分级装备

6.2.1　澳大利亚制造的优质牡蛎分级机

世界各地的牡蛎养殖者认为 SED 分级机 Vision 牡蛎分级机是最先进、最准确的牡蛎分级机之一，如图 6-1 所示。Vision 牡蛎分级机是与牡蛎养殖户合作开发的，采用最优质的不锈钢，可持续使用多年。

图 6-1　Vision 牡蛎分级机

Vision 牡蛎分级机是一款集分离、清洁、测量、分类、计数和装袋于一体的一体化系统。 SEDGraders 还开发了一种高效的过度捕捞处理方法，利用冷冲击高盐浴，大大降低了死亡率。

Vision 牡蛎分级机采用缓冲空气，与手工分选相比，它对牡蛎的作用要温和得多。更重要的是，视觉牡蛎分级机显著提高了生产率。Vision 牡蛎分级机每小时可处理 14400 ～ 28800 个牡蛎。Vision 牡蛎分级机可完成 13 名经验丰富的作业员工的工作。

Vision 牡蛎分级机具有四级、六级或八级出口，并根据产量需求设置袋子的尺寸和数量。SED 分级机 Vision 牡蛎分级机准确率高达 99%，易于操作。

对于幼牡蛎来说，高死亡率是一个令人担忧的问题。在许多情况下，从牡蛎幼苗到可销售牡蛎的死亡率可高达 45%。如图 6-2 所示，为牡蛎幼苗分级机。

该牡蛎幼苗分级机在水中运行，分级较轻，精度更高。这消除了传统桶式分

图 6-2　牡蛎幼苗分级机

级机和振动筛分级机造成的牡蛎应激，以及人工分级的高成本。

　　牡蛎幼苗分级机每小时可分级100000个尺寸为20～30mm的牡蛎。该机器在水下自动将牡蛎分为三种尺寸，并通过三个小型传送带将牡蛎运送到收集点。

6.2.2　贝类幼苗筛选装置

6.2.2.1　装置组成和工作原理

　　（1）装置组成　如图6-3所示，该苗种筛选装置主要由筛网驱动机构、进苗装置、杂质去除装置、筛选机构、贝苗收集机构和供水系统等组成。其中筛网驱动机构主要由电机、偏心曲臂机构等组成，其作用是带动筛网运动，进而完成贝苗的筛选作业；进苗装置主要由调节支架、喷水管和进苗槽组成，其中调节支架可调节进苗槽的倾斜角度，喷水管射流推动进苗槽内的贝苗下落，实现了低扰动进苗；杂质去除装置主要由过滤网、溢流口和隔栏3部分组成，其中过滤网的目的是筛选苗种中大体积的杂物，溢流口可实现浮杂的排除，隔栏设置于初级筛网和次级筛网之间，其目的是拦截海藻等杂物，贝苗筛选机构主要由2种不同规格的筛网组成；供水系统分别为进苗装置、筛选机构和贝苗收集机构供水，确保整个筛选过程贝苗始终处于水中，降低筛选过程中的机械损伤和避免贝苗干露。

　　（2）工作原理　如图6-4所示，进行贝苗筛选工作前，根据扇贝苗种的大小，

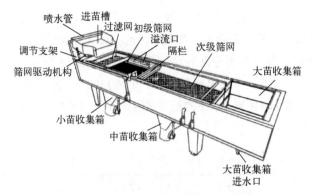

图6-3 扇贝苗种筛选装置结构示意图

选择初级筛网和次级筛网的网孔规格,并铺设到筛网支架上。启动动力装置和喷水管,调节变频装置以控制筛网往复运动速度,将扇贝苗种放入进苗槽中,喷水管的水流将进苗槽中的扇贝苗种带到过滤网上,大体积杂质被去除,之后下落至初级筛网,在筛网往复运动下,小规格的扇贝苗下落至小苗收集箱;中级苗种在筛网往复运动和水流作用下进入次级筛网,该过程中海藻等漂浮杂物被隔栏拦住,经筛选后中级苗种进入到次级筛网存储箱内;大规格苗种经过筛网组后进入大规格苗种收集槽中。

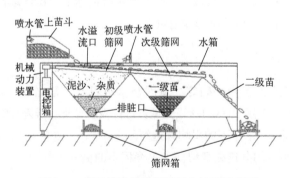

图6-4 扇贝苗种筛选装置工作流程示意图

6.2.2.2 材料与方法

试验所用贝苗种选自旅顺海区采到的天然苗种。贝苗筛选规格分别为3mm、3～5mm、5mm以上,规格划分符合虾夷扇贝天然苗种中间育成基本要求。试验分2个阶段进行,第一阶段进行扇贝苗种筛选装置结构参数论证试验,第二阶段进行生产性对比试验。

第一阶段由初步单因素影响试验确定影响贝苗筛选准确性的关键因素为贝苗单位时间投入量、筛网孔径增量、筛电机转速、筛面与水平方向夹角。根据实际工作需求，确定其参数范围分别为：贝苗单位投入量（4～6）kg/min，筛网孔径增量（−1～1）mm，筛选电机转速（130～150）r/min，筛网与水平方向夹角为10°～20°。建立4因素3水平的正交试验设计，如表6-1所示，确定装置的最佳组合结构参数。

表6-1　筛选正交试验的因素及水平

水平	因素			
	贝苗单位投入量（A）/（kg/min）	筛网孔径增量（B）/mm	筛选电机转速（C）/（r/min）	筛网与水平方向夹角（D）/（°）
1	4	−1	130	10
2	5	0	140	15
3	6	1	150	20

第二阶段进行生产性试验，试验地点为大连旅顺双岛。试验利用设计的苗种筛选装置对3种规格的贝苗进行筛选，然后对试验结果进行分析。该试验历时5d，按照第1阶段的最佳筛选作业参数，共完成5组生产性试验，每组重复3次筛选。待筛选作业完成后，从每个规格的筛选箱内抽取100个贝苗样本进行尺寸测量和破损率检查，并统计筛选作业效率。

6.2.2.3　结果与分析

（1）最佳筛选工艺参数确定　从因素水平表看，建立4因素3水平，选用$L_9(4^3)$的正交表。采用SPSS20对正交试验进行极差分析，极差分析结果见表6-2。表中，k_i为各因素在i水平下的平均筛选纯度，$k_i=K_i/n$［式中K_i（i=1、2、3、$\cdots n$）为各因素在i水平下的分选纯度和］，R为各因素的极差。

表6-2　筛选正交设计$L_9(4^3)$试验结果

试验编号	因素				平均筛选准确性/%
	贝苗单位投入量A	筛网孔径增量B	筛选电机转速C	筛网与水平方向夹角D	
1	3	2	3	1	88.12
2	3	3	1	2	87.68
3	2	1	3	2	88.19

续表

试验编号	因素				平均筛选准确性/%
	贝苗单位投入量 A	筛网孔径增量 B	筛选电机转速 C	筛网与水平方向夹角 D	
4	2	3	2	1	89.33
5	2	2	1	3	91.12
6	1	3	3	3	90.39
7	1	1	1	1	89.97
8	3	1	2	3	87.96
9	1	2	2	2	91.31
k_1	90.557	88.707	89.590	89.140	
k_2	89.547	90.183	89.533	89.060	
k_3	87.920	89.133	88.900	89.823	
极差 R	2.637	1.476	0.69	0.763	
最佳方案	A_1	B_2	C_1	D_3	$A_1B_2C_1D_3$

由表6-3可知，最佳工艺参数组合为 $A_1B_2C_1D_3$，即筛选贝苗投入量4kg/min，筛网孔径增量为0mm，筛网电机转速130r/min，筛面与水平方向夹角20°。各因素对贝苗筛选机构影响次序依次为：筛选贝苗投入量＞筛网孔径增量＞筛面与水平方向夹角＞筛网电机转速。

表6-3 筛选工艺参数验证结果

试验编号	计数准确率/%
1	91.35
2	91.67
3	92.11
平均值	91.71

（2）生产性对比分析 如图6-5所示，第2阶段分别进行人工筛选和机械筛选生产性对比试验。通过对比试验得出，机械筛选在提高作业效率、降低劳动强度方面效果显著，且筛选后贝苗规格能够满足生产实际需求。

① 作业效率对比分析。如表6-4所示，在筛选4kg贝苗时，人工筛选需要4人同时完成（为完成2种规格贝苗筛选，需要每人重复筛选2次），作业时间约为20min，作业效率约为50g/（人/min），且劳动强度高；而采用机械筛选，仅需1

(a) 人工筛选作业　　　　　　　　　(b) 机械筛选作业

图 6-5　扇贝苗筛选生产性对比试验

人即可完成，作业时间约为10min，作业效率约为400g/（人/min），约为人工筛选的8倍，且劳动强度大幅提高。

表6-4　人工与机械筛选作业模式对比

筛选模式	筛选量/kg	作业人数/人	作业时间/min	作业效率/［g/（人/min）］	劳动强度
人工	4	4	20	50	高
机械	4	1	10	400	低

　　② 筛苗装置筛选效果分析。选取直径为3mm和5mm筛网的情况下机械筛选后的效果如图6-6所示，筛选准确率如图6-7所示。

(a) 小规格苗种　　　　　　(b) 中规格苗种　　　　　　(c) 大规格苗种

图 6-6　扇贝苗种筛选装置筛选效果对比

　　如图6-7所示，通过5组生产性对比试验，小规格贝苗筛选的准确率为91.33%，中规格贝苗的筛选准确率为91.73%，大规格贝苗的筛选准确率为90.98%，平均筛选准确率约为91.33%，且3种规格贝苗的筛选准确率无显著差异（$P > 0.05$）。对于较小的苗种筛选而言，在保证较高作业效率的同时，其准确率低于 10%，基本上能够满足企业对于苗种的筛选需求。由于筛选过程在水中进行，故筛选过程未发现贝苗破损现象，具有实际的生产价值。

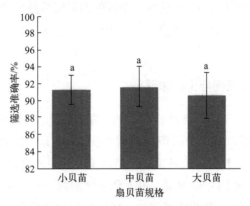

图 6-7　扇贝苗种筛选装置筛选准确率

综上所述，苗种筛选装置，采用水下筛选的作业模式，有效地消除了机械装置对贝苗的损伤，且采用了筛选前的大体积的杂物过滤网，浮杂和海藻等杂质的清除，有效地提高了筛选的清洁度；通过对扇贝苗筛选装置的工艺参数的优化试验，最终确定筛选贝苗投入量为 4kg/min，筛网孔径增量为 0mm，筛网电机转速为 130r/min，筛面与水平方向夹角为 20°时，筛选准确性最佳且各因素对贝苗筛选机构影响次序依次为贝苗投入量＞筛网孔径增量＞筛面与水平方向夹角＞筛网电机转速；在大连旅顺进行的生产性对比试验得出，机械计数的平均准确率为 91.33%，误差率低于 10%，且 5 组筛选结果无显著性差异（$P > 0.05$）；同时机械筛选的平均作业效率为 80g/（人/min），约为人工筛选作业效率的 8 倍。由此说明苗种筛选装置具有较高的准确性、稳定性和高效性，具有推广应用价值。

6.2.3　筛网式贝苗分级计数装置

近年来，随着贝类底播增养殖技术的迅猛发展，底播贝苗投放量日益增大，为了保证底播贝苗的成活率，养殖企业大多采用"大规格、优质苗"投优质海区的方案。因此，如何精准、快速地对贝苗进行筛选分级已成为提高底播贝苗成活率及品质的关键因素。目前，贝苗的分级作业以人工分级为主，属于劳动密集型，工作条件恶劣，劳动强度高，效率低、误差大等问题严重，且贝苗的最佳底播时间常被延误，贝苗干露现象严重、成活率低，直接影响企业经济收益。通过对贝苗海上收购与底播生产流程的调研，结合贝苗养殖企业的实际需求，考虑贝苗分级与计数装置的准确性、稳定性、高效率以及降低贝苗损伤率等几个方面，设计了一种具有分级筛选与排队计数等功能的新型扇贝苗分选计数装置，以取代原来的人工作业方式，革新贝苗分级抽样作业模式，满足贝苗海上收购、分级与底播一体化的需求。

6.2.3.1 装置总体结构与工作原理

设计的扇贝苗分级计数装置主要由分级筛选装置与排队传送计数装置构成，其结构如图6-8所示。其中分级筛选装置主要由OPG 61K200RGN-CF型交流电机（配有OPG 6GN10K型齿轮减速器和TWT US-52型电机调速器）、平板筛网组（由3层聚氯乙烯材质的孔板组成，由上至下分别为大孔径筛网、中孔径筛网和小孔径筛网）、偏心轮摆杆机构等组成；排队传送计数装置主要由排队挡板、同步齿轮传送带、OPG 61K200RGN-CF型交流电机（配有OPG 6GN10K型齿轮减速器）等组成。

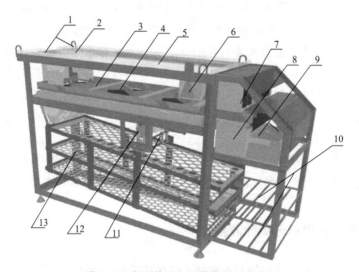

图6-8 扇贝苗分级计数装置结构图

1—计数入口；2—分级入口；3—排队挡板；4—传送带；5—整理台；6—排杂口；7—计数传感器显示控制器；8—传送带电机；9—计数传感器；10—贝箱托架；11—偏心轮摆杆机构；12—筛网电机；13—筛网组

分选装置的工作原理主要是利用筛网过滤进行分级，以及利用差速排队进行计数。

分级作业时贝苗首先倒在整理台上，经筛选口落到平板筛网组上，筛网组在偏心轮摆杆机构驱动下按一定的频率做往复运动，筛网前倾与地面呈一定角度，以利于贝苗向前移动，并经不同规格筛网落入贝苗箱中，实现贝苗的分级。

计数统计过程需依次将各种规格贝苗箱中的贝苗再次倒在整理台上（可同时进行两种规格贝苗的计数统计），使贝苗依次经除杂海绵并由计数口落入传送带上，传送过程依靠排队挡板对传送的贝苗进行排队，使贝苗逐个落入计数传感器，完成贝苗的计数统计。

6.2.3.2　筛网分级机构

筛网分级机构的设计主要是筛网的设计，包括筛网网孔的布置形式选择、筛网孔径确定以及筛网的结构尺寸确定。

（1）筛网网孔布置形式的确定　筛孔是分级机械的主要工作部分，其排列方式直接影响分级效果。筛孔的排列方式主要有直排、60°错排、45°错排，如图6-9所示。设孔径为d、孔隙间距均为m，则从虚线方格知，直排、60°错排、45°错排时筛面面积的有效系数分别为$K_{直排}$、$K_{60°错排}$、$K_{45°错排}$：

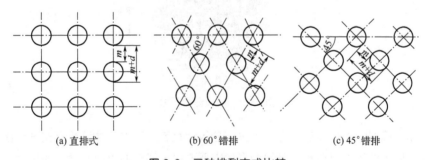

(a) 直排式　　　　　(b) 60°错排　　　　　(c) 45°错排

图 6-9　三种排列方式比较

$$K_{直排} = \frac{\pi d^2}{4(m+d)^2} \tag{6.1}$$

$$K_{60°错排} = \frac{\frac{1}{4}\pi d^2}{(m+d)^2 \frac{\sqrt{3}}{2}} = \frac{\pi d^2}{2\sqrt{3}(m+d)^2} \tag{6.2}$$

$$K_{45°错排} = \frac{\frac{1}{4}\pi d^2}{(m+d)^2 \frac{1}{2}} = \frac{\pi d^2}{2(m+d)^2} \tag{6.3}$$

由公式（6.1）、（6.2）、（6.3）可知，$K_{45°错排} : K_{60°错排} : K_{直排} = 2\sqrt{3} : 2 : \sqrt{3}$。由此说明，采取45°错排形式可使筛网的有效筛面面积最大，故在设计中筛孔排列方式选取45°错排。

（2）筛网孔径尺寸参数确定　筛网分级的准确性与筛孔尺寸、贝苗壳体的最小尺寸有关。如图6-10所示，贝苗的前缘（或后缘）至腹缘的最远距离 h 为能通过筛孔的最小尺寸，背缘至腹缘的最远距离 H 为贝苗的最长尺寸，即养殖企业收苗时的尺寸依据。因此，本研究对虾夷扇贝苗（＜30mm、30～35mm、35～40mm、≥40mm）的形态特征进行统计，4种规格贝苗各抽取了100个，对贝苗的最大长度 H、最小长度 h 进行了测量。通过数据分析，得到贝苗能够通过筛孔的最小尺寸 h 为贝苗最长尺寸 H 的0.88～0.95倍。

图 6-10　扇贝分级尺寸

（3）筛网结构尺寸参数确定　贝苗分级计数装置结构尺寸设计应充分考虑设备在船舶上的运输与布置。筛网的宽度主要取决于船舶的舱门宽度。通过对一般捕捞渔船（尤其是大连獐子岛海区现有贝苗收购船舶）的舱门尺寸的调研，其舱门宽度的最小尺寸为500mm，两边各留20mm余量，贝苗分级计数装置的宽度应小于460mm，在实际设计开发的过程中，考虑到分级装置的电机、传动机构等布置问题，最终确定筛网宽度为310mm。筛网厚度需要考虑其强度以及防止贝苗分级过程中网孔卡贝等问题，实际设计为5mm。筛网长度是影响分级效率与准确性的关键因素之一。其计算公式为：

$$L = n\frac{Q}{bQ_S\varepsilon} \tag{6.4}$$

式中，L 为筛网长度，m；Q 为单位时间贝苗投入量，kg/min；Q_S 为筛网单位面积贝苗处理量，kg/m²；n 为筛网层数；b 为筛网宽度，m；ε 为单位时间内从筛孔中掉下贝苗的系数。在贝苗分级过程中，35 ～ 40mm 规格贝苗所占比例最大，故以该规格贝苗分级为例，在筛孔选取 32mm、宽度选取 310mm 时，考虑筛网强度，1m² 筛网可布置约 636 个网孔，则筛网单位面积贝苗处理量 Q_S 约为 1.125kg/m²；单位时间贝苗投入量受投苗口尺寸和人工操作的熟练程度限制，最终确定单位时间投入量 Q 为 0.042kg/s 较为合理；贝苗投入口位于操作台的中部（两侧布置计数投入口），投入的贝苗的轨迹基本集中在中部，筛网两侧利用率不高，故筛网的有效筛苗系数选取 0.35 较为合理。将 Q=0.042kg/s，Q_S=1.125kg/m²，ε=0.35，n=3，b=0.31m 代入公式（6.4），得 L=1.03m，因此，筛网长度设计尺寸 L 应≥1.1m。

6.2.3.3 排队计数机构

图 6-11 为排队传送计数机构，主要由排队挡板、同步齿轮传送带（长 1.2m、宽 310mm，防止冬季传动轮结冰打滑）及交流电机（转速 1650r/min、功率 200W、齿轮减速器 6GN10K）等组成，该装置可同时实现两组不同规格贝苗的排队传送。计数统计由位于传送带出口处的两个光电数粒传感器实现，其型号为智恒（厦门）微电子有限公司生产的 IMS_CXY70×70_15，分辨率为 15mm，检测口径为 70mm×70mm，外部尺寸为 150mm×150mm×11mm，工作环境温度为 −15 ～ 50℃，保护等级 IP65（防尘、防止喷射的水侵入），壳体材质为铝壳。

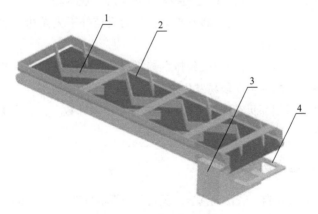

图 6-11 传送排队机构

1—排队机构；2—传送带；3—传送电机；4—计数传感器

贝苗计数统计的关键在于保证贝苗逐一进入计数传感器，而贝苗逐一进入计数传感器关键是实现贝苗差速传送，因此，排队挡板的布置角度将成为差速传送的关键。如图6-12所示，轨道1的上挡板与传送方向夹角为θ_1，中间挡板与传送方向的夹角分别为θ_1'、θ_2'，轨道2下挡板与传送方向夹角为θ_2，其中$\theta_1=\theta_1'$，$\theta_2=\theta_2'$；排队挡板的拐点过每组轨道的中纵线，可将并排的贝苗拨开。

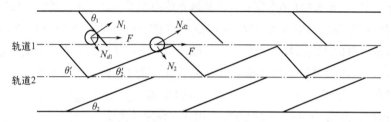

图 6-12　贝苗在传送带上的运动分析

以扇贝苗在轨道1运动形式为例：

$$f_1 = \mu_1 F \sin \theta_1 \tag{6.5}$$

$$f_2 = \mu_2 F \sin \theta_2' \tag{6.6}$$

其中，f_1为扇贝在上挡板上收到的摩擦力；f_2为扇贝在中间挡板上收到的摩擦力；μ_1为扇贝苗在轨道1上的摩擦系数；μ_2为扇贝苗在中间挡板上的摩擦系数，由于挡板材质相同，故$\mu_1 = \mu_2$；F为扇贝传送的动力；θ_1为上挡板与传送方向的夹角；θ_2'为中间挡板与传送方向的夹角。

若$\theta_1 = \theta_2'$，$f_1 = f_2$，则贝苗经挡板后无法实现差速运动；

若$\theta_1 > \theta_2'$，$f_1 > f_2$，则扇贝碰到排队挡板后贝苗处于先减速后加速运动的模式，将相邻两贝苗距离拉开。

若$\theta_1 < \theta_2'$，$f_1 < f_2$，则扇贝碰到排队挡板后贝苗处于先加速后减速运动的模式，相邻两贝苗在减速运动段易发生碰撞。

故为了实现将相邻贝苗的距离拉开，并逐一进入计数器，达到贝苗计数的目的，选取方案$\theta_1 > \theta_2'$。轨道2运动分析同理。

6.2.3.4　材料与方法

试验所用苗种来自小长山岛海区。贝苗分级规格分别为＜30mm、30～35mm、35～40mm、≥40mm。

试验方法：本试验分2个阶段进行，第一阶段进行参数正交试验以确定装置的最佳结构参数，第二阶段进行海上生产对比试验以检验和验证所设计装置的分级计数的准确性和可靠性。

　　由初步试验分别确定了影响贝苗分级准确性与计数准确性的关键因素与该因素的最佳参数范围。影响贝苗分级装置准确性的关键因素分别为分级贝苗单位时间投入量、筛网孔径增量、分级筛电机转速、筛面与水平方向夹角、筛网长度，其最佳参数范围分别为 2 ～ 3.5kg/min、−3°～ 0°、120 ～ 135r/min、1°～ 4°、1.1 ～ 1.5m；影响贝苗计数统计准确性的关键因素分别为计数贝苗单位时间投入量、排队挡板位置关系、传送带电机转速，其最佳参数范围分别为 2 ～ 3kg/min、（60°与30°、45°与 30°、60°与45°）、110 ～ 120r/min。在第一阶段的试验中，取 4 种规格贝苗各100个，依据分级装置与计数装置关键影响因素的最佳参数范围，分别建立5因素4水平和3因素3水平的正交试验设计，如表6-5和表6-6所示，确定装置的最佳组合结构参数。

表6-5　分级正交试验的因素及水平

水平	因素				
	分级投入量 A /（kg/min）	筛网孔径增量 B/（°）	筛网电机转速 C /（r·min^{-1}）	筛面与水平方向夹角 D/（°）	筛网长度 E /m
1	2	−3	120	1	1.1
2	2.5	−2	125	2	1.2
3	3	−1	130	3	1.3
4	3.5	0	135	4	1.5

注：3种规格筛网的基础孔径分别为40mm、35mm和30mm。

表6-6　计数正交试验的因素及水平

水平	因素		
	计数投入量 F/（kg/min）	排队挡板位置关系 G（θ_1、θ_2）/（°）	传送带电机转速 H/（r·min^{-1}）
1	2	60°、30°	110
2	2.5	45°、30°	115
3	3	60°、45°	120

　　第二阶段的海上生产对比试验在小长山岛海区进行，试验中，分别利用本文所设计的装置以及人工方式对4种规格的贝苗进行了分选计数，然后对试验结果进行了对比分析。该试验历时30d，共完成4组对比试验，每星期完成1组（海上收苗作业持续时间较长，在收苗过程中贝苗会生长，各规格贝苗比例会发生变化，因此每星期进行1组试验能够较为合理地对贝苗分级计数装置的准确性与稳定性进行评估），每组对比试验重复进行3次，每次完成1箱（质量为20kg）贝

苗的分级与计数，每次统计试验间隔1h，间隔时间内将贝苗放置于海水中保证贝苗活度。人工分级与计数：依靠游标卡尺逐一测出每个贝苗的尺寸，为了提高分级作业效率，采用8人同时进行，待完成后记录各规格数量与操作时间；机械分级与计数：对人工分级后的贝苗由分级计数装置进行再次筛选与计数，待作业完毕后，确定分级与计数装置的准确率、作业时间与因互插而导致贝苗低活性的比例。分级准确率 η_1、计数准确率 η_2、设备总的准确率 η 及贝苗低活性的比例 η_3 计算公式分别为：$\eta_1 = 1 - \dfrac{N_{hi}}{N_{zi}} \times 100\%$；$\eta_2 = 1 - \dfrac{|N_t - N_j|}{N_t} \times 100\%$；

$$\eta = 1 - \frac{|N_{zi} - N_j|}{N_{zi}} \times 100\%；\quad \eta_3 = \frac{N_p}{N_s} \times 100\% 。$$

其中，N_{hi} 为混入每级规格中的其他规格贝苗数量；N_{zi} 为每规格贝苗的真实数量；N_t 为计数统计投入量；N_j 为计数器显示值；N_s 为分级计数贝苗的实际总数量；N_p 为机械分级过程贝苗低活性数量（低活性贝苗具有的特点是经振动后发生开壳现象，同时发生互插现象也会造成贝苗低活性，统计的数量即为开壳贝苗和发生互插的贝苗）。

6.2.3.5　结果与分析

（1）最佳工艺参数组合的确定　从因素水平表6-7和表6-8看，分别建立5因素4水平和3因素3水平，分别可选用 L_{25}（4^5）和 L_9（3^4）的正交表。采用SPSS 20对正交试验进行极差分析，极差分析结果见表6-7和表6-8。表中，k_i 为各因素在 i 水平下的平均分选纯度 $k_i = K_i/n$ [式中 K_i（i=1、2、3、$\cdots n$）为各因素在 i 水平下的分选纯度和]，R 为各因素的极差。

表6-7　分级正交设计 L_{25}（4^5）试验结果

试验编号	因素					平均分级准确率/%
	分级投入量 A /（kg/min）	筛网孔径增量 B/（°）	筛网电机转速 C /（r·min⁻¹）	筛面与水平方向夹角 D/（°）	筛网长度 E/m	
1	4.00	4.00	2.00	1.00	3.00	90.2
2	3.00	3.00	1.00	1.00	4.00	91.4
3	1.00	3.00	3.00	4.00	3.00	93.4
4	3.00	1.00	4.00	4.00	1.00	88.9
5	1.00	1.00	1.00	1.00	1.00	90.1
6	1.00	3.00	2.00	3.00	1.00	95.5

试验编号	因素					平均分级准确率/%
	分级投入量A /（kg/min）	筛网孔径增量B/（°）	筛网电机转速C /（r·min⁻¹）	筛面与水平方向夹角D/（°）	筛网长度E/m	
7	1.00	1.00	4.00	1.00	2.00	89.5
8	2.00	3.00	1.00	2.00	2.00	93
9	4.00	2.00	1.00	4.00	4.00	87.9
10	2.00	1.00	1.00	1.00	3.00	92.3
11	3.00	4.00	3.00	2.00	1.00	95.9
12	4.00	1.00	3.00	1.00	1.00	91.1
13	1.00	2.00	1.00	3.00	1.00	91.8
14	1.00	4.00	1.00	4.00	2.00	92.5
15	3.00	2.00	2.00	1.00	2.00	94.3
16	2.00	1.00	2.00	4.00	1.00	95.1
17	2.00	4.00	4.00	3.00	4.00	91.5
18	3.00	1.00	1.00	3.00	3.00	91.4
19	1.00	1.00	2.00	2.00	4.00	97.1
20	4.00	3.00	4.00	1.00	1.00	85.8
21	1.00	1.00	3.00	1.00	4.00	94.6
22	1.00	4.00	1.00	1.00	1.00	91.4
23	1.00	2.00	4.00	2.00	3.00	87.2
24	4.00	1.00	3.00	3.00	2.00	95.5
25	2.00	2.00	3.00	1.00	1.00	96.6
k_1	92.650	91.375	91.787	92.537	92.450	
k_2	94.040	94.525	93.027	93.277	92.980	
k_3	92.720	95.285	93.307	91.217	92.420	
k_4	90.440	88.665	91.727	92.817	92.000	
极差 R	3.60	6.62	1.58	2.06	0.98	
最佳方案	A_2	B_3	C_3	D_2	E_2	$A_2B_3C_3D_2E_2$

由表6-7可知，最佳工艺参数组合为分级贝苗投入量2.5kg/min，筛网孔径增量为−2mm，筛网电机转速130r/min，筛面与水平方向夹角2°，筛网长度1.2m；各因素对贝苗分级机构影响次序依次为：筛网孔径增量＞分级贝苗投入量＞筛面与水平方向夹角＞筛网电机转速＞筛网长度。

表6-8　计数正交设计L₉（3⁴）试验结果

试验编号	因素			平均计数准确率/%
	计数投入量 F /（kg/min）	排队挡板位置关系 G/（°）	传送带电机转速 H /（r/min）	
1	3.00	3.00	1.00	91.30
2	1.00	2.00	3.00	98.80
3	3.00	1.00	3.00	93.60
4	1.00	3.00	2.00	92.20
5	2.00	3.00	3.00	90.90
6	3.00	2.00	2.00	98.40
7	2.00	2.00	1.00	97.10
8	2.00	1.00	2.00	95.20
9	1.00	1.00	1.00	93.70
k_1	94.900	94.167	94.033	
k_2	94.400	98.100	95.267	
k_3	94.430	91.467	94.433	
极差 R	0.50	6.633	1.234	
最佳方案	E_1	F_2	G_2	$E_1F_2G_2$

从表6-8的数据可得出，极差最大的是因素 F ，之后分别为 G 、 E 。因素 F 对试验的影响最大，取第2水平最好，因数 G 、 E 分别取第2、第1水平最好。因此，该试验的最优方案为 $E_1F_2G_2$ ，即计数统计单位时间投入量为2kg/min，排队挡板位置关系为 θ_1=45°， θ_2=30°，传动带电机转速为115r/min为最佳。

（2）海上生产对比试验结果分析

① 分级与计数效果对比。在第2阶段进行的海上生产对比试验中，试验设备结构参数如表6-9所示，贝苗分级计数装置与人工作业方式对4种规格的贝苗进行分选计数的情况，如表6-10所示。

表6-9　贝苗分级计数装置结构参数

分级装置结构参数					计数装置结构参数		
分级贝苗投入量/（kg/min）	筛网孔径增量/mm	筛网电机转速/（r/min）	筛面与水平方向夹角/（°）	筛网长度/m	计数贝苗间投入量/（kg/min）	排队挡板位置（ θ_1 、 θ_2 ）/（°）	传动带电机转速/（r/min）
2.5	−2	130	2	1.2	2	45°、30°	115

表6-10　人工与机械分级计数试验效果对比

试验组数	分级计数类型	贝苗筛选规格的平均数量/个 ≥40mm	35~40mm	30~35mm	<30mm	总数/个	低活性贝苗所占比例/% 振动互插	低品质	机械相对人工分级计数偏差率/% ≥40mm	35~40mm	30~35mm	<30mm
1	人工	354	2128	707	354	3543	—	—	2.82±0.19[a]	3.05±0.14[a]	2.26±1.01[a]	9.04±1.56[a]
1	机械	364	2063	723	322	3472	1.04	0.62				
2	人工	514	1900	686	341	3441	—	—	2.33±0.30[a]	4.26±0.15[a]	1.75±1.02[a]	11.44±1.79[a]
2	机械	526	1819	698	302	3345	0.87	0.52				
3	人工	657	1987	524	131	3299	—	—	2.28±0.15[a]	4.38±0.19[a]	2.10±1.39[a]	7.63±3.03[a]
3	机械	672	1900	535	121	3228	1.09	0.76				
4	人工	723	1967	525	65	3280	—	—	2.90±0.11[a]	3.66±0.23[a]	2.29±1.63[a]	9.23±4.89[a]
4	机械	744	1895	537	59	3235	1.22	0.64				

注：每种规格机械相对人工分级计数偏差率同一列数据右上角相同字母表示差异不显著（$P > 0.05$），不同表示差异显著（$P < 0.05$）；振动互插是指筛选过程因发生互插而造成贝苗低活性的现象；低品质是指贝苗本身活性低或已经死亡的贝苗，该类贝苗经振动会发生开壳现象。

由表6-10可知，总体上来说，贝苗分级计数装置的计数小于人工方式的计数结果，但是相差不大。其中≥40mm规格的贝苗机械与人工偏差率分别为2.82%、2.33%、2.28%、2.90%，平均偏差率为2.58%；35～40mm规格贝苗分级计数偏差率分别为3.05%、4.26%、4.38%、3.66%，平均偏差率为3.95%；30～35mm规格贝苗分级计数偏差率分别为2.26%、1.75%、2.10%、2.29%，平均偏差率为2.10%；＜30mm贝苗规格分级与计数偏差率分别为9.04%、11.44%、7.63%、9.23%，平均偏差为9.34%。4种规格机械与人工分级计数偏差率差异均不显著（$P > 0.05$），由此说明该分级计数装置具有较高的准确性以及较好的稳定性。

通过对贝苗分选计数的工作流程进行分析，可得出机械分级计数少于人工计数结果的主要原因为：对于交叉粘连为一体的贝苗，在通过排队隔板时部分贝苗未被拨开，导致2个或2个以上贝苗同时进入传感器而影响计数统计的准确性。另外，贝苗的不规则性、分级贝苗单位时间投入量、筛网孔径增量、分级筛电机转速、筛面与水平方向夹角、筛网长度、计数贝苗单位时间投入量、排队挡板位置关系、传送带电机转速等因素的影响也会导致机械计数的偏差。

通过试验结果以及上述分析，机械分选计数的最大平均偏差率为9.34%，从总体上来说，该偏差率在养殖企业可接受的范围之内，且各规格贝苗偏差率差异不显著，而且其偏差方向具有规律性（≥40mm、30～35mm、35～40mm偏差率小，＜30mm偏差大），因而可通过设定补偿机制弥补分级计数偏差率，确保公平交易。

② 分级计数效率对比。由表6-11可知，机械分级计数作业与人工分级计数作业相比，作业人数大幅降低、作业效率显著提高、劳动强度大幅降低。其中，8人同时对20kg贝苗进行分级与计数统计所需时间平均为19.2min，平均每人作业效率为0.13kg/（min·人），采用机械分级与计数统计在2人辅助（筛选与计数投苗工作）的情况下，完成20kg贝苗分级计数所需时间平均为16.9min，平均每人作业效率为0.59kg/（min·人），为人工作业效率的4.54倍，且作业人数减少6人，作业强度大幅降低。

表6-11　人工与机械作业效率对比

试验组数	人工分级计数			机械分级计数		
	作业人数	作业时间/min	作业效率/[kg/（人·min）]	作业人数/人	作业时间/min	作业效率/[kg/（人·min）]
1	8	20.0	0.125	2	17.4	0.575
2		19.6	0.128		17	0..588

试验组数	人工分级计数			机械分级计数		
	作业人数	作业时间/min	作业效率/[kg/（人·min）]	作业人数/人	作业时间/min	作业效率/[kg/（人·min）]
3	8	18.7	0.134	2	16.7	0.600
4		18.6	0.134		16.5	0.606

（3）经济性分析　下面采用"底播期分苗作业总节省费用"来对贝苗分级计数装置的经济性进行分析。

底播期间分苗作业总投入。以大连贝类养殖海域为例，每年底播面积约为400km²，贝苗底播量分布量约为10个/m²，每年底播时间仅为2个月，按164个/kg计算，抽标标准为60箱中抽标1箱，每箱贝苗净重约20kg，每天需要抽标任务为6775kg，若按人工作业效率7.8kg/（人·h）、机械作业效率70.8kg/（台·h）计算，每天工作10h，则人工分苗作业所需人数为87人，而机械分苗则需约10台（配备协助人员20人）。

采用贝苗分级计数装置进行海上分苗任务，底播时间内（2个月）投入主要包括制造费用、维修费用与人工费用。其中每台贝苗分级计数装置的材料与制造费用约为3万元，则设备制造费用投入为30万。将投入的30万元按10年的寿命（即满足使用10次底播期分苗作业要求的寿命）、6%的年利率等额分配，得到设备制造费用的每次底播期分苗作业投入约为4.08万元；设备使用与维护费用占每次底播期分苗作业投入成本的10%，约为0.408万元；每台贝苗分级计数装置配备工作人员2人，每次抽标分级时间按2个月计算，人工费用为0.5万元/月，故20人2个月劳务费用为20万。因此，采用贝苗分级计数装置年投入费用为24.488万元。

其中设计制造费用参照 $(A/P, i, N) = A/P = \dfrac{i(1+i)^N}{(1+i)^N - 1} = \dfrac{1}{(P/A, i, N)}$ 计算。其中，A 为设计制造费用年投入，万元；P 为总投入，万元；i 为利率，%；N 为满足底播期的使用寿命。

采用人工分苗，2个月所需劳务费用为87万元。每次底播期节省费用，主要体现在降低劳务费用方面。每次底播分苗作业总节省费用=年节省费用－年投入=年节省人工费用－设备制造费用－维护费用=62.512万元。

由此说明，采用贝苗分级计数装置对贝苗进行抽样分级作业经济效果显著，对其他海产品分级方式的改造具有参考价值。

综上所述，通过对贝苗分级计数装置工艺参数的优化，最终确定分级贝苗投入量2.5kg/min，筛网孔径增量为−2mm，筛网电机转速130r/min，筛面与水平方向夹角2°，筛网长度1.2m时，分级的准确性最佳且各因素对贝苗分级机构影响次序依次为筛网孔径增量＞分级贝苗投入量＞筛面与水平方向夹角＞筛网电机转速＞筛网长度；计数筛选单位时间投入量为2kg/min，排队挡板位置关系为θ_1=45°、θ_2=30°，传动带电机转速为115r/min为最佳，且各因素对贝苗计数准确性的影响依次为排队挡板位置关系＞传送带电机转速＞计数投入量。

在小长山岛海区进行的海上生产对比试验得出，采用机械分级与计数其统计的总数量小于人工分级与计数统计的总数量。4种规格贝苗机械与人工偏差率统计的平均值分别为2.58%、3.95%、2.10%、9.34%，且4种规格贝苗偏差率差异均不显著（$P>0.05$），由此说明该分级计数装置具有较好的稳定性。

采用筛网分级虽然会造成贝苗损伤与死亡，但也会使活度较差贝苗或死贝的贝壳张开，确保所统计的贝苗为活贝，提高底播贝苗的品质。经海上生产对比试验得出，筛网分级后贝苗活度变差（发生开壳和互插现象）所占比例平均为1.69%，经过工作人员验证，由于机械振动造成的贝苗活度变差约占总活度变差贝苗的3/5，而由于贝苗品质问题而发生开壳、互插约占总活度变差贝苗的2/5。

以完成20kg贝苗分级与计数作业为例，机械与人工分级计数作业相比，在作业人数减少6人的同时，作业效率可提高4.54倍，劳动强度大幅降低，且减少了贝苗的露空时间，确保底播贝苗的活度。

采用贝苗分级计数装置对贝苗进行抽样分级作业经济效果显著，每次底播期分苗作业节省费用大约为62.512万元，对其他海产品分级方式的改造具有参考价值。

6.3
贝类清洗分级机

6.3.1　清洗分级整机工作原理

清洗分级机主要由上料、清洗、送料、分级四部分构成（图6-13）。蛤仔从喂料池投入进入清洗环节，完成清洗作业后进入分级环节，蛤仔在滚筒筛内沿滚筒壁向前运动，完成菲律宾蛤仔的清洗分级。

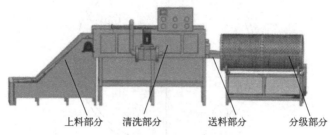

上料部分　　　清洗部分　　　送料部分　　　分级部分

图 6-13　菲律宾蛤仔清洗分级一体机结构示意图

6.3.2　关键部件及运动学结构分析

6.3.2.1　滚筒筛结构设计

滚筒筛分级结构主要由滚筒筛、从动辊轴、出料口、传动电机、传动链、主动辊轴和机架组成（图6-14）。

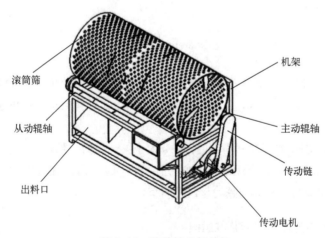

滚筒筛

机架

从动辊轴

主动辊轴

传动链

出料口

传动电机

图 6-14　滚筒筛分级结构

6.3.2.2　蛤仔在滚筒筛的受力分析

将菲律宾蛤仔外形近似为一个球体，以蛤仔的质心 P 为原点，滚筒筛切向为 X 轴方向，滚筒筛法向为 Y 轴方向，蛤仔在滚筒筛的受力如图6-15所示。

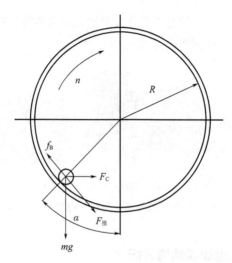

图 6-15　蛤仔在滚筒筛内受力图

当蛤仔在筛筒内做圆周运动时，在升角为某一值时，蛤仔P沿滚筒壁向下滚动的临界条件是：

$$F_C + mg\sin\alpha = F \tag{6.7}$$

经简化后可得：

$$\alpha \geqslant \arctan\left(\mu - \frac{\omega^2}{g}\right) \tag{6.8}$$

式中，μ为蛤仔与滚筒表面的摩擦系数；α为蛤仔的升角；m为物料的质量，kg；g为重力加速度，m/s²；R为滚筒的半径，m；ω为物料运动的角速度，rad/s；F为$F_推$和f_B的合力。

式（6.8）表示蛤仔在筛筒内的升角α大于某一值时，蛤仔可以沿着筛筒壁转动进行向下滚动分级。经计算，升角为2°～6°时，蛤仔在筛筒内沿筒壁均匀向前运动，可见蛤仔在筒内翻动与过筛均有效。

6.3.2.3　滚筒筛直径及长度确定

滚筒筛直径、长度是滚筒筛的主要核心参数，决定着蛤仔分级的效率和分级精度。滚筒筛长度过短，蛤仔不能充分分级；滚筒筛直径过小，分级效率下降。

当滚筒筛转速为n时，蛤仔轴向移动速度为：

$$v = nx = DK_v\tan\theta \tag{6.9}$$

式中，K_v 为速度修正系数。

取 $\theta=3°$ 时，$K_v=1.35$；当 $\theta=5°$，$K_v=1.85$，滚筒直径表示为：

$$D=\left(\frac{Q_m}{5.3033FK_vd_bg^{0.5}\tan\theta}\right)^{0.4} \tag{6.10}$$

式中，Q_m 为进料率，kg/m³；θ 为滚筒倾角，(°)；K_v 为速度修正系数；d_b 为容积密度，kg/m³；F 为填充率。

在菲律宾蛤仔的分级过程中，蛤仔分级的有效区域接近 1/3 圆周，滚筒筛直径取 800mm。为了充分筛分，延长蛤仔在滚筒一级分级的停留时间，第一级筛网长度为 1000mm，二级筛网长度为 860mm。

6.3.2.4　筛孔尺寸及排列方式确定

在保证滚筒筛强度、刚度的条件下，采用 45°错排时筛面有效面积最大，分级更充分。蛤仔转动时在滚筒内也会进行自转，通过分析蛤仔下落时的运动状态，结合菲律宾蛤仔壳长、壳宽参数，最终滚筒筛的筛孔确定为 23mm、28mm。为防止蛤仔在滚筒中容易造成堆积，影响分级效率，以滚筒筛中轴为中心，安装一个长 13cm，高 3cm 的钢板，轴向布置三排（图 6-16）。

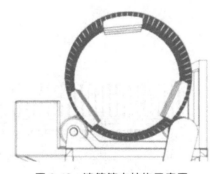

图 6-16　滚筒筛内结构示意图

6.3.3　清洗机结构及关键部件设计

6.3.3.1　清洗总体结构

菲律宾蛤仔清洗装置结构如图 6-17 所示。清洗部分主要由传送带、步进电机、摆针轮减速器、机架、毛刷辊、高压喷嘴、水泵、滤水箱、过滤网等零部件组成。为防止蛤仔滑落，在送料传送带网带上每隔400mm，设置高30mm的钢板；在毛刷辊下方的滤水箱上安装600目、1000目过滤网，循环泵将过滤后的水从喷嘴喷出循环利用。

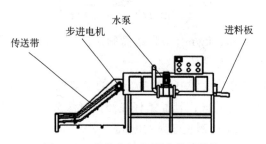

图 6-17 菲律宾蛤仔清洗装置结构

6.3.3.2 高压喷淋机构及毛刷辊选型

喷嘴作为清洗部分的关键执行元件，结合圆柱形喷嘴具备独特性能，不仅能有效汇聚能量，还能实现精准聚焦射击，可以获得最大打击力的优点。为减少高压水射流在喷嘴中的压力损失，因此选用圆柱形喷嘴，并配以压力为10MPa、额定流量96L/min、泵速332r/min、功率为18kW的柱塞泵。高压喷淋机构如图6-18所示。

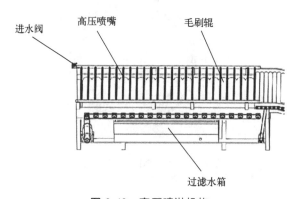

图 6-18 高压喷淋机构

高压射流清洗公式如下：

$$d = 0.69 \sqrt{\frac{Q}{U \times n \times \sqrt{P}}} \tag{6.11}$$

式中，d 为喷嘴内径，mm；Q 为清洗蛤仔时高压柱塞泵的额定流量，L/min；

P为高压柱塞泵的额定压强，MPa；n为喷嘴个数；U为喷嘴结构系数，0.6～0.7。

取Q=90L/min，U=0.6，n=66，P=3MPa，将数据代入公式中，d=1.2mm，取d=1.5mm。

当入射角为90°时，打击力最大，清洗效果最好，因此喷嘴垂直向下安装。当靶距为喷嘴直径100倍时，射流打击力最大，喷嘴直径为1.5mm，则靶距为150mm，喷嘴每排3个，22排，共66个喷嘴。

蛤仔经过上料区进入清洗区域通过毛刷辊的作用力进行清洗，蛤仔在毛刷辊上受到5个力，分别是蛤仔自身重力mg，两毛刷辊的支持力F_{N1}、F_{N2}，以及两个摩擦力f_1、f_2，将蛤仔近似为一个椭圆，a、b、c分别代表椭圆长轴距离、短轴距离、焦距、l为周长，则合力矩为：

$$m_{o2} = F_{N1}(a+b+c)^2 \sin(\alpha-\theta) - mg\alpha\sin\theta - f_1 l + \alpha\cos(\alpha+\theta) > 0 \quad (6.12)$$

合力矩m_{o2}是对蛤仔在毛刷辊上所受支持力、摩擦力以及其他所有分力的力矩的代数和，其大于零，蛤仔在毛刷辊的摩擦作用下向前运动，通过毛刷辊进一步清洗蛤仔代谢物，并输送至分级环节，刷洗装置毛刷辊的材料采用PA1010，设置为26组，直径110mm，总长度2600mm。

菲律宾蛤仔在毛刷辊上的受力如图6-19所示。

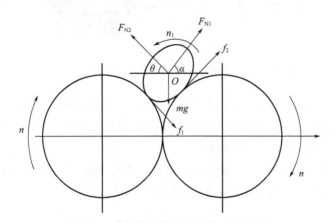

图6-19 菲律宾蛤仔毛刷辊上受力示意图

6.3.4 EDEM离散元仿真及优化试验

为开展清洗分级机整机分级精度优化，开展毛刷辊转速、滚筒筛转速和滚筒筛倾角参数的仿真，忽略蛤仔颗粒与蛤仔颗粒之间的黏附力，选择Hert-Mindlin无滑动接触模型，用多球形颗粒填充蛤仔模型，建立菲律宾蛤仔离散元仿真（EDEM）模型，如图6-20所示。

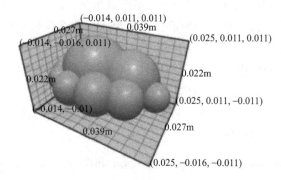

(a) 菲律宾蛤仔颗粒模型

(b) 清洗分级仿真过程

图6-20　菲律宾蛤仔清洗分级过程仿真试验模型

确定蛤仔和钢的基本物理和力学性能参数相关仿真参数（表6-12、表6-13）。用EDEM后处理Selection模块在所创建平面上方建立BinGroup，统计一定时间内在每级收料斗区域内蛤仔的数量。

分析毛刷辊转速、滚筒筛转速和滚筒筛倾角对分级精度的影响，结合仿真结果，确定菲律宾蛤仔清洗分级装置结构参数的最优组合。

表6-12　材料间的接触参数

接触关系	恢复系数	静摩擦系数	动摩擦系数
蛤仔 - 蛤仔	0.3	0.5	0.05
钢 - 蛤仔	0.5	0.5	0.05
钢 - 钢	0.5	0.5	0.05

表6-13　离散元参数

参数	数值
颗粒密度 /（kg/m³）	470
颗粒泊松比	0.29
颗粒剪切模量 /Pa	$1.1×10^9$
颗粒间恢复系数	0.5
颗粒间静摩擦因数	0.45
颗粒间动摩擦因数	0.08
颗粒总数	1000
颗粒与筛网间静摩擦因数	0.35
颗粒与筛网间动摩擦因数	0.04
颗粒与筛网的恢复系数	0.5
筛网密度（304 钢）/（kg/m³）	7800
筛网泊松比	0.3

为探讨菲律宾蛤仔的分级效果，以分级精度作为评价指标，计算公式为：

$$P = \frac{n}{N}$$ （6.13）

式中，P 为分级精度；n 为正确落入目标料斗的总数目；N 为试验总的颗粒目数。

分别以毛刷辊转速、滚筒筛转速和滚筒筛倾角为试验因素，以分级精度作为评价指标，进行分级作业的离散元仿真。由于筛筒倾角会影响蛤仔在筛面上纵向运动的加速度，滚筒筛倾角过大或过小都会造成分级不充分。

当倾角增大时，加速度也增加，蛤仔通过筛面的时间短，蛤仔不能充分过筛，造成分级不完全。当倾角增大到一定值时，蛤仔在筛面上跳动剧烈，会增加蛤仔破损率。倾角过小，蛤仔向前运动缓慢，产生堆积。结合蛤仔在滚筒内的受力分析，确保蛤仔充分分级，确定滚筒筛倾角范围为2°～4°。蛤仔在滚筒筛内做轴向运动，在蛤仔所受重力与离心力相等范围内设定筛筒转速，因此筛筒调速范围设定为10～20r/min。由于清洗作业时蛤仔停留时间影响清洗效果，与毛刷辊的转速尺寸相关，本机毛刷辊为26组，总长度为2600mm，当毛刷辊的转速为2～4r/min时，保证了蛤仔清洗停留时间，可有效地冲刷掉蛤仔表面的泥沙。依据上述分析，运用Design-Expert软件进行响应面优化试验设计，拟定3种因素的水平范围，分级试验方案如表6-14所示。

表6-14 试验方案及结果

试验序号	滚筒筛转速/（r/min）	滚筒筛倾角/（°）	毛刷辊转速/（r/min）	分级精度/%
1	15	2	2	70.38
2	10	3	2	73.11
3	20	3	4	78.28
4	15	3	3	84.12
5	15	3	3	82.20
6	20	2	3	79.13
7	15	2	4	84.62
8	10	2	3	72.62
9	15	4	2	66.49
10	10	4	3	74.22
11	15	3	3	81.12
12	15	3	3	80.55
13	10	3	4	69.09
14	20	2	3	90.13
15	20	3	2	92.98
16	15	3	3	88.44
17	15	4	2	78.54

6.3.5 试验结果与分析

菲律宾蛤仔分级作业的EDEM仿真结果如图6-21所示，经过后处理将滚筒中的蛤仔进行颜色标记，并在出料口边缘设置收集箱，通过计算可以准确得出在不同参数条件下蛤仔的分级情况。

响应面模型ANOVA分析如表6-15所示。

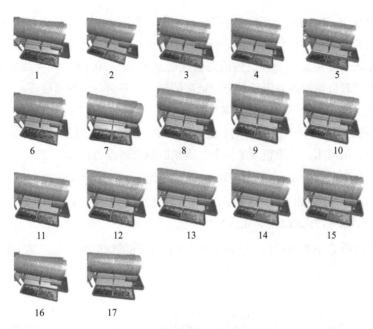

图 6-21　清洗分级仿真试验结果

表6-15　响应面模型ANOVA分析

来源	平方和	自由度	方差	F值	P值
Model	6074.5	9	674.94	130.79	< 0.0001
X_1	543.18	1	543.18	105.25	< 0.0001
X_2	9.16	1	9.16	1.77	< 0.0001
X_3	241.56	1	241.56	46.81	0.0002
$X_1 X_2$	5.38	1	5.38	1.04	0.0311
$X_1 X_3$	56.55	1	56.55	10.96	0.0129
$X_2 X_3$	20.1	1	20.61	3.99	0.0858
X_1^2	534.79	1	534.79	103.63	< 0.0001
X_2^2	1352.11	1	1352.11	262	< 0.0001
X_3^2	2832.1	1	2832.1	548.78	< 0.0001
残差	36.12	7	5.16	—	—
失拟量	29.38	3	9.79	5.81	0.0612
误差	6.75	4	1.69	—	—

运用DesignExpert软件进行回归分析，建立各因素关于蛤仔分级精度的影响程度的拟合方程，并进行响应面分析，探究影响因素交互作用对分级精度的影响规律。从表6-15可知，所建立的回归模型极显著（$P<0.0001$），失拟项不显著，表明模型能较好地反映各因素对分级精度的影响，并进行较好预估。

模型中X_1、X_2、X_3、X_1X_2、X_1X_3、X_1^2、X_2^2、X_3^2的P值均小于0.05，说明该对应项对模型影响显著；X_2X_3的P值大于0.05，说明该项对模型的影响不显著，故拟合时无须考虑。分级精度Y关于各因素的拟合方程为：

$$Y_c = -236.89000 + 11.06800X_1 + 114.47000X_2 + 9.37750X_3$$
$$- 0.23200X_1X_2 + 0.07520X_1X_3 - 0.22700X_2X_3 - 0.45080X_1^2$$
$$- 17.92000X_2^2 - 0.25935X_3^2$$

方差分析表中显著项交互作用对分级精度影响的响应面分析，结果如图6-22所示。

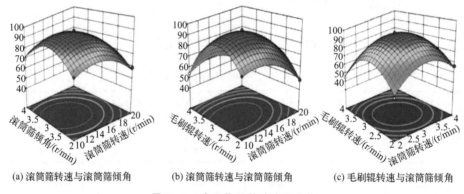

(a) 滚筒筛转速与滚筒筛倾角　　　(b) 滚筒筛转速与滚筒筛倾角　　　(c) 毛刷辊转速与滚筒筛倾角

图 6-22　交互作用的响应面分析

由图6-22（a）可见，随着滚筒筛转速的增大，分级精度有上升趋势；但是增大滚筒筛倾角，分级精度反而下降。当滚筒筛转速在16～20r/min之间时，此时分级精度受滚筒筛转速的影响比较明显。随着滚筒筛转速减小到15r/min时分级精度达到91%。由图6-22（b）可见，毛刷辊转速在2r/min时，蛤仔在毛刷辊上行驶速度缓慢，分级时间长；分级精度随毛刷辊转速增加而增加，随滚筒筛转速增加而下降，二者的交互作用对分级精度有明显影响。毛刷辊转速为2～3r/min时，分级精度上升至最高点，同时滚筒筛转速在15r/min后也存在下降的趋势。由图6-22（c）可见，设定的毛刷辊转速范围内，蛤仔分级精度受滚筒筛倾角的影响不明显。

根据所得的回归方程,选择Design-Expert软件的中心组合响应曲面设计进行作业参数优化,以菲律宾蛤仔分级精度为目标函数,寻求目标函数的最小值。在滚筒筛倾角为3°、毛刷辊转速为3r/min、滚筒筛转速为15r/min的最优参数条件下,装置的蛤仔分级精度最优仿真值为91%。

6.3.6 样机制造及其作业试验

6.3.6.1 样机制造

样机生产能力可达150～200kg/h,样机整机主要由传送带、减速电机、高压清洗机构、水泵、电控箱、滚筒筛等零件组成(图6-23),选用功率0.75kW的传送带电机(YE2-80M2-4)和功率2.2kW的滚筒电机(YE2-100L-4),并配以功率3kW,流量5.9m³/h的离心泵(IRG40-200),滚筒筛倾角依靠机架地脚螺丝调节。

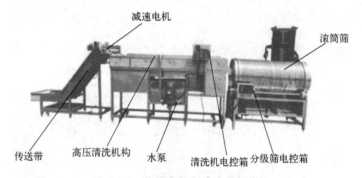

图 6-23 菲律宾蛤仔清洗分级样机

6.3.6.2 作业实验设计

蛤仔清洗分级过程中入料总量为100kg,设定滚筒筛转速15r/min、滚筒筛倾角3°、毛刷辊转速3r/min、水压3MPa为作业参数,开展设备作业测定。

为验证菲律宾蛤仔分级的仿真分析结果,进行样机性能试验,并重复3次。其中指标评价采用如下方法。

(1)准确率 蛤仔样品分级后其中准确分级的个体占分级总质量的百分比,未准确分级包括错误分级个体和未完成分级的个体,准确率如下:

$$A = \frac{W_0 - W_1 - W_2}{W_0} \times 100\% \tag{6.14}$$

式中，A 为准确率；W_0 为蛤仔样品总质量；W_1 为单次试验后未完成分级的蛤仔数量；W_2 为单次试验后错分蛤仔数量。

（2）损伤率　表面有裂痕、表面破损、出现缺口的蛤仔质量占蛤仔总质量的百分比，损伤率如下：

$$G = \frac{G_s}{G_y} \times 100\% \tag{6.15}$$

式中，G 为蛤仔机械损伤率；G_s 为测定中损伤蛤仔质量；G_y 为测定样品蛤仔质量。

作业测试现场如图6-24所示。

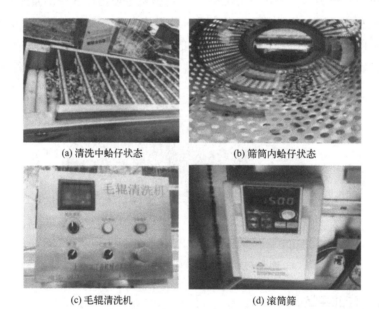

(a) 清洗中蛤仔状态　　　　　(b) 筛筒内蛤仔状态

(c) 毛辊清洗机　　　　　　(d) 滚筒筛

图 6-24　性能试验现场

（3）洗净率　通过查阅相关文献引入感官评价，目前没有定量评价蛤类是否清洗干净的判断标准，故清洗后观察蛤类表面没有泥沙、黏液等杂质即为清洗干净，洗净率如下：

$$Q = \frac{Q_s}{Q_y + Q_s} \times 100\% \tag{6.16}$$

式中，Q 为蛤仔洗净率；Q_s 为清洗干净的蛤仔数量；Q_y 为未被清洗干净的蛤仔数量。

（4）作业试验结果分析　菲律宾蛤仔清洗分级一体机性能试验结果如表6-16所示，蛤仔分级准确率平均值为91%，破损率平均值为1.3%。

表6-16　作业试验结果

试验序号	分级精度/%		破损率/%	洗净率/%
	仿真值	实测值		
1	0.91	0.92	1.4	100
2	0.91	0.91	1.3	100
3	0.91	0.90	1.5	100
平均值	0.91	0.91	1.3	100

清洗前后效果对比如图6-25所示。

(a) 清洗前蛤仔　　　　　　　　　(b) 清洗后蛤仔

图 6-25　清洗前后效果对比

由图6-25可知，蛤仔泥沙均被冲洗干净，表面附着物被清除，洗净率100%。即滚筒筛转速15r/min、滚筒筛倾角3°、毛刷辊转速3r/min条件下，分级精度、破损率、洗净率均符合设备作业要求，在此参数下分级精度达到91%，蛤仔破损率在1%～2%，其壳体附着泥沙被冲洗干净。与其他贝类清洗分级一体装置相比，本机降低了蛤仔分级清洗过程的破损率，提高了分级准确度，并且入料、清洗、分级功能集成，自动化程度较高。但本机分级结束后缺乏集成称重测量包装要求，今后将进一步优化集成清洗、分级、称重功能，提高其自动化及智能化程度。

综上所述，面向菲律宾蛤仔清洗分级一体设备自动化程度不高，清洗分级准确率低，菲律宾蛤仔易破碎等问题，本研究结合蛤仔形态特性，设计了一套清洗分级一体机，并优化了整机结构及运行参数。采用高压喷淋与毛刷辊结合的清洗方式清洗蛤仔，蛤仔泥沙均被冲洗干净，表面附着物被清除，洗净率100%；滚筒筛分级结构的优化设计，使设备分级精度达91%；清洗分级机作业测定发现蛤仔破损率仅为1%～2%。通过设备EDEM仿真及作业性能试验发现，在滚筒筛转速15r/min、滚筒筛倾角3°、毛刷辊转速3r/min作业参数下，蛤仔的洗净率、破损率、分级精度均符合设备设计要求，本机实现了对菲律宾蛤仔的高分级精度、低破损率的清洗分级。

6.4
贝肉清洗装置

贝肉在进行深加工之前，需要进行清洗，即将贝肉中的泥沙等杂质清除。由于市场上尚未有适合贝肉的清洗设备，故贝肉的清洗主要以人工搅拌清洗或采用其他海产品清洗装置进行清洗，存在清洗效率低、洗净率差和易破损等问题。因此，研发一种满足贝肉清洗需求的装置已成为该产业发展的迫切需求。目前针对贝类前处理加工技术主要包括超声波清洗技术、多元复合清洗技术等。超声波清洗技术主要利用超声波在液体中的空化作用使物体外表的污垢缓慢脱落，达到清洁的目的；多元复合清洗工艺模式，可满足滩涂贝类、扇贝和牡蛎等贝类的清洗需求。淹没水射流方式可使清洗水体产生涡旋流动，清洗物在水中处于搅动状态，促使清洗物之间、清洗物与水体间产生摩擦与碰撞，提高清洗效率。同时，若控制射流口几何位置、射流流量等参数可控制涡流流场特性，有效提高清洗效率、降低破损率，故淹没水射流方式具备应用于贝肉清洗的可能。因此，综合现有清洗技术，设计一种高效、节能型的淹没水射流式贝肉清洗装置，为我国海珍品加工前处理清洗装置的自主研发提供参考依据。

6.4.1　清洗装置结构设计与工作原理

6.4.1.1　清洗装置整机设计

如图6-26所示，淹没水射流式贝肉清洗装置主要由清洗水箱、射流管路系统、旋流隔离箱和PLC控制箱等组成。

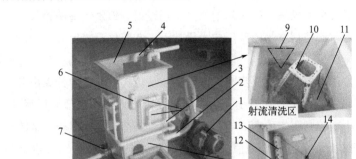

图 6-26　淹没水射流式贝肉清洗装置

1—离心泵；2—吸水管路；3—射流管路；4—注水管路；5—清洗水箱；6—水位传感器；7—泄水电磁阀；8—PLC控制系统；9—射流口；10—旋流隔离箱；11—盛装槽；12—循环水吸口；13—过滤网；14—泄水口

　　其中，清洗水箱为600mm×600mm×850mm（长×宽×高）。清洗水箱上部为射流清洗区，下部为沉淀吸水区，其中射流清洗区为600 mm×600mm×600mm（长×宽×高）的正方体，沉淀吸水区为600mm×600mm×250mm（长×宽×高）的四棱锥体，两者通过清洗物盛装孔槽隔开。射流清洗系统由离心泵、吸水管路、射流管路和射流口等组成。其中，离心泵规格为IS80-65-125A，其参数为流量45m³/h，扬程19m，转速2900r/min，电机功率4kW；吸水管路位于沉淀吸水区底部，其管径为Ø75mm，吸水管的端部钻有多个圆孔（Ø10mm），有效吸水面积为40.82cm²，同时端部覆盖过滤网（120目），防止较大杂质进入射流管路，堵塞射流口；射流管路分为射流主管和射流支管，其中射流主管1根，直径为Ø62mm，射流支管12根，直径为Ø30mm，每根支管路对应2个射流口，共计24个射流口；射流口位于射流清洗区的四周，其直径为Ø10 mm，每侧布置6个射流口，并采用倒三角形式布置。在射流清洗区的中部布置梯形体旋流隔离箱，且与射流区壁面呈45°布放，其作用是将贝肉限制在旋流区域内，同时旋流隔离箱的内部形成低压缓流区，利于泥沙的沉降与分离。PLC控制系统主要根据贝肉的投入量设定清洗时间、清洗次数，同时实现装置的自动进水、清洗与排水。

6.4.1.2　工作原理

　　将处理完成的贝肉置于清洗水槽内并启动控制系统。向水箱内注入清洗水，直至达到清洗所需的水量。此时离心泵自动启动，将清洗水由吸水总管吸入离心泵，再加压从射流总管泵出。加压后的清洗水通过射流口射入清洗箱体内，形成淹没射流。淹没射流使得水箱内部形成大量湍流，并整体沿特定方向运动，从而形成水箱内侧流速低、压强小，外侧流速高、压强大的涡旋结构。在水流的搅动下，贝肉互相挤压摩擦，从而逐步将泥沙等杂质从贝肉的皱褶中分离出来。水箱中部设有隔离箱，箱上设有大量小孔，可阻止贝肉进入水箱中部的低流速区域。而泥沙杂质等小颗粒则在水动力的作用下可以穿过隔离箱进入水箱中部的低流速区域，并在该区域逐渐沉降。待清洗完成后，离心泵关闭，同时泄水电磁阀打开，排空清洗水箱内的清洗水。此时贝肉集中在隔离箱外，而泥沙集中在隔离箱内，二者分离，清洗完成。

6.4.2　关键结构参数特征分析

淹没水射流的水力参数主要是指射流驱动压力、流量、喷射速度及功率等各参数间相互关系。因此，有必要对水力参数进行分析，为最佳性能参数的确定提供理论依据。可依据企业实际生产需求，确定了离心泵的基本参数，并根据离心泵吸排口和清洗水箱的尺寸确定吸水管路、射流管路的基本尺寸。因此，影响淹没水射流式清洗装置清洗效果的关键因素可确定为射流口的特征参数，包括射流口孔径和射流口排布方式两个指标。

6.4.2.1　射流口参数计算

在泵的流量和额定压力参数已确定时，与之相匹配的射流口直径可按式 $d_n = 0.69\sqrt{\dfrac{q}{\mu\sqrt{p}}} = 0.69\dfrac{q^{1/2}}{\mu^{1/2}(p_i - \Delta p_i)^{1/4}}$ 计算，式中，d_n 为射流口直径，mm；q 为射流体积流量，L/min；μ 为喷嘴流量系数；p 为射流压力，MPa；p_i 泵的额定压力，MPa；Δp_i 为管路沿程损失，MPa。

管路沿程损失分为直管阻力和局部阻力，参考直管阻力计算式 $\Delta P_s = \dfrac{\lambda l \rho u^2}{2 d_p}$ 和局部阻力计算式 $\Delta P_l = \zeta \cdot \dfrac{\rho u^2}{2}$，式中 $\lambda = \dfrac{64}{Re} = \dfrac{64\alpha}{du\rho}$；$Re$ 为雷诺数，$Re = \dfrac{du\rho}{\alpha}$，取 4.08×10^5 MPa·s；l 为管路长度；u 为流速，m/s；d_p 管路直径，mm；λ 为摩擦系数；ζ 为管件的局部阻力系数。流体在管路中流速计算可参考 $u = \dfrac{q}{\pi d_p^2 / 4}$。

由于射流口的 $l_h/d_n \leqslant 0.5$（l_h为通流长度，即清洗水箱壁厚，$l_h=10$ mm），故该射流口可定义为薄壁小孔。故射流量计算公式为 $q = C_d A_0 (2\Delta p_i / \rho)^{1/2}$，式中$A_0$为射流口截面积，mm²；$C_d$为流量系数，可取$0.6 \sim 0.61$。

6.4.2.2 射流口数值模拟

所设计的淹没水射流式清洗装置的清洗水箱由正方体射流清洗区和四棱锥沉淀吸水区组成。射流清洗区的每侧射流口采用图6-27（a）所示的倒三角或图6-27（b）所示的矩形分布，且采用错位对称布置于射流清洗区四周的中下部。其中倒三角布局每侧射流口共计6个，分3行布置，最上行射流口有3个，距离射流清洗区底部高度为250mm，射流孔间距为50mm；中行布置射流口2个，距离射流清洗区底部高度为150mm，射流孔间距为50mm；最低行布置射流口1个，距离射流清洗区底部高度为50mm。矩形布局每侧射流口共计9个，以三行三列的形式布置，每行间距100mm，每列间距50mm。最低行距离清洗区底部高度50mm。

(a) 倒三角布局   (b) 矩形布局

图 6-27 射流口布局

为了研究射流口直径对射流效果的影响，对两种排布方式的清洗槽各建立6个模型，其射流口直径分别为$4 \sim 14$mm，间隔2mm。假设流体充满整个清洗水箱，液面与清洗水箱上端面齐平，流体从清洗水箱射流管路流入时忽略其他因素影响。

流体域由清洗水箱、射流管路和射流口的内部空间组成，使用Catia绘制完整的流体域，并导入ANSYS网格划分软件对流体域进行网格划分。划分后网格的最小正交质量均大于0.2，满足仿真计算需求。采用ANSYS软件中的流体分析模块进行有限元仿真分析。该流体域属于非自由淹没水射流，将湍流模型设定为重整化群（RNG）k-ε模型，该模型适用于内流场，且精度高于标准k-ε模型。依据实测的离心泵参数，设定流体域入口为质量流量流入，出口为自由流出。

数值仿真结果如图6-28所示，清洗水箱的射流清洗区速度场均呈现为外侧流速高、内侧流速低的特征。根据设计需要，内流场的中央应分布一定区域的低流速区域，利于分离贝肉和杂质；外侧应为高流速区域，以增强对贝肉的清洗效果。对图6-28和图6-29中射流口的倒三角和矩形分布方式进行对比发现相同射流口直径下，倒三角布置的射流流速更高，且中央低流速区域流速更低。说明该布置形式，清洗区内外两侧流速差相对较大，有利于从高流速区域分离出来的杂质进入低流速区域沉降。因此，倒三角布置的射流口清洗效果优于正方形布置。

当射流口直径为4 ~ 8mm时，外侧区域流速在0.4m/s以上，清洗效果较好，但内侧流速低于0.1m/s的低流速区域尺寸较小，不利于杂质的沉降分离。射流口直径为10 ~ 14mm时，内侧的低流速区域尺寸较大，有利于杂质沉降分离，但随着射流口直径的增大，外侧高流速区域的速度逐渐降低，不利于贝肉高效清洗。同时观察各流速下吸水总管所在平面，可见吸水总管流速较大的区域集中于管内侧靠近离心泵的一端，对射流清洗区水流扰动不大。综上所述，通过有限元仿真分析得出，采用直径为10mm射流口、倒三角布置方式的清洗效果最佳。

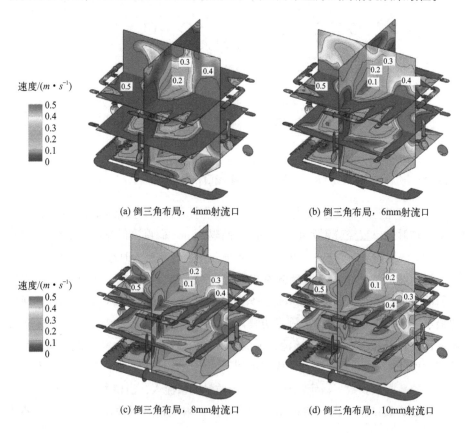

(a) 倒三角布局，4mm射流口   (b) 倒三角布局，6mm射流口

(c) 倒三角布局，8mm射流口   (d) 倒三角布局，10mm射流口

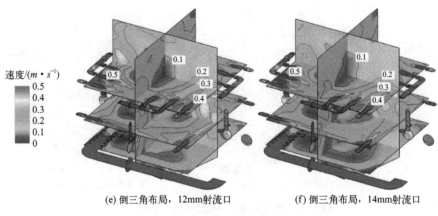

(e) 倒三角布局，12mm射流口　　　　　　(f) 倒三角布局，14mm射流口

图 6-28　倒三角射流口的速度流场分布图

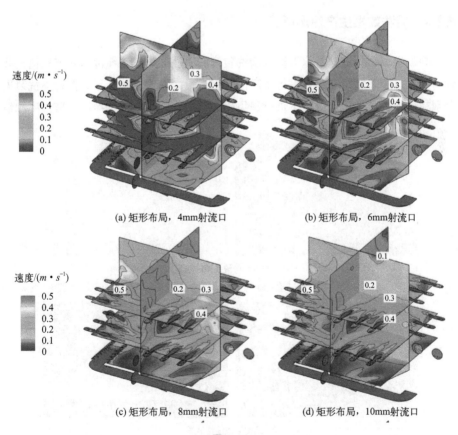

(a) 矩形布局，4mm射流口　　　　　　(b) 矩形布局，6mm射流口

(c) 矩形布局，8mm射流口　　　　　　(d) 矩形布局，10mm射流口

图 6-29

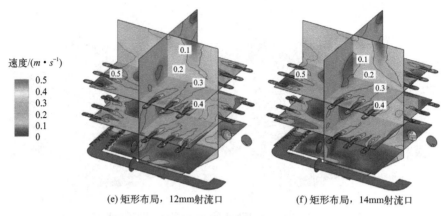

(e) 矩形布局，12mm射流口   (f) 矩形布局，14mm射流口

图 6-29 矩形布置射流口的速度流场分布图

6.4.3 清洗效果生产对比试验

为了进一步论证淹没水射流式清洗装置的清洗效果，将淹没水射流式清洗装置与日本螺旋桨式清洗装置进行生产性对比试验，如图6-30所示。两种清洗装置分别在最佳的清洗工作参数下进行扇贝裙边清洗作业，并以洗净率、破损率和清

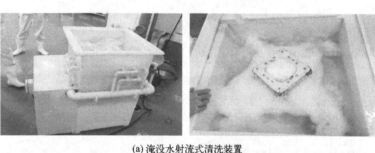

(a) 淹没水射流式清洗装置

(b) 螺旋桨式清洗装置

图 6-30 对比试验用清洗装置

洗效率作为研究指标，论证淹没水射流式清洗装置的可行性。两种清洗装置的结构参数和工艺参数如表6-17所示。其中，从日本引进的螺旋桨式清洗装置的工作原理是利用螺旋桨产生的推力，带动清洗水箱内的水体运动，由于螺旋桨布置于水箱底部且采用错位对称布置，故在螺旋桨推力的作用下，水箱内的水体处于旋转状态，进而带动贝肉运动，水流与贝肉发生相对摩擦，利用水流冲刷力将泥沙与裙边分离。

表6-17　试验装置的结构与工艺参数

清洗装置	清洗水箱尺寸（长×宽×高）/（mm×mm×mm）	动力源参数	清洗量/kg	清洗时间/min
螺旋桨式清洗装置	600mm×600mm×850mm	螺旋桨直径为150mm（3叶桨），2个，错位对称布置	10	10
淹没水射流式清洗装置	600mm×600mm×850mm	射流口直径为10mm，4组，每组6个，倒三角布置	14	6

为了不影响正常生产作业，试验历时5d，按照试验装置清洗量与清洗时间设定，即螺旋桨式清洗装置清洗量选取10kg，清洗时间设定10min，淹没水射流式清洗装置清洗量选取14kg，清洗时间设定6min。每天完成3组对比试验，待每次清洗试验结束后，分别统计洗净率η_1、破损率η_2和清洗效率η_3，试验结果如表6-18所示。其破损率和清洗效率计算公式为：$\eta_2 = \dfrac{w_{mp}}{w_m} \times 100\%$ 和 $\eta_3 = \dfrac{w_{mc}}{t}$，式中$w_{mp}$为贝肉清洗后发生破损的质量，kg；$w_{mc}$为清洗干净的贝肉质量，kg；$w_m$为贝肉清洗量，kg；$t$为清洗作业时间，min。其中，发生破损的贝肉为清洗后贝肉形状出现较明显的残缺。

表6-18　试验装置清洗效果对比

试验对比组	螺旋桨式清洗装置			淹没水射流式清洗装置		
	洗净率/%	破损率/%	清洗效率/（kg/min）	洗净率/%	破损率/%	清洗效率/（kg/min）
1	83.5±4.0	2.59±0.03	0.84	97.68±1.43		2.28
2	86.5±4.8	2.33±0.04	0.87	98.15±3.25		2.29
3	85.04±1.01	2.27±0.02	0.85	98.24±0.34	—	2.29
4	85.92±0.47	2.53±0.04	0.86	97.63±0.34		2.28
5	85.08±2.29	2.49±0.02	0.85	97.76±2.25		2.28
平均值	85.21	2.44	0.85	97.89		2.28

　　由表6-18的5组对比试验可知，螺旋桨式清洗装置洗净率分别为83.5%、86.5%、85.0%、85.9%和85.1%，单次平均洗净率为85.21%。同时由于螺旋桨的搅动，贝肉易于缠绕在螺旋桨上，造成贝肉的破损，其破损率分别为2.59%、2.33%、2.27%、2.53%和2.49%，平均破损率为2.44%，且该装置的洗净率和破损率均无显著性差异（$P > 0.05$）；淹没水射流式清洗装置洗净率分别为97.68%、98.15%、98.24%、97.63%和97.76%，单次平均洗净率为97.89%，且无显著性差异（$P > 0.05$），较螺旋桨式清洗装置的洗净率提高了14.9%，由于贝肉采用淹没水射流式清洗，无机械搅动，故贝肉在清洗过程中无破损情况。由表6-18还可知，螺旋桨式清洗装置的清洗效率约为0.85kg/min，淹没水射流式清洗装置的清洗效率约为2.28kg/min，较螺旋桨式清洗装置的清洗效率提高了1.68倍。由此说明，淹没水射流式贝肉清洗装置清洗效果较好，可替代日本引进的螺旋桨式清洗装置。

第 **7** 章

滩涂贝类育肥净化技术与装备

近年来，随着我国城市化、工业化进程加快以及养殖业的快速发展，大量陆源污染物及养殖投放物排入近海，对贝类养殖海域的安全构成威胁。贝类迁移能力差，且多为滤食性，以滤食水体中的浮游生物及颗粒为生。一旦其养殖环境遭受污染，有害物质不仅附着于贝类体表，还会通过滤食和呼吸等方式蓄积进入贝类体内，对人类健康构成潜在风险。我国消费者食用贝类时没有去除贝类内脏的习惯，已发生多起因食用不卫生贝类而导致的食品安全事故。20世纪以来，世界各地报道了多起由贝类传播的肠道病毒引起疾病暴发事件。

贝类净化是将贝类放在洁净的海水中，通过其正常的摄食行为和代谢活动，减少体内的污染物，最终获得可安全食用的贝类。贝类净化可处理中、轻度污染的贝类，能将贝类体内的生物、化学和物理等危害降低到可安全食用水平。净化的主要作用有：杀死大部分细菌及病原体，去除各类重金属、农药及有机污染物，改善贝肉的口感品质等。贝类净化即在净化厂中用处理过的洁净海水进行贝类净化。根据养殖模式以及对净化用水人为干扰程度的不同，贝类净化主要可分为海区暂养净化、流水净化和循环水净化三类。

贝类育肥是指使贝类变得更加肥美或丰满的养殖过程。采用前期洁净海水区域、后期工厂化流水、循环水车间的方式开展贝类育肥。通过提前培育适口饵料、适当添加多种物质等方式，在海水暂养中提高贝类的肥满度25%以上。后期在工厂化车间通过添加特定物质的方式，提高或改善贝类的口味。通过育肥，饱满个体的比例可增加50%以上，糖原含量提高15%。

贝类育肥可以有效地促进贝类的生长，提高产量和效益。通过优化贝类养殖环境、提供优质饲料和控制养殖密度等措施，可以使贝类生长速度加快、体重增加，从而提高养殖产能和经济效益。贝类育肥还可以增加贝类的肉质饱满度、口感、营养价值等品质特点，从而提高市场竞争力和附加值。进行贝类育肥能够更好地管理和利用贝类资源，保持贝类养殖业的持续发展。通过科学管理和技术指导，可减少贝类养殖对自然环境的破坏和资源浪费，实现贝类养殖业的可持续发展。贝类育肥能够满足市场对贝类高品质、高产量和多样化需求，通过贝类养殖的技术提高和创新，支持贝类产业的进一步发展。因此，进行贝类育肥是非常重要的，可以提高产量和品质，促进贝类养殖业的可持续发展，并且提供了更丰富、更安全、更健康的食品选择。

7.1
贝类净化技术现状

7.1.1　国外贝类净化现状

目前，贝类净化在很多国家都有着广泛的应用，特别是发达国家，如澳大利亚、英国、法国、荷兰、西班牙、日本等，这些国家有些是强制的，有些是自愿的。而在新西兰和美国，贝类净化开展并不是很广泛。可能是由于有些国家和地区，对于市售贝类没有特定的卫生要求，因此对贝类净化没有相关规定。表 7-1 统计了部分国家的贝类净化情况。

在澳大利亚和东南亚联盟，贝类净化主要采用紫外线技术。并且澳大利亚政府强制对进入市场的贝类进行净化。但从塔斯马尼亚和维多利亚收获的长牡蛎，如果检测符合规定的微生物标准可以不必净化直接上市。

美国净化技术十分完善，但是净化工厂只有几座，主要用于硬壳蛤及牡蛎等贝类的净化，净化方法为紫外线技术。美国的贝类净化工厂始建于 1928 年，现有的几家贝类净化工厂主要净化硬壳蛤、牡蛎等贝类，净化方法多用紫外线消毒处理净化用的海水，并且 FDA 还颁布了《国家贝类卫生控制程序》。而加拿大贝类净化主要开始于 20 世纪 70 年代，主要净化海螂等。

欧盟要求对所有上市贝类进行净化。欧盟国家众多，各国所用净化方法也各不相同。法国是欧洲最大的牡蛎生产国，各类净化方法均有应用，但臭氧净化应用最为广泛。西班牙是欧盟消费贝类最多的国家，净化方法主要为氯气，少数小型工厂采用紫外线系统。

在贝类卫生的控制方面，许多国家都对贝类养殖水域有严格的要求，具体分为三类，一类水域为清洁海域，养殖的贝类不用净化即可上市；二类水域为轻度污染水域，在上市前必须经过净化或将贝类放养到一类水域中 15～60 天及以上，达到净化要求后才能上市；三类水域为严重污染水域，禁止贝类养殖。针对贝类净化问题，欧盟在 1991 年颁布了《双壳贝类生产和投放市场卫生条件的规定》，成为各国净化贝类的标准。建立严格的检验检测体系方面，发达国家高度重视食品检验检测工作，表现在投入巨资研制大型精密检测仪器，开发关键检测技术和快速检测方法，机构组织严密，手段先进。

表7-1　部分国家的贝类净化情况

国家	主要的净化品种	海水消毒类型
中国	蛤和牡蛎	紫外线、臭氧
日本	牡蛎和扇贝	紫外线、臭氧、氯气、电解
法国	长牡蛎、贻贝、食用牡蛎、欧洲鸟尾蛤、（欧洲）沟纹蛤仔、菲律宾蛤仔	紫外线、臭氧、氯气、曝气
英国	贻贝、长牡蛎、食用牡蛎、菲律宾蛤仔、沟纹蛤仔、欧洲鸟尾蛤	紫外线
葡萄牙	沟纹蛤仔、牡蛎、葡萄牙牡蛎、贻贝	紫外线、臭氧
荷兰	紫贻贝、长牡蛎、贝隆生蚝	紫外线或不消毒
西班牙	贻贝、蛤、鸟蛤、牡蛎	氯气

7.1.2　国内贝类净化现状

　　国内贝类净化起步较晚，一直到1997年欧盟因贝类安全指标不合格而禁止我国向欧盟出口，贝类养殖产业遭受了巨大的经济损失，此时贝类净化技术才得到关注。中国贝类净化的研究工作始于1997年，是东海水产研究所乔庆林等人承担的中华农业科教基金项目——贝类净化技术研究。乔庆林等学者在国外相关规范和研究资料的基础上，开展了适宜中国本土贝类的净化研究。该项目就贝类种类、水处理方法、最佳净化环境、工厂净化模式探讨等展开了多方面的研究，并在蛤仔、牡蛎、毛蚶、缢蛏等双壳贝类的净化工艺方面取得了巨大的进展。净化研究结果表明，贝类体内大肠菌群含量在不高于10^5数量级的情况下，都可以在规定时间内完成净化，达到欧盟规定的要求。通过研究和生产试验，学者们掌握了丰富的实践经验，同时参考国外相关资料，编写了中国自己的《贝类净化技术规范》，确定了基本的贝类净化工艺流程。

　　1997年东海水产研究所的乔庆林等人采用紫外线杀菌系统对我国主要的经济型贝类进行了生物净化研究，在山东、江苏、福建等地建立了5家示范性净化工厂，经济效益有一定程度提升。我国水产加工企业小而多，几乎没有研发能力，净化设备投资回报率低，一直以来缺乏研究机构和相关企业的关注。自1997年开始贝类净化工作的研究以来，国内陆续建成了数家贝类净化工厂，但在净化工厂的数量和规模上还是无法与欧美发达国家媲美。其中最大的海洋贝类净化、交易中心"金贝广场"具有每天暂养海洋贝类200t，净化100t贝类产品的能力。净化的贝类产品各类指标不仅可达到国家卫生质量标准，还大量出口到美国、澳大利亚等地。山东省乳山市现有从事牡蛎暂养净化鲜品销售的初级加工企业200余家，年销售洗净及净化牡蛎约25万t，产值约50亿元。

目前市面上售卖的贝类净化设备多为射流清洗＋净化的复合型非标设备，其主要作用是清洗贝类表壳，兼有一定的净化效果，不过由于贝类在水中净化的时间过短，尚未完全进行新陈代谢就被捞出售卖，净化效果一般。

7.1.3　贝类净化相关法规标准

国内外现有关于贝类净化的法规标准：美国国家贝类卫生计划（NSSP）净化标准；欧盟法规（EC）No.1441/2007；日本外贸组织（JETO）；《食品安全国家标准 鲜、冻动物性水产品》GB 2733—2015；《食品安全国家标准-食品中污染物限量》GB 2762—2017；《无公害食品-海水养殖产地环境条件》NY 5362—2010；《无公害农产品-产地环境评价准则》NY/T 5295—2015[18]-[23]。

2002年我国出台了《贝类净化技术规范》和《净化贝类产品标准》两项行业推荐标准，规定了贝类各项理化指标要求，现实情况下贝类产量大、品种多、上市时间分散，净化标准无法严格按照要求执行。通过对养殖户、商贩走访调查，结合目前虾蟹等相关水产品的清洗净化评价方法，得出贝类清洗净化设备使用效果的感官评价指标主要有：生产效率和加工碎壳率的高低、贝壳表面有无腐殖质、有无黏液，贝类内部有无碎壳、有无黏液血块、有无泥沙等。

7.1.3.1　贝类原料和净化贝产品要求

贝类捕捞。净化用贝类原料应捕自中华人民共和国渔政渔港监督管理局颁布的《贝类生产环境卫生监督管理暂行规定》中划分的第二类生产区域。捕捞的方法应不会造成对贝壳或肌肉组织的损害。贝类原料中90%样品的大肠菌群不能超过6000MPN/100g贝肉。

贝类原料管理。贝类原料在净化前应贮藏在阴凉的场所，贝类从起捕到开始净化的时间不应超过12h。不是同一海域捕捞的贝类和不是相同品种的贝类不能混在一起，应分开存放。

每批贝类原料应由专职质量检验人员进行验收，记录下品种、数量、捕捞地点、日期、捕捞者的姓名并进行编号。

净化贝类的质量。贝类外壳色泽、鲜度、活力、对碰撞的反应和气味等感官要求应符合贝类固有特征，贝肉没有砂感。贝肉中挥发性盐基氮、汞、无机砷等含量符合GB 2744例规定；贝肉中大肠菌群低于300MPN/100g，麻痹性毒性（PSP）总含量低于800μg/kg；贝肉中不含沙门氏菌。

7.1.3.2　贝类净化工厂选址、设计和建造要求

（1）选址　贝类净化工厂的地址应符合下列要求。

① 靠近贝类生产区和消费地。

② 工厂所在地应高于最高潮位，有清洁充足的海水和生活饮用水供应，附近没有生活和工业废水排放，海水应有较大潮汐落差。

③ 不受外界条件的影响，不能使净化中的或贮存中的贝类被污染。

④ 有充足的电力供应。

（2）水池　净化池、循环池、沉淀池和贮水池表面应光滑、平整和坚硬。净化池应排水充分和易于用压力水冲刷，大型的净化池的坡度不得少于1：100，没有死角和接口，防止积水和碎屑残渣等的沉积。贮水池、循环池、沉淀池的底部也应有斜坡，不积水。此外，都应安装水位指示器。位于户外的水池应有覆盖以防风雨的侵袭。

（3）水流布置　净化系统的水泵都应安装于低位，便于泵的自灌启动。泵出来的水应通过控制阀和流量计来调节流量，水在进入净化池之前应通过处理。在循环系统中，水进入净化池之前通常需要充气增氧，充气装置应设在净化池进水口一端，且不得惊扰贝类。从净化池出水口排出的海水回到循环泵的管道应安装在池底上部150～200mm以防碎屑等杂质进入再循环。净化池的底部与盛贝容器之间至少应有50mm的距离便于碎屑和残渣沉于池底。净化结束，移去贝类之前，净化池水可通过三向阀门排到循环池或废水池。当净化系统在较高温度运作时，应进行充气，以维持水中的溶解氧浓度。任何充气方法不得对贝类和水流造成干扰，也不得使碎屑和残渣重新浮起。

7.1.3.3　贝类净化工艺和技术要求

（1）工厂设施和人员要求　贝类的原料处理、净化和净化后的包装应分别在各自的车间内进行，防止对贝类净化过程的污染。车间地面应平整、易于清洗。车间排水系统应保持畅通，便于清除污物。车间内应保持清洁，每次操作前后应将净化池和地面冲洗干净，定期进行消毒处理。贝类净化操作人员应经常保持个人卫生，定期进行体格检查，传染性疾病患者不得参与贝类净化操作。

（2）净化用海水供应与处理　天然海水：净化用海水应符合GB 11607的要

求。海水的汲入口应固定在海平面下海床上部，也可以打井获取海水。海水一般取自天然海水，也可使用人造海水。人造海水应含有氯化钠（NaCl）、硫酸镁（$MgSO_4$）、氯化镁（$MgCl_2$）、氯化钙（$CaCl_2$）和氯化钾（KCl）五大基本盐类，配制用的淡水质量应符合GB 5749的规定。初始浊度较高的海水应经沉淀、过滤等工序处理，使海水清澈无杂质。海水进入净化池前，应经过灭菌处理。需要加热海水的地方，推荐将加热元件浸入净化池或贮水池中。需要冷却海水的地方，推荐将机械制冷的冷凝管浸入净化池或贮水池中，或者使海水通过冷却装置。加热和冷却海水时，应安装海水的温度指示和恒温控制装置。

（3）净化工艺要求　净化前，贝类原料应清洗干净，贝类的外壳不应带有泥沙。在进入净化池前，贝类应进行挑拣，除去死贝、碎贝壳及其他杂质。净化池中贝类的存放密度应控制在 $50kg/m^2 \sim 60kg/m^2$。净化池中的水位以淹没所有净化框为宜。净化水温度应控制在 $15 \sim 25℃$ 范围内，最佳温度为20℃。盐度应控制在被净化贝类生长区海水盐度的 $\pm20\%$ 范围内。循环水仅限于使用一个净化周期，不得重复使用。贝类的净化时间应控制在36h左右，达到净化标准后才能中止净化。禁止来自不同产区或不同品种的贝类放在同一净化池内净化。双壳闭合不紧密，易于失去水分的贝类，不适宜净化，一年中体质最弱或产卵期的贝类也不适宜净化。

7.1.4　贝类净化处理技术

引起贝类食品安全问题的因素有两个，一是贝类生活于受污染较重的海区，体内积累了较高水平的石油烃、重金属、农药或者海洋毒素；二是贝体中存在细菌与病毒，它们多出现于贝类的消化系统中。相应地发展出2种贝类净化技术，一种是贝类暂养，另一种是净化工厂净化。

7.1.4.1　贝类暂养

贝类暂养就是将已受污染的养殖水体的贝类转移至洁净无污染的海区中进行暂养，直至贝体内的化学污染物与病原微生物的含量低于卫生标准为止。暂养一般用于第三类水域生产的贝类，或是重金属、贝毒、病毒和其他化合物超标的双壳贝类，将它们起捕后暂养到一类水域中 $1 \sim 2$ 个月时间，让其通过自身的代谢净化达到一类或二类水域的标准。由于暂养成本较高，损失又大，一般企业都不愿采用。因此，重点应放在污染源的控制和治理，减少对水域的污染才是上策。

据报道，受中度污染的海蝲经在洁净海水中暂养之后可以去除约85%的致病菌。这种方法的原理就是利用扩散作用，将贝体内较高的污染物水平降至可接受的程度。但是，这种方法有两个明显的缺点，一是劳动强度大、时间长、损耗大、成本高；二是整个净化过程都要求贝类生活在洁净的海水中，除非是在开放的海区中有大量的洁净水流，否则这种方法实际上难以操作。但这种方法是目前消除贝类体内化学物质污染的唯一办法。目前国际上只见到美国等少数国家有贝类暂养的报道。

7.1.4.2　净化工厂

目前，国内外关于净化工厂净化贝类的净化方法有灭菌海水暂养净化、物理吸附法、化学降解法和生物代谢法等，各种净化方法都有其独特的优势与局限性。贝类净化相关研究关注的污染物主要有四类，分别为泥沙、微生物、重金属和贝类毒素，每种污染物的净化处理工艺简述如下。

中华人民共和国水产行业标准贝类净化技术规范（2002）给出了一个常见的贝类净化工艺流程（图7-1）。

泥沙的去除。贝类主要生长在滩涂浅海，在进行正常生理活动的时候，会有部分泥沙滞留在贝类体内，直接食用既影响口感也不卫生，上市前需对泥沙进行去除。泥沙去除通常可在较短的时间内完成，且工艺相对简单。如在流水净化设施或循环水系统内，通过投喂鲜活饵料，贝类基本可在10小时内完成泥沙净化过程。

重金属的去除。贝类体内的重金属、持久性有机物、贝类毒素等污染短时间内无法通过自身新陈代谢去除。在众多污染物中，重金属污染物具有分布广、残留时间久、多形态间转化及生物毒性强等特性，是贝类体内较难去除的一类污染物。因贝类自身无有效的重金属生物代谢机制，通常通过加入脱除剂以协助机体内重金属的脱除。目前工业上通常使用EDTA类脱除剂和硒化物类脱除剂来辅助去除贝类体内的重金属，以缩短净化时间，提高出货率。EDTA类脱除剂进入贝类体内后，直接与重金属离子形成络合物，继而把络合物排出体外。化学降解方法虽能加速贝类体内污染物的排出，但净化后其化学残留物质可能对人体健康构成威胁。硒化物类脱除剂能够直接作用于贝类的抗氧化系统与免疫系统，显著提高机体内源保护酶活性，清除重金属毒性作用产生的氧化产物，对重金属毒性起到拮抗作用，加快重金属的解毒与排出，也是一类应用较多的重金属脱除剂。生物代谢净化方法凭借其天然、无毒、不易产生二次污染等优势，成为近年来的研

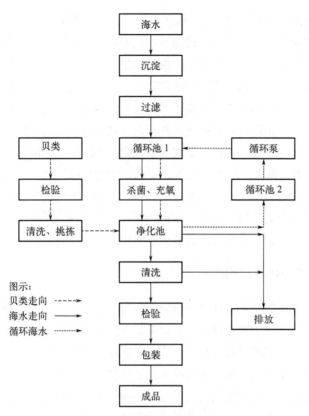

图 7-1　贝类净化工艺流程示意图

究热点。除净化方法外，贝类净化效率还与多种因素有关，如污染物种类及在贝体内存在形态、贝类种间差异、受污染程度和净化工艺条件等。

　　贝类毒素的去除。贝类一旦染上毒素，其组织将毒素排出需要很长时间，有些贝类甚至需要数年才能完全排出毒素。因此，综合考虑净化成本和净化作用的有限性，获取无毒素贝类的最佳方法是选择安全的海域进行养殖生产，并做好收获前的安全检测，只捕捞无毒贝类。

　　微生物的去除。微生物抑制剂法是通过在传统的生物处理体系中，添加具有特定处理效果的微生物、基质，来提高系统的降解活性。一般是在消毒灭菌后的洁净水体养殖贝类，加入液氯、臭氧或直接使用紫外线照射，通过贝类自身的呼吸和摄食活动将细菌等微生物杀死并排出体外，以达到净化效果。由于化学试剂的加入，洁净海水会产生溴酸根、氯酸盐等毒副产物，并导致贝肉口感变差，现在市面上售卖的净化杀菌设备大部分使用紫外线照射进行消毒。贝类的生物习性固定，容易被细菌病毒等致病微生物污染，因此，世界各国十分重视贝类的净化，多设有贝类净化工厂，通过适宜的组合净化方式，使之达到安全食用标准后方可上市。国外对贝类净化的研究较早，英国早在1914年就建设了净化工厂，当时采用氯气来消毒海水，之后日本先行使用紫外线来消毒暂养海水，目前紫外线灭菌的技术以澳大利亚最为先进。目前世界上美国、西班牙、丹麦、马来西亚、新加坡、泰国、菲律宾和印尼主要采用此种灭菌方式，法国主要采用臭氧灭菌海水净化双壳贝类。国内对贝类的净化研究起步较晚，2001年才建成第一个贝类净化工厂。近年来也有许多净化方法运用到实践中，比如氯及氯化物、臭氧和紫外线等。

目前市面上售卖的贝类净化设备多为射流清洗＋净化的复合型非标设备，其主要作用是清洗贝类表壳，兼有一定的净化效果，不过由于贝类在水中净化的时间过短，尚未完全进行新陈代谢就被捞出售卖，净化效果一般。

7.1.4.3　主要净化参数的确定

贝类净化最适的环境条件并不等同于最适生长条件。根据去除目标污染物的不同，贝类净化往往需要选择使净化效率最高的环境参数。温度、盐度、水流速度是容易实现人工调控且对贝类净化效率影响较大的环境因子。

温度。温度是影响贝类净化效率的主要环境因子。各种贝类由于其生活环境和遗传特性的影响，张壳的最适宜温度是不同的；且海水温度与贝类体内微生物的活性也有很大的关联。因此，净化贝类时海水的温度多在14～29℃，当水温低于14℃时，最好采用加热升温的方法进行贝类净化。在贝类去除病毒和去除细菌的净化过程中，温度偏高利于去除病毒，而温度偏低利于去除细菌，因而净化时应根据要去除的目标污染物，选择合适的净化温度。

盐度。海水的盐度会影响贝类的张壳速率和其他生物过程。由于净化海水的盐度很可能不同于采捕或养殖区的盐度，不同种贝类的盐度适应期各不相同，但是相对于鱼虾蟹贝类的适应过程还是比较迅速的。盐度变化导致的渗透压变化会直接影响贝类的摄食代谢等生理过程。一般净化用水的盐度值是贝类生活海域盐度值的±20%之内。盐度偏高有助于贝类的摄食活动，能加速净化过程，盐度偏低会抑制贝类净化过程。

水流速度。在净化过程中，贝类体内的污染物会随着排泄物排出，如果不及时处理这些排泄物，很可能会对贝类造成二次污染。水流速度过大会使沉降的排泄物再悬浮，同时也会使杀菌系统没有足够的时间去杀灭水体中的有害物质；水流速度过小容易造成水体缺氧和摄食减弱，影响贝类代谢速率，造成效率低下。

水流的选择应有利于污物的排出和水体的净化消毒，同时还需兼顾贝类的摄食和呼吸代谢活动，使其满足净化的要求。

溶解氧。净化槽海水的表面积、流速、贝水比、贝类自身的生理活动、充气状况、盐度和温度都会影响水体中的溶解氧。净化时必须要有足够的溶解氧。常用充气和喷淋海水的方法来补充，充气法易于将沉淀的贝类粪便或假粪和其他排泄物搅起，粪便和假粪是潜在的细菌和毒物来源，操作和设计时必须注意这一点，否则会严重影响贝类的净化效果。

浑浊度。海水的浑浊度过高会降低海水消毒用紫外光线的穿透力和臭氧的氧化作用能力，影响消毒杀菌效果。净化用水可来自海水井，海水井中的海水盐度、温度和清洁度都是比较恒定的。如果没有海水井，可使用优质无污染的清洁海水，浑水海区净化贝类必须要有沉淀池、过滤池、蓄水池等水处理设施。

贝水比。贝水比即净化时的存放密度，通常在净化工厂中，贝类被放在托盘中并进行多层净化。充足的溶解氧、保证贝类正常生理活动及排泄物的顺利排出是设计贝水比所需要考虑的三个最主要因素。在此基础上，我们可以根据净化系统及净化贝类品种设计最大贝水比，以求在同样的环境下净化尽可能多的贝类，达到净化系统的最大化利用。

7.2
国内贝类育肥发展现状

7.2.1　国内育肥产业基地建设情况

目前的牡蛎秋冬育肥养殖方法主要应用于山东乳山海域，但是由于不同海域的情况差异较大，育肥养殖技术尚未得到广泛推广和应用。国内绝大部分地区的牡蛎一般在每年10月集中至山东省乳山市进行秋冬育肥。同时，乳山市组织专业技术人员制定了《太平洋牡蛎筏式生态育肥养殖技术流程》，乳山牡蛎育肥行业生产标准化水平大幅提升，乳山牡蛎升级为标准化产品，站上产业标准高地。

7.2.1.1　育肥环境得天独厚

乳山牡蛎个大肥满、肉质爽滑、味道鲜甜，含有丰富的蛋白质、牛磺酸、糖原以及锌、铁、钙、硒、镁等微量元素，多食乳山牡蛎能有效增强体质，提高机体免疫力。乳山牡蛎独一无二的优良品质，得益于乳山优异的育肥环境条件。养殖区主要分布在东至浪暖口、西至乳山口的开阔海域内，属于黄海北部冷温水域，潮流通畅，水交换条件良好，水质洁净，主要理化指标达到国家一类海水标准，海水的温度盐度适中，表层年均水温13.5℃，年均盐度29.3‰，海底坡度平缓，泥沙底质，水深6～15m，境内的两大入海河流——乳山河和黄垒河以及黄海沿岸流，为海区提供了丰富的营养盐，水质肥沃，非常利于牡蛎摄食的浮游藻类等基础饵料生物的繁殖和生长。

7.2.1.2　育肥模式生态健康

乳山市是世界上首个采用外海离岸浮筏吊笼养殖、育肥牡蛎的地区，牡蛎的外海离岸养殖，既保障了产业的规模化发展空间，维持了海洋生态的平衡，又提升了牡蛎品质。"秋播春收"浅海筏式吊笼育肥养殖是乳山牡蛎最主要的养殖模式，该模式是水产技术人员在长期的生产实践中探索出的适合本地实际情况的养殖模式，这种养殖模式不但避开了春、夏两季风暴潮的危害，降低了养殖生产的风险，而且为海区提供了半年的休整时间，有利于海区的自我净化和基础饵料生物的繁育，促进了牡蛎养殖育肥产业的生态可持续发展。

7.2.1.3　养殖产业融合发展

目前乳山有牡蛎养殖主体600余个，以家庭渔场（户）为主，占比约98%，正规化养殖企业较少。但家庭渔场（户）模式之下亦不乏养殖大户，养殖面积在67hm²以上的大户有150余户。为解决小户单干存在的技术、信息、市场盲点，政府引导养殖大户牵头成立养殖合作社40余个，以合作社+农户的模式实现技术、信息和市场的共享，有效增强家庭渔场（户）抵御市场风险的能力。同时为推动牡蛎产业园区化、规模化、集约化发展，建设牡蛎产业融合发展园区4处，安置牡蛎养殖主体400多个，园区内实现了牡蛎养殖、清洗暂养、电商销售、物流快递、生产服务一体化融合发展。

7.2.2　贝类育肥技术流程

每年4月～6月份进行太平洋牡蛎人工育苗，然后送到烟台、威海等地进行养殖。牡蛎经过一年多的养殖，虽然个体已长到商品规格，但由于饵料不足，肥满度很低，出肉率仅 5% ～ 7%，需要把这样的牡蛎运回来进行养殖育肥。牡蛎育肥是从 9 月上旬开始投放，到 10 月底结束，历时两个月。牡蛎从外地运来后，通过挑拣、去杂，装入 9 ～ 10 层的养殖笼里，经过 60 ～ 80 天的育肥，牡蛎肥满度达到 12% ～ 15% 即可收获加工，成活率为 80% 左右，重量可增加 10% ～ 15%，亩产量可达 7000 多公斤。11 月底以前，可以利用收获后空出的筏架进行第二批牡蛎育肥养殖。11 月、12 月、1 月是收获量最大的时期，最晚到 4 月 20 日，牡蛎全部养成收获，育肥养殖生产结束。

太平洋牡蛎筏式育肥养殖模式的优点：一是有利于饵料生物的繁殖和海区环境的改善。太平洋牡蛎育肥是利用半年时间在海区进行养殖，再让海区用半年时间空闲休整，净化了水质，减少了海区的污染。养殖海区在休整期间，利用充足的光照和较高的温度，培养丰富的基础生物，为太平洋牡蛎的育肥养殖提供了饵料保证。二是避开了春夏两季风暴潮危害大的劣势，大大降低了养殖生产的风险。三是解决了夏季附着物多这一棘手问题，减少了倒笼去杂等工序。

7.3
陆基循环水净化技术与装备

7.3.1　陆基循环水净化技术

我国在工厂化养殖方向发展较早，在 20 世纪 70 年代，就有了利用工厂化育苗的研究，但国内并没有真正意义上的工厂化循环水养殖。直至 1988 年中国水产科学研究院总结了国外的技术，并在这一基础上设计了国内第一个生产性的工厂化循环水养殖车间。而随着养殖业与物流行业的发展，鱼价大跌，工厂化循环水养殖这种高成本的养殖方式受到严重打击，加上技术不成熟，工厂化循环水养殖的发展进入低谷。到了 20 世纪 90 年代，工厂化循环水养殖由于水环境可控、苗种质量高等优点，适应了当时的水质要求高的苗种，并且苗种的单位产值高，使之得到了一定程度的应用。21 世纪后，伴随着一系列设备用电成本的下降，循环水养殖遍地开花。

循环水净化技术的原理与流水净化模式类似，不同的是海水在循环使用前需经过净化处理，以降低海水中贝类代谢产物的浓度，包括氨氮、亚硝酸盐、细菌、重金属等污染物。相比于流水净化，循环水净化可以避免海水中突然出现的有毒有害化学物质的无意引入。但循环水净化对系统设计要求高，管理不当有可能会积累有毒代谢产物，如氨、粪便等。循环水净化系统通常包括物理过滤装置与设备、泡沫浮选污物设备、生物净化器、重金属去除装置、水体消毒灭菌设备等。尽管循环水净化系统造价较高，系统管理较为复杂，但由于其可控性强、稳定性好、节水环保，选址相对灵活，因而是贝类净化技术未来的发展趋势。

循环流水养殖，就是养殖过程中水流循环流动的养殖模式，这种模式能降低对周边水环境的依赖，且污水排放量较少。流水净化通常在室内设施中进行，将被污染的贝类放在流动（或间歇性换水）的洁净海水中，通过海水的流动把贝体排出的污染物不断带走，从而达到贝类净化的目的。当净化设施临近安全可靠的海水来源时，流水净化模式是首选。同时可通过饵料投喂实现净化与育肥同步。

7.3.2 陆基循环水净化装备

7.3.2.1 固体大颗粒物的滤除

工厂化循环水净化都是集约化净化，贝类分布密度高，产生的固体废弃物量大，形成悬浮物，污染暂养池，首先就要滤除大颗粒物，因此在整个系统中应该安装过滤器。目前在工厂化循环水生产中运用比较成熟的是微滤机和弧形筛。其中，转鼓式微滤机为当前主要去除固体大颗粒的装置。对于转鼓式微滤机，其网目大小直接影响微滤机的颗粒去除效率、反冲洗频率、资源消耗等。弧形筛是具有一定曲率半径和包角的固定槽筛，是一种固液分离装置，具有结构简单、处理能力强、无动力、维护成本低等优点。但同微滤机相同，在使用过程中需要定时清理。弧形筛主要通过调整筛缝与水流角度实现固液分离。陈石等人研究指出，筛缝间隙与颗粒物粒径之间具有"匹配性"，即筛缝间隙应该与水中颗粒物大小接近为最佳，并且表示适当增大安装倾角有利于提高固体颗粒物的去除率。目前国内很多工厂化循环水养殖净化企业都是利用弧形筛进行固液分离处理。

7.3.2.2 蛋白分离器

蛋白分离器也叫泡沫分离器。工作原理：水和空气接触会在水的表面产生一定的张力，在这股张力的作用下，水中有机物会在此堆积，而这股张力分布越广，吸附堆积的有机物就越多，通过向水中通入气体，使水中气泡增多，增大接触面积同时增大张力从而吸附更多的水中有机物，而随着有机物堆积变多，气泡的黏性增大更不易破裂，然后随着浮力即可排出蛋白分离器，实现分离水中蛋白质。

　　蛋白分离器具有安装简单、方便维护等优势，运用在工厂化循环水养殖净化中不会影响原本水的pH，还可以提高水质。蛋白分离器在处理过程中不仅可以滤除有机物还可以促进CO_2的去除。蛋白分离器在实际工作中有很多因素都会影响其分离效率，蛋白分离器中气液比、液相压力和驻留时间都会影响蛋白分离器的工作效率。这就导致在实际生产中蛋白分离器的吸附效率只能达到最佳吸附效率的30%～50%。并且蛋白分离器不能够分辨有益元素和有害元素，这导致有些有益的微量元素也会被蛋白分离器排除。同时在曝气过程中会发生水蒸发现象，导致盐分损失，在海水雾化后对养殖、净化车间造成的腐蚀危害也很大。

7.3.2.3　生物滤池

　　工厂化循环水的核心就是生物滤池，生物滤池是主要由碎石或塑料制品填料构成的生物处理结构，尾水与填料表面上生长的微生物膜间隙接触，使污水得到净化。工厂化循环水在生产中所产生的尾水主要成分就是氨氮、亚硝酸氮，而生物滤池主要进行的就是脱除氨氮和亚硝酸氮，所以生物滤池是工厂化循环水养殖中的重要环节。

　　生物滤池中的菌群结构在水处理中也至关重要，很多学者都对生物滤池菌群的组成进行过研究，研究发现菌种多样性高的滤池运行更稳定良好，并且随滤池的级别增大，物种分布更均匀，而各个滤池之间微生物群落结构具有差异性。在生物滤池中，通常会存在两种反应：硝化反应和反硝化反应，硝化反应是在好氧条件下进行，由反硝化细菌将NH_4^+转化为NO_2^-和NO_3^-。反硝化反应主要在无氧条件下进行，由反硝化菌将NO_2^-和NO_3^-转化为N_2。在循环水净化水体中，亚硝酸盐对净化生物的毒害最大，氨氮和硝酸盐其次，所以在实际生产中硝化反应更被关注。

7.3.2.4　臭氧与紫外灭菌

　　灭菌消毒的发展史长达数百年，在列文·虎克发明了显微镜之后，人们才开始对微生物有了认知，直至数百年后的今天，适用于不同的生产情况，已经有多种灭菌方法，其中主要分为物理方法和化学方法，物理方法主要有热力灭菌法、过滤灭菌法、照射灭菌法；化学方法主要有气体灭菌法、药液灭菌法。而在活体灭菌中,很多灭菌方法难以操作或者不适用循环水净化,所以实际中常采用臭氧和紫外联合灭菌的方法。

臭氧灭菌发展已有百余年,臭氧灭菌技术已经趋于成熟,由于其对液态物灭菌效果好,矿泉水、纯净水厂家几乎都有使用过臭氧设备灭菌。由于臭氧微溶于水的特性,在净化水质的过程中,能做到净化水质且不改变水中原有成分;由于臭氧的不稳定性,溶解在水中极易分解成氧气或氧原子,可以增加水中溶解氧,并且分解后无毒无害,所以臭氧成为循环水养殖中一种无污染且高效的消毒剂。紫外杀菌的特点是作用强,但是对物体的穿透能力较弱,所以紫外灭菌对于水质净化作用效果明显,目前很多污水厂都有利用紫外灭菌进行污水处理的重要工序。

7.4
海区暂养净化与育肥关键技术装备

7.4.1 升降式贝类养殖船

升降式牡蛎养殖船(Shellevator™)是一种由压缩空气驱动的自动化、可扩展的移动牡蛎生产船。数以千计的牡蛎在不到一分钟的时间内从海底升到海平面以上。这项突破性的发明专利是一种取代现有牡蛎生产系统中大部分繁重的举重、背负和危险工作的解决方案。只需打开与压缩空气源相连的管路阀门即可控制贝类集装箱下方压载舱的水流进出。Shellevator™像干船坞一样在水体中垂直移动,有利于进行费力且成本高昂的牡蛎养殖操作,例如干燥、降低密度、翻滚和收获。Shellevator™采用耐用的结构梁建造,可扩展至任何尺寸,适应任何水体并做好应对飓风的准备(图7-2)。

网箱牡蛎养殖作业比任何其他食品商品更依赖体力劳动。牡蛎养殖场从放养、降低密度、干燥、搬迁到收获的每项操作都需要工人手动提升容器。这些作业通常在养殖场现场进行,工人在水中进行作业。这种商业模式限制了现有养殖系统中牡蛎容器的尺寸,并使工人面临大量安全隐患。

Shellevator™使用压缩空气设备取代体力劳动,快速、经济地将牡蛎容器提升到海面上方,而无需工人下水。只需打开与压缩空气供应源相连的歧管上的阀

(a) 升降式贝类养殖船结构

(b) 正浮状态

(c) 升降过程

图 7-2　升降式牡蛎养殖船

门，即可将空气引入提升罐并排出水，以升高 Shellevator™。当所有的水都耗尽时，阀门关闭以保持漂浮位置。浸没 Shellevator™ 是通过打开阀门并将空气从提升罐排放到大气中来完成的。一旦 Shellevator™ 漂浮起来，就可以轻松地重新定位，以便在海岸附近更有利的条件下执行操作。目前的原型船可以装载在船坡道的拖车上，然后行驶到其他设施的加工厂或放置在升船机上以进行密度降低或从水中收获。

7.4.2　利用潮汐能清洁贝类养殖笼

在牡蛎养殖业中，附生生物的控制是一个挑战，不仅因为它消耗了大量的人力和资源，还因为它对养殖效率和环境可持续性产生了重大影响。附生生物包括藻类和各种无脊椎动物,会阻碍牡蛎的生长,影响其品质,甚至导致疾病传播。传统的控制方法,如人工清理或使用化学药剂,不仅成本高昂,还可能对生态环境造成不利影响。鉴于此,寻找一种高效、环保且经济的解决方案显得尤为重要。

如图7-3所示,测试了两种新型的牡蛎笼,一种使用随潮汐流旋转的圆柱形笼,另一种使用倾斜的笼。将这两种牡蛎笼与由传统浮袋系统组成的对照进行比较,在贝类生长季节期间,每月测量牡蛎生长率、污染程度和死亡率。倾翻笼的生长速度比对照稍慢,且遭受严重污垢(特别是来自无脊椎动物),难以在海区使用。事实证明,圆柱形笼在防止结垢方面非常有效(每次读数中结垢的表面积不到2%),但其生长速度比对照慢。圆柱形笼的进一步改进可以为养殖户提供一种有效且廉价的控制污垢的方法。

图 7-3 两种类型笼子结构

去除附生害虫是牡蛎养殖中最耗费人力、时间和成本的任务之一。目前的牡蛎翻滚和清洁方法通常需要专门的清洗设备,维护成本高昂,同时清洗设备会发出很大的声音,对其他海洋生物产生干扰。潮汐运动为牡蛎笼附着生物的清除提供了潜在的免费绿色能源。潮汐产生的水流可以用来清除附着在牡蛎笼上的生物,无需人工介入,可以节省成本并减少对环境的负面影响。

在贝类生长季节,每月测量牡蛎的生长速度和污垢程度,并与使用传统浮袋系统生长的对照组进行比较。传统的牡蛎笼由两个悬挂在浮桥上的硬质塑料牡蛎袋组成,作为对照处理。对照处理笼需要每周手动从水中翻出,通过将附生害虫暴露在空气和阳光直射下杀死它们。24小时后,这些笼子需要被翻转回水中。实验笼的设计不需要定期手动调节,实验圆柱形笼子可在潮汐作用下旋转/翻滚。

如图7-4所示，圆柱形/桶形笼基本上没有结垢。笼子并没有像预期的那样随潮汐流旋转，而是在波浪作用下非常缓慢地转动。这种缓慢的旋转为空气和阳光干燥笼子提供了充足的时间，防止藻类和附生无脊椎动物的定殖。该处理中的污垢是最少的（在所有读数中＜2%），并且由丝状绿藻组成。

图 7-4　污损生物附着情况

7.4.3　太阳能牡蛎生产技术装备

在现代水产养殖业中，创新技术正逐渐成为推动可持续发展的关键因素。如图7-5所示，太阳能牡蛎生产系统（SOPS）作为一项结合了清洁能源与智能自动化技术的创新方案，正在改变牡蛎养殖的传统方式。

图 7-5　太阳能牡蛎生产技术装备

　　SOPS 的核心理念是利用太阳能为牡蛎笼的旋转提供动力，确保牡蛎能够获得均匀的食物供给和光照。牡蛎笼在水柱中垂直旋转，这一动作不仅使食物均匀分布，还使牡蛎有机会接触阳光，有助于减少壳上的污垢。与传统养殖相比，SOPS 的紧凑设计允许在极小的空间内进行大规模养殖——仅约 81m² 的空间即可产出 250000 只牡蛎，这是传统养殖方法所需空间的数倍之多。

　　SOPS 的设计旨在最大化利用太阳能和提高养殖效率，同时减少对环境的影响。系统通常由以下几个关键部分组成。

　　① 太阳能光伏板：位于养殖场上方或附近，用于将太阳辐射能转换为电能。这些光伏板需要定期维护，以保持最佳性能，并且应当面向南方（北半球）或北方（南半球），以获取最多的日照。

　　② 自动化控制系统：包括传感器网络、数据处理中心和执行器，负责监测环境参数，如水温、盐度、溶解氧等，并根据预设的参数调整养殖条件。例如，通过控制牡蛎笼的旋转频率和方向，以优化光照和营养吸收。

　　③ 牡蛎养殖设施：由一系列悬浮于水中的笼子构成，每个笼子都装有牡蛎幼苗。笼子设计有特殊机制，允许它们在水面以上和水下之间周期性地旋转，这有助于保持牡蛎壳的清洁，防止藻类和其他生物附着，同时确保它们能够获得充足的氧气和食物。

　　④ 水质监测与净化装置：包括水下传感器和生物过滤系统，用于实时监控水质状况，并通过牡蛎自身的过滤作用和人工辅助手段，如紫外线消毒，保持水质清洁。

　　SOPS 的工作流程可以分为几个步骤。

　　① 能源产生：太阳能光伏板在白天将太阳辐射能转换为电能，供系统运行所需。

　　② 养殖环境调控：自动化控制系统根据设定的参数，如温度、光照和水质指标，调整养殖条件。例如，当检测到溶解氧水平下降时，系统会自动增加水体的曝气量。

　　③ 牡蛎生长管理：通过定时旋转牡蛎笼，确保每只牡蛎都能得到均匀的光照和营养，从而促进其健康生长。

　　④ 水质维护：利用牡蛎的自然过滤功能，加上人工净化手段，保持养殖水域的清洁，减少病害的发生。

　　SOPS 的技术优势体现在以下几个方面。

　　① 智能化：通过集成先进的传感器和自动化技术，实现了养殖过程的精准

控制和远程监控，减少了人力需求，提高了养殖效率。

② 环保性：使用可再生能源供电，减少碳排放。同时，牡蛎的自然过滤作用有助于改善水质，减少化学药物的使用，保护生态环境。

③ 经济效益：高密度养殖和快速生长周期缩短了从育苗到收获的时间，增加了单位面积的产量，提高了经济效益。

④ 适应性强：SOPS 可以适应不同类型的水域，包括海湾、湖泊和近海海域，具有广泛的适用性。

太阳能牡蛎生产系统（SOPS）是水产养殖领域的一次重大飞跃，它融合了环境科学、工程技术和信息技术，展现了人类智慧在面对全球性挑战时的无限潜能。随着科技的不断进步和社会各界的共同努力，我们有理由相信，SOPS 将引领水产养殖业迈向更加绿色、智能和可持续的未来。

7.4.4　混合型材式的海上贝类育肥系统与养殖平台

7.4.4.1　海上饵料繁育技术

构建一个结合微藻和贝类共生体系的海洋生态碳汇模式，旨在优化海洋生态系统的同时，强化其固碳能力，是一项既复杂又极具前景的技术创新。这项技术的核心在于利用微藻的高效生长特性与贝类的钙化作用相结合，以实现生态平衡和碳汇增强。

（1）技术优势　海上工程化微藻培养是一种先进的技术，它不仅能够促进海洋生态系统的健康，还能显著提升海洋初级生产力。通过在海水中播种工程化的微藻，可以为滤食性贝类提供丰富的天然饵料。更重要的是，这一过程还可能抵消贝类钙化和呼吸过程中释放二氧化碳（CO_2）的负面影响，从而在生态养殖的基础上，进一步强化海洋的碳汇功能。

贝类生长形成贝壳的过程虽然缓慢，但伴随有酸性物质的产生，导致海水 pH 值下降。相比之下，微藻的生长速度快，且对 pH 值变化敏感。通过人工干预，利用微藻吸收贝类钙化过程中释放的 CO_2，可以促进微藻生长，进而达到酸碱平衡，甚至使水体整体呈现弱碱性。这种状态会增加水面与大气之间的 CO_2 压差，增强海水对空气中 CO_2 的吸收能力。微藻和贝类的共生体系不仅能够克服单一碳汇方式的局限，还能发挥各自的优势，形成经济、高效且可持续的海洋生态碳汇过程。

（2）技术思路　为了验证并实现上述设想，核心的科学问题在于探究微藻能否在海上生长、固碳并提高水体碱性，以平衡贝类形成碳酸钙壳时引发的酸化现象。解决这一问题需要从多个维度进行研究。

① 微藻生长的关键影响因素：光照、温度、营养盐浓度、pH值等条件对微藻生长至关重要，理解这些因素如何影响微藻的生长动力学是首要任务。

② 贝类摄食微藻的生态动力学：研究贝类如何选择和消耗微藻，以及这一过程对微藻群落结构和水体碳收支的影响。

③ 微藻与贝类生长的碳收支分析：评估微藻生长和贝类钙化过程中碳的固定与释放，确定二者在何种条件下可以实现pH的正向调节。

（3）微藻海上培养、播种和贝类投喂整合装置开发　为实现微藻与贝类的共生，需要开发一套整合的装置和技术。基于漂浮式光生物反应器，设计出适用于微藻培养和精确投喂的设备，确保微藻能够在贝类养殖水域中均匀分布，同时避免资源浪费。通过模拟水流中的微藻运动轨迹和贝类滤食行为，可以优化投喂策略，保证微藻的有效利用和贝类的健康生长。

在中国沿海地区，许多贝类养殖区面临营养盐不足和天然饵料短缺的问题，导致贝类生长受限甚至死亡。微藻播种技术犹如为海洋牧场"种草"，能够有效补充营养，促进贝类生长，而不会引起如赤潮等环境问题。选用的藻种均为自然水体中存在的有益种类，它们不仅能够被贝类滤食，还能改善水质，维持生态平衡。

7.4.4.2 基于HDPE型材的贝类海上养殖平台

通过开发和优化国内首创的多功能型牡蛎养殖设施装备，旨在革新传统牡蛎养殖模式，提升养殖效率与经济效益，同时增强设施的环境适应性和抗灾能力，为我国深远海养殖业的现代化转型和可持续发展开辟新路径，解决传统养殖模式中效率低下、成本高昂及抗风浪能力不足等痛点，如图7-6所示。因此，需要通过集成自动化、智能化技术与清洁能源利用，实现养殖流程的简化、成本的大幅削减及产量的显著提升，从而提高牡蛎养殖的经济回报。具体包括：创新牡蛎养殖技术与工艺，开发精准投饵循环升降式的养育技术，优化牡蛎生长周期；提升设施工程化与抗风浪性能，设计适应不同海域条件的多功能型养殖设施，利用波浪能和太阳能等清洁资源，确保设施具备优异的抗台性能，能够抵御10级海况，减少自然灾害对养殖业的影响，拓展养殖空间与资源利用率；促进养殖业的智能化与自动化，引入自动化控制系统，简化养殖流程，减少人力依赖，提升作业精度与效率，为养殖业的智能化升级奠定基础。

| 延绳式养殖 | 栅架式养殖 | 筏架式养殖 | 箱式养殖 |

图 7-6　传统养殖设施

（1）新型混合型材结构的海上养殖平台　如图7-7所示，为波浪能驱动的新型混合型材结构的海上牡蛎养殖平台，该平台主要由浮漂、钢塑合同浮体、波浪能采集装置和养殖笼组成。平台总体尺寸为12m×8m×2m，平台采用HDPE包覆钢材搭建，HDPE材料具有强度高、耐腐蚀、环保等优势，HDPE浮体与内置钢框架结构之间通过连接结构形成刚性连接。牡蛎养殖机构连接于钢框架，该机构一侧连接波浪能装置，波浪能装置与牡蛎养殖机构通过皮带轮传递动能。基础结构式为升降式平台，依据海洋环境，通过向浮体结构中的浮筒注入海水和压缩空气控制平台升浮与下潜，如图7-8所示，减少风浪流对养殖平台的影响。平台内装载多组牡蛎养殖机构，能够根据养殖规模进行装载，牡蛎养殖机构纵向高度可调节，依据养殖时期进行调整。

（2）浮体结构设计　国内常见的牡蛎养殖装备一般采用聚乙烯泡沫浮球提供浮力，泡沫浮球使用寿命短、易破碎，可能造成海洋环境污染。本平台所设计的浮体结构由HDPE板材以及HDPE矩形型材制成，如图7-9所示，浮筒由HDPE

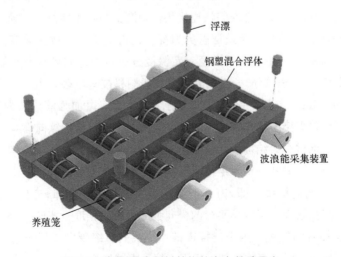

图 7-7　新型混合型材结构的海上养殖平台

图 7-8　平台上浮下潜作业状态

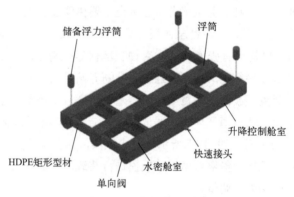

图 7-9　浮体结构设计图

板材焊接形成，浮筒与 HDPE 矩形型材相交处进行焊接。浮筒分为水密舱室和升降控制舱室，水密舱室用于装备钢框架、机械零部件等。升降控制舱室用于控制平台的下潜与升浮，其中部安装快速接头，两端安装有单向阀。常规海况下，平台漂浮于海面进行养殖，若遭遇恶劣海况，通过抽水泵连接快速接头，将海水泵入升降控制舱室，使平台下潜至一定深度进行暂养，储备浮力浮筒用于控制平台下潜深度。HDPE 矩形型材由大连蓝旗船舶科技有限公司生产，型材规格为 0.62m×0.26m×3m，内部设置多道加强筋，内部空间由加强筋分隔为多个区域，用于穿插钢材并焊接于钢框架结构的横梁上，以保证平台的纵向强度。

（3）内置钢材框架结构设计　如图 7-10 所示，内置钢材框架结构由槽钢、工字钢、加强筋、锚缆孔、机架组成，槽钢、工字钢与加强筋焊接后形成一体。内置式钢框架结构的横梁（即 x 方向）采用工字钢，纵梁（即 y 方向）采用槽钢，并等间距焊接加强筋，以满足平台的横向强度、纵向强度、扭转强度。钢材框架的四角处连接有锚缆孔，用于连接锚链，使系泊系统受力作用于钢材框架结构上。钢材框架内部焊接多组机架，用于连接牡蛎养殖机构。

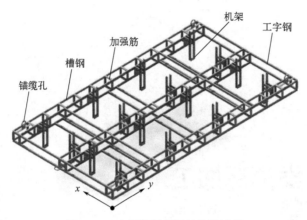

图 7-10　内置钢材框架结构设计图

（4）波浪能牡蛎养殖机构设计　本平台实现了牡蛎养殖作业的波浪能应用，采用索尔特式点头鸭作为波浪能采集装置，利用波浪作用将能量转化为动能。如图7-11所示，波浪能采集装置与牡蛎养殖机构通过皮带轮连接，驱动牡蛎养殖机构单向旋转运动，能够实现提高牡蛎海水过流效率、牡蛎间歇性光晒、减少生物附着，提升牡蛎养殖效率。牡蛎养殖机构由装载架和多组养殖笼组成，具有良好的操作便捷性。

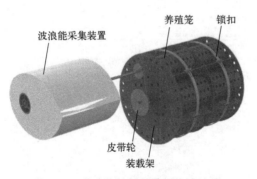

图 7-11　波浪能牡蛎养殖机构设计图

该平台可满足抗台养殖需求，不仅为我国牡蛎养殖业带来了革命性的变革，推动了行业向现代化、智能化的方向发展，还为全球深远海养殖技术的创新与应用提供了中国方案，促进了海洋资源的合理开发与利用，推动海洋强国战略和可持续发展目标建设。

第 **8** 章
滩涂贝类精深加工技术装备

8.1
滩涂贝类节能干燥技术装备

滩涂贝类干制是采用干燥或者脱水方法除去滩涂贝类中的水分或配以其他工艺（调味、焙烤、拉松等工艺）制成的一类贝类加工品。目前市场上销售的产品主要分为两类：产品经清洗、调味、蒸煮等预处理后干燥加工而成的贝类干制品，这类产品工艺相对简单，产品分为即食与非即食，主要品种有文蛤干、泥蚶干、缢蛏干等；产品经清洗、剖片等预处理后再经调味、焙烤、轧松等工序加工而成的水产干制品。

干制贝干味道鲜美，营养价值较高，营养成分配比合理，根据现代工艺加工技术，可分为淡干品、盐干品、煮干品、冻干品、焙烤干制品、熏干品和风味干制品等。

滩涂贝类节能干燥技术装备则是通过热能使滩涂贝类中的水分不断汽化达到干燥的设备，其可用于菲律宾蛤仔、文蛤、泥蚶、缢蛏等滩涂贝肉的干燥，具有突出的节能提质优势，运行稳定，也可用于其他水产品干制。

8.1.1　太阳能干燥设备

8.1.1.1　太阳能干燥系统分类

目前太阳能干燥系统主要分为温室型、集热器型、温室—集热器混合型等模式。

（1）温室型干燥温室　干燥温室是直接接收太阳能的干燥室，结构与栽培农作物的温室相似，温室型干燥室通过太阳能辐射，对温室中的空气进行加热，热空气循环流动干燥物料表面，带走干燥物料中的水分，来对物料进行干燥。其优势在于可以使干燥物料直接吸收太阳能辐射，热交换效率高，干燥时间可减少60%～70%。相比于常规能源干燥，能源的耗用较低；相比于自然干燥，可以减少干燥时间，干制品的品质较好；温室型干燥结构简便、价格费用较低、便于管理、可因地制宜。

（2）集热器型干燥　集热器型干燥一般采用平板空气集热器，通过平板空气集热器加热干燥系统外界的湿空气，当湿空气加热到预定温度后，使热空气进入干燥室，干燥物料接触干燥室内的热空气来实现对流换热，达到干燥的目的。还可增加辅助热源来加热空气，提高干燥效率，增强对流换热效果。与温室型干燥相比，优势在于可以使物料的干燥速率更快，但结构相对复杂，还需其他能源的消耗。

（3）温室—集热器混合型干燥　温室—集热器干燥是温室型干燥、集热器型干燥两种干燥方式的结合。温室—集热器混合型干燥中空气先经过太阳能空气集热器预热，然后进入干燥室。物料在干燥室内既可以通过系统外部的透明玻璃直接吸收太阳能辐射，还可以受到空气集热器中热空气的加热，达到了双重干燥的目的。温室—集热器混合型干燥适用于含水率较高、干燥温度较高的物料，其可以大幅度提高干燥速率，但系统造价较高，对干燥环境的要求较高。

8.1.1.2　物料承载方式

干燥室是干燥过程中放置物料的地点。常见的承载方式有箱式、带式和推车式等。

（1）箱式承载　箱式承载外壁是绝热保温层，是一种容易装卸的承载设备，相比于带式承载、推车式承载，其物料损失小、易拆装清洗。当干燥物料的量不多时，箱式承载的效果较好。但箱式承载也有许多缺点，如物料得不到分散，干燥不均匀，干燥时间长；装卸物料耗时、耗人工，劳动强度大，设备利用率低；卸物料时粉尘飞扬，环境污染严重；热效率低，其优缺点较为显著。

（2）带式承载　带式承载是一种连续式干燥物料的干燥设备，适用于含水量高、干燥温度要求低的物料，如脱水蔬菜、催化剂、中药饮片等。这种干燥设备的干燥速率较快、产品的品质较好，还适合大批量连续自动生产。根据物料干燥工艺可设置多层干燥带，温度在40～180℃，运行速率可调节。但带式承载价格较高，安装、拆卸困难，热效率低，不适合对干燥温度要求高的物料。

（3）推车式承载　推车式承载具有设备小、产量多、设备的结构简易、成本要求低、所需的占地面积小、物料易流动等特点；干燥设备可以根据天气因素进行方位调节。除一些辅助装置外（风机等），无其他活动部分，因而维修费用低。物料和设备的磨损也相对较小，缺点为人工操作比较多。

8.1.1.3　太阳能干燥设备

太阳能干燥系统如图8-1所示，该系统背侧是物料的进出口，物料放入干燥系统中的物料架上，可分为三层均匀放置，干燥系统左上方有一个直径3cm的圆形开口，可使空气在干燥系统中匀速流动，通过外表面PC板接收太阳能辐射能加热干燥系统中的空气，热空气流经干燥物料表面，使其获得热能并传至物料内部，水分从物料的内部以液态或气态方式扩散，透过物料层而到达表面，再通过物料表面的气膜扩散到热气流中，通过这样的传热传质过程，进行对流传热，使物料逐步脱水干燥。

图 8-1　太阳能干燥设备

8.1.2　太阳能－热泵干燥设备

太阳能-热泵干燥设备具有太阳能干燥、热泵干燥及太阳能-热泵联合干燥3种作业模式，环境温度15℃以上稳定工作，干燥温度为20～60℃，湿度20%～50%范围内可精准调控（图8-2）。既保留了晾晒干燥的独有风味，又克服了自然晾晒的间断性和不稳定性，利用热泵低温节能干燥优势，实现连续作业。

图 8-2　太阳能－热泵干燥设备

8.1.3　多能协同自适应干燥设备

多能协同自适应干燥设备基于双冷凝－双蒸发半开式热泵及太阳能相变蓄能系统，对太阳能、热泵空气能、蓄热能智能耦合，具有太阳能干燥、热泵干燥、太阳能－热泵联合干燥、蓄热－热泵联合干燥4种作业模式，环境温度-15℃以上稳定工作，干燥温度为20～80℃，湿度20%～50%范围内可精准调控，在保证产品品质的同时有效提高了干燥效率，能效比为6.2～10.8，节能效果显著，实现24h全天候干燥（图8-3）。具备专家决策和远程控制功能，具有自动运行和手动运行双模式，均可在电脑、手机端实时操纵设备，具有数据记录存储功能，可以随时查看历史记录。

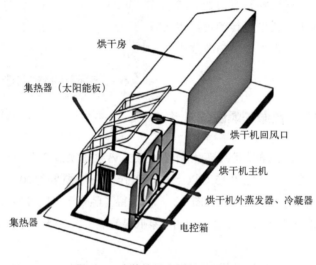

图 8-3　多能协同自适应干燥设备

8.2
真空冷冻干燥技术及装备

近年来，虽然我国在水产品加工发展中取得了一定的进展，但相较于发达国家不论是发展程度还是发展速度都仍存在差距，然而由于我国水产品产量高、种类多、品质优良、价格便宜，原料上的优势足以弥补加工技术上的劣势，因此在国际食品市场上我国冻干水产品的竞争力仍不可小觑。目前的研究主要集中在海参、扇贝等海珍品上，其他水产品的相关研究较少。然而不仅海珍干制品可通过真空冷冻干燥技术提高其品质和档次，中低档水产品也可由此技术加工以增加附加值和销售渠道。

8.2.1 真空冷冻干燥技术的原理及其优势

真空冷冻干燥是真空技术与冷冻技术相结合的新型干燥脱水技术。它是通过在高真空状态下，利用升华原理，使预先冻结的物料中的水分直接以冰态升华为水蒸气被除去，从而达到冷冻干燥的目的。由于脱水过程在低温低压下进行，而且水分不经过液态直接升华，冻干制品能保持新鲜食品的色、香、味及其营养成分。相比其他脱水技术，真空冷冻干燥技术拥有如下特点：可最大限度地保留食品原有的营养、味道、色泽和气味；可保持食品原有的形状并具有很好的速溶性和复水性。复水后的食品无论其外观和形态及口味都与冻干前没有多大差异，复水率可达90%以上；冻干制品采取真空或充氮包装和避光保存，保质期长。由于重量轻，可室温储藏和运输，耗损大大降低。

8.2.2 真空冷冻干燥技术的主要设备

冻干食品生产最主要的设备为食品用真空冷冻干燥机组，如图8-4所示，系统原理如图8-5所示。该机组的性能、能耗和操作自动化程度的高低决定了冻干食品生产企业的技术水平的高低。结构主要包括真空干燥室、冷却室、物料托盘、低温冷冻机组、15L/s的双极旋片真空泵、5p套管式风冷冷凝器，以及压力传感器、温度传感器、失水传感器等。

真空冷冻干燥生产工艺过程主要可分为：制品准备、预冻、一次干燥（升华干燥）、二次干燥（解吸干燥）和密封保存五个步骤。

图 8-4 真空冷冻干燥机

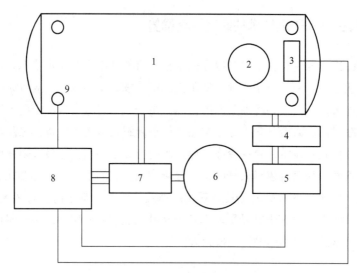

图 8-5　真空冷冻干燥机原理简图

1—干燥罐体；2—膨胀水箱；3—测温单元；4—加热系统；5—循环系统；6—循环水箱；
7—真空系统；8—电控部分；9—测量单元

① 制品准备：将需要冻干的产品准备好放入物料盘中。

② 预冻：预冻就是使制品全部凝结成固体，预冻温度需低于玻璃态和橡胶态的转变温度，以保证箱内所有制品的温度都低于共熔点。

③ 一次干燥：一次干燥又叫升华干燥，是在低温环境下对产品加热，同时使用真空泵抽真空，使其中凝结成冰的自由水直接升华成水蒸气。

④ 二次干燥：二次干燥又叫解吸干燥，是在高温条件下对产品加热，让产品中被吸附的部分"束缚水"解吸变成"自由水"再吸热蒸发成水蒸气的过程。

⑤ 密封保存：冻干完成后，依靠板层液压升降系统，将物料瓶在真空状态下密封。

综上，冻干水产品具有重量轻、体积小、易贮藏流通的特点，且能较好地保持产品的品质，目前在海参、对虾和贝类中已有应用，随着人们生活水平的提高和对高品质水产品的需求，其开发应用将是今后的重要研究方向，特别是当贝类养殖产量骤增，除了冷冻加工之外，需要开发更多高品质且易贮藏流通的水产加工品，但目前贝类通常主要采用热风或自然晒干，所以品质难以保证，干制加工新技术的发展势在必行。

第 **9** 章
滩涂贝类保鲜运输技术装备

随着人们生活水平的不断提高，鲜活水产品市场无论是在品种、价格、供销体系等诸多方面都发生了巨大的变化，从目前国内外市场看，鲜度较好的水产品不仅畅销，且价格较高，而鲜度较差的恰恰相反。鲜度作为贝类最重要的指标之一，是决定价格的重要因素，也是扩大鲜活贝类流通量的关键所在。国内外贝类的保藏研究主要集中在保鲜和保活方面，保鲜保活技术已逐渐趋于成熟。

滩涂贝类保鲜运输装备是水产品保鲜的载体，保鲜运输装备技术是水产品保鲜技术的重要支撑，有效推动了产业发展。为了适应贝类易腐、量大面广、运输销售环节多、时间长等特点，传统的贝类保鲜装备包括制冰设备、冻结设备、冷藏设备、贮藏容器、运输车船等。由于经济水平和饮食结构等因素，发达国家在水产品保鲜方面具有相当高的应用水平和装备技术水平，主要体现在水产品前期处理机械和制成品的加工设备等方面。运输环节是贝类保鲜的一个重要环节，运输装备的技术关键在于快速流通和低温保证上。从贝类离开水面开始，贝类的保温、保鲜措施、市场交易、集装箱化转移、冷藏运输等，形成流程化的系统，确保每一类水产品到达预定的市场位置时具有稳定的质量。

9.1
滩涂贝类的保鲜技术

由于贝类组织柔嫩，蛋白质和水分的含量较高，若任其自然放置，很快就会变质腐败，失去食用价值，因此必须加强贝类的保鲜工作。目前，应用于水产品的保鲜技术主要有物理保鲜法和化学保鲜法。物理保鲜技术可分为低温保鲜、气调保鲜、辐照保鲜、超高压保鲜技术等；化学保鲜法即通过添加各种化学药剂，达到杀菌或抑菌目的，以延长贝类保存期的保鲜方法。生物保鲜剂凭借其天然、无毒的优势，近年来受到密切关注，特别是复合生物保鲜剂具有广阔的应用前景。同时，复合保鲜技术可充分发挥每种保鲜方法的优势，相较于单一保鲜技术，保鲜效果更佳，对不同组合保鲜方式用于水产品保鲜的相关研究也在逐渐深入。

9.1.1　物理保鲜

9.1.1.1　低温保鲜

贝类被捕获后在体内酶和外部微生物作用下极易发生腐败变质，低温对微生物的生长繁殖和酶活性具有明显的抑制作用，是目前应用最为广泛的贝类保鲜技术。贝类低温保鲜技术主要有冷藏冷冻、冷海水或冷盐水保鲜、微冻保鲜以及冰温保鲜技术，主要用于保持贝类原本的鲜度和品质，抑制贝类死后的生物化学变化。保鲜装备应用最多的是冷藏设备和冷冻设备，冷藏一般采用冷藏箱和碎冰，制碎冰常用的设备有管冰机、片冰机、块冰机和碎冰机。贝类加工中冷冻保鲜设备应用最多的是平板冻结机和隧道式冻结机。鲍鱼等名贵贝类有时也采用液体速冻机，可以提高冻结速率，较好地保持产品品质。目前，在我国食品工业中，贝类的保鲜多采用-18℃以下的包冰衣法来处理。镀冰衣保鲜法在一定程度上保持了物料的贮藏品质，但不够理想。冰衣附着力弱，容易脆裂和脱落；冰衣不持久，升华干耗较快，需要定期重复处理；冰衣不能有效地防止物料的氧化腐败及阻止微生物侵蚀；包冰衣大大增加了物料的重量、耗费运输成本及能源；物料解冻时冰衣融化会带出大量汁液，使物料的营养及风味都受到极大损失。

通常所说的冷藏和冷冻是指0℃以上和-18℃以下的保藏。然而，在这两个概念之间有一个空白的温度区域，近年来被用于包括微冻保鲜和冰温保鲜在内的中间温度带保鲜。

微冻的概念与冰温不同，微冻是指-5℃到0℃之间、以-3℃为中心温度的温度区域，食品部分冻结，而冰温贮藏温度在冰点以上，在冰温区域内的食品始终处于不冻结的鲜活状态。微冻保鲜是将渔获物保藏在其细胞汁液冻结温度以下（-3℃左右）的一种轻度冷冻的保鲜方法，也称为过冷却或部分冷冻。在该温度下，能够有效地抑制微生物的繁殖。微冻保鲜的基本原理是利用低温来抑制微生物的繁殖及酶的活力。在微冻状态下，鱼体内的部分水分发生冻结，微生物体内的部分水分也发生冻结，这样就改变了微生物细胞的生理生化反应，某些细菌开始死亡，有些细菌虽未死亡，但其活动也受到了抑制，几乎不能繁殖，于是就能使鱼体在较长时间内保持鲜度而不发生腐败变质。与冰藏相比较，微冻保鲜能将保鲜期延长1.5～2倍，即20～27天。常见微冻保鲜方法有加冰或加盐混合微冻、冷却微冻、低温盐水微冻。微冻保鲜的优越性在于所需设备简单，费用低，且能有效地抑制细菌繁殖，减缓脂肪氧化，延长保鲜期，并且解冻时汁液流失少，贝类表面色泽好，所需降温耗能少等。其缺点是操作的技术性要求高，特别是对温度的控制要求严格，稍有不慎就会引起冰晶对细胞的损伤，甚至引起蛋白质变性。

冰温与微冻和冻藏相比，突出优势在于可以避免因冻结而导致的蛋白质变性和干耗等一系列质构劣化现象。冰温贮藏温度虽然仅比冷藏低5℃，但其贮藏期却是冷藏的1.4～2倍。但冰温贮藏也有缺点，可利用温度范围小，一般为−0.5～−2.0℃，故温度带的设定十分困难，配套设施投资较大。

9.1.1.2 气调保鲜

气调包装（MAP）通过调节和控制贝类贮藏环境下的气体（CO_2、N_2、O_2、水蒸气以及痕量惰性气体）组成，以减弱贝类的呼吸强度，抑制腐败微生物的生长和繁殖，减缓水产品体内的化学反应速度，达到延长保鲜期和提高保鲜度的目的。气调包装具有抑制细菌腐败、保持贝类新鲜色泽和隔绝氧气三大优点，能显著延长贝类的货架期。CO_2既溶于水，又溶于脂肪，CO_2主要对气调包装中的微生物起抑制作用。它对微生物的总体作用是延长微生物细胞生长的迟缓期和降低其在对数生长期的生长速率。这种抑菌作用受到CO_2浓度、最初污染菌数和菌龄、储藏温度以及被包装产品类型的影响。N_2是一种惰性气体，它无味，微溶于水和脂肪。N_2用于置换包装容器中的O_2，以延缓氧化酸败和抑制需氧微生物的生长；由于N_2的溶解度低，因而又把它作为填充气体以防止包装在高CO_2浓度环境中的制品出现包装塌瘪的现象。O_2能促进需氧菌而抑制大多数厌氧菌的生长。在MAP技术中，气体组成及配比、原料的新鲜度和储藏温度等对产品的质量、微生物安全及货架期有着很大的影响。

9.1.1.3 辐照保鲜

运用X射线、γ射线或高能电子束等电离辐射产生的高能射线对预包装或散装的水产品进行加工处理可有效减少微生物和虫害，延长水产品货架期。通常在常温或低温条件下就可对贝类进行辐照处理，以保持其新鲜状态和品质，低剂量辐照过的贝类产品原有的感官性状不会发生任何变化。辐照处理贝类不会留下有害的残留物，也不存在每日摄入量的限制，不仅能有效灭活而且灭菌彻底。辐照灭菌一般都在产品包装好后进行，不会造成二次污染，而且可以即照即运。辐照灭菌是冷处理，不破坏水产品的食品结构和营养成分，不产生感生放射性物质，而且能保持原来的新鲜味，产品的色泽口感几乎也不发生变化。水产品辐照处理能降低大多数腐败微生物的数量，特别是能灭杀常见水产品中的肠道病原菌。而水产品的辐照剂量一般是 1 ～ 6kGy，营养成分没有明显损失，风味也没有改变，所以辐照保藏是安全可靠的。

9.1.1.4　超高压保鲜

传统的热加工方式对贝类的味道和外观都有不良的影响，超高压技术可在不加热或不添加任何防腐剂的条件下杀死贝类产品中的腐败菌与致病菌，并能较好地保持贝类感官特性和营养成分。将密封于柔性容器内的贝类置于压力系统中，以水或其他液体作为传压介质，采用 100 ～ 1000MPa 压力在常温或低温条件下处理，可以达到杀菌、灭酶及改善物质结构和特性的目的。超高压处理是纯物理过程，通过破坏菌体蛋白中的非共价键，破坏蛋白质高级结构，从而导致蛋白质凝固及酶失活，而不影响共价键结构。超高压还可造成菌体细胞膜破裂，使菌体内化学组分产生外流等多种细胞损伤，这些因素的综合作用导致了微生物死亡。

弧菌是一种可引起肠道感染的细菌，其对压力敏感，在常温下用 260MPa 压力处理 3min，即可显著地减少牡蛎中创伤弧菌的数量。在 250MPa、−2℃或 1℃ 的条件下，牡蛎中创伤弧菌的数量能够降低 5 个数量级，在 345MPa 压力下作用 90s 能够使牡蛎中副溶血性弧菌含量也大大减少。在 250MPa 的压力下，贻贝和牡蛎中嵌杯样病毒和肠道病毒部分死亡。超高压应用于牡蛎加工可以使牡蛎的闭合肌从壳上脱离下来。用超高压不仅可以去壳，代替耗时且容易造成二次污染的手工、机器去壳，而且可以在杀灭微生物的同时保持牡蛎的生鲜品质。因此，超高压解决了牡蛎产业的两大问题：消除牡蛎中有害致病菌和牡蛎脱壳。在美国，超高压用于牡蛎去壳已经商业化，高压加工的牡蛎经金色带子包装后在市场上出售，被称为金带牡蛎。由此可见，超高压技术在高值贝类的加工和延长货架期方面潜力巨大。

9.1.2　化学保鲜

化学保鲜是借助各种药物的杀菌或抑菌作用，单独或与其他保鲜方法相结合的保鲜方法。20 世纪 50 年代，国内外都曾采用四环素（tetracycline）、土霉素（oxytetracycline）、阿莫西林（amoxycillin）、金霉素（aureoamycin）等广谱性抗生素用于水产品的保鲜。使用的方法有泼洒法、浸泡法等，均有明显的保鲜效果，但是由于产生抗生素残留和细菌多重耐药性问题，其应用价值大幅降低。20世纪60年代起，开始使用亚硫酸钠等化学防腐剂防止水产品变黑，某些国家已经形成商品销售，被众多生产厂家广泛应用于食品、饮料及水产品的防腐保鲜中。由于一些化学保鲜剂存在残留，因此在应用中逐渐被淘汰。氯及氯化物是最早用来净化贝类的化学试剂，具有较强的杀菌能力，能迅速杀灭贝类中的致病菌。另外低浓度的游离氯能抑制贝类张壳和滤食，有效控制病菌进入贝类体内。但是氯及氯化物是化学试剂，具有一种化学物质的味道，影响了贝类的品质，同时容易产生有毒的氯胺，现在氯及氯化物大部分地区已经不用。

臭氧作为一种实用的杀菌剂，能杀灭贝类中的多种微生物，多余的臭氧分解为氧气，无任何有害物质残留，因此不会对产品造成二次污染，使用安全方便。臭氧灭菌或抑菌作用，通常是物理的、化学的及生物学等方面的综合结果。臭氧杀菌的作用机制：作用于细胞膜，导致细胞膜的通透性增加、细胞内物质外流，使细胞失去活力；使细胞活动必需的酶失去活性，这些酶既包括基础代谢的酶，也有合成细胞重要成分的酶；破坏细胞质内的遗传物质或使其失去功能。臭氧杀灭病毒是通过直接破坏RNA（核糖核酸）或DNA（脱氧核糖核酸）物质完成的，而杀灭细菌、霉菌类微生物则是臭氧首先作用于细胞膜，使细胞膜的构成受到损伤，导致新陈代谢障碍并抑制其生长，臭氧继续渗透破坏膜内组织，直至死亡。臭氧在水产品加工中的应用已经是一项相对较成熟的技术。它主要用于水产品冷库消毒，加工车间的空气、设备、用品等杀菌净化，加工用水杀菌，除味脱臭，加工及包装前原料的消毒等，用途非常广泛。目前，国内许多水产品加工厂都已经开始相继采用臭氧杀菌技术。而近年来，臭氧在水产品保鲜中的应用研究也在不断地开展。例如，国内一些企业开始将臭氧用于鲜活水产品的保鲜及冷冻包装前消毒杀菌。

9.1.3　生物保鲜

生物保鲜剂是指从植物、动物和微生物代谢产物中提取的物质，其作用机理主要是通过其抗菌、抗氧化以及抑制酶作用等活性，或几者兼而有之而起到保鲜贝类的作用。生物保鲜剂包括生物防腐剂和生物抗氧化剂。开发应用高效安全的生物保鲜剂对贝类产品进行保鲜越来越受到人们的关注，常见的生物保鲜剂主要包括微生物代谢产物类（Nisin，纳他霉素等）、肽类（鱼精蛋白等）、甲壳质类（甲壳素、壳聚糖、壳聚寡糖等）、提取物类（贝壳提取物、植物提取物等）、水溶性的茶多酚、抗坏血酸及其盐、异抗坏血酸及其盐、植酸、氨基酸等。采用可食性涂膜对水产品进行保鲜的研究越来越多，这种保护膜是以海藻酸钠、壳聚糖、褐藻酸钙等天然材料作为涂膜剂，涂膜和食物可以一起被食用，用于贝类的保鲜，会使贝类的肉质更加细嫩，口感更好，并延长其货架期。

Nisin是从链球菌属的乳酸链球菌发酵产物中提取制备的一类多肽化合物。它能有效抑制革兰氏阳性菌，如能抑制肉毒杆菌、金黄色葡萄球菌、溶血性链球菌以及李斯特菌的生长繁殖，尤其对产生孢子的革兰氏阳性菌和枯草芽孢杆菌及嗜热脂肪芽孢杆菌等有很强的抑制作用，在加热或冷冻条件下也对革兰氏阴性菌有较强的抑制作用。但是，单一的Nisin对革兰氏阴性菌、霉菌和酵母菌的影响则很弱。将Nisin与盐或酸度调节剂结合使用会产生协同效应，可大大提高其抑菌效果。其作用机理是通过抑制细胞壁中肽聚糖的生物合成，使细胞壁质膜和磷脂化合物合成受阻，引起细胞内含物和ATP外泄，使细胞裂解。Nisin的大鼠口服半致死剂量约为7000mg/kg（体重），与普通食盐相近。Nisin已被联合国粮农组织（FAO）、世界卫生组织（WHO）确认为食品防腐剂，被美国食品药品管理局确定为公认安全的产品。

鱼精蛋白是一种天然肽类，呈碱性，主要在鱼类（如蛙鱼、鳟鱼、鲱鱼等）成熟精子细胞核中作为和DNA结合的核精蛋白存在。鱼精蛋白在中性和碱性介质中显示出很强的抑菌能力，并有较高的热稳定性，在210℃条件下加热仍具有活性，同时抑菌范围和食品防腐范围均较广，它对金黄色葡萄球菌、枯草芽孢杆菌、蜡样芽孢杆菌、大肠杆菌、沙门氏菌、绿脓杆菌、啤酒酵母、异常汉逊酵母等水产品常见真菌和细菌具有良好的效果。

甲壳素又名甲壳质、几丁质，属于氨基多糖，是N-乙酰基-D-氨基葡萄糖通过β-1,4糖苷键连接而成的直链多糖，其分子式为（$C_8H_{14}NO_5$）$_n$。甲壳素经过化学修饰和改性，如水解、烷基化、磺化、硝化、卤化、羧甲基化、酰化、缩合等，可以获得具有特殊性质和特殊用途的甲壳素系列衍生物，其应用更加广泛。如甲壳素在碱性条件下，将分子中的C上的乙酰基脱去，就得到壳聚糖；而在酸性条件下降解，则可得到氨基葡萄糖。壳聚糖的抑菌机制可能包括以下几个方面：

①　小分子的壳聚糖（分子量小于5000kDa）直接进入细胞，与带负电荷的蛋白质和核酸相结合，干扰DNA的复制与蛋白质的合成，造成细菌生理失调而使细菌死亡。

②　分子量较大的壳聚糖吸附在细菌细胞表面，形成一层高分子膜，阻止营

养物质向细胞内运输而起到抑菌作用。

③ 作为螯合剂螯合对细菌生长起关键作用的金属离子，从而抑制细菌的生长。

④ 壳聚糖的正电荷与细菌细胞膜表面的负电荷之间相互作用，改变细菌细胞膜的通透性而导致细菌细胞死亡。

⑤ 激活细菌本身的几丁质酶活性，几丁质酶被过分表达，导致细胞壁几丁质降解，损伤细胞壁。

茶多酚又称茶单宁、茶鞣质，是从茶叶中提取的具有抗氧化作用的多酚类物质的总称。茶多酚的主要成分为黄烷酮类、花色素类、黄酮醇类、花白素类、酚酸及缩酚酸6类化合物。其中以黄烷酮类（主要是儿茶素类化合物）最为重要，占茶多酚总量的60% ～ 80%。儿茶素类化合物是茶多酚的主要活性成分，也是茶叶的特有成分，具有苦涩味及收敛性。其基本结构均为2-邻苯酚基苯并吡喃衍生物。其易溶于水、乙醇和乙酸乙酯，微溶于油脂，对热、酸较稳定。茶多酚可抑制气相氧自由基引起的膜脂类分子的过氧化，维护细胞的流动性；一定浓度的茶多酚可抑制铬参与的膜蛋白巯基构象变化；同时能防止由 ^{60}Co 辐射诱发的DNA损伤。同时茶多酚也具有较强的抗菌作用，所以在食品中添加茶多酚有良好的保鲜效果。

除了以上几种生物保鲜剂外，酶法保鲜技术在贝类保鲜方面应用也越来越广泛。其主要是利用酶催化的专一性、高效性、温和性与可控制性等特点，防止或消除外界因素对贝类的不良影响，从而保持贝类的新鲜度。使用酶来进行食品保鲜，与其他方法相比具有以下优点：

① 酶本身无毒、无味，不会损害产品本身的价值。

② 酶对底物有严格的专一性，添加到成分复杂的原料中不会引起不必要的化学变化。

③ 酶催化效率高，用低浓度的酶也能使反应迅速进行。

④ 酶作用所要求的温度、pH值等作用条件都很温和，不会损害产品的质量。

⑤ 必要时可用简单的加热方法就能使酶失活，终止其反应，反应终点易于控制。

正是由于酶法保鲜具有上述优点，可广泛应用于各种食品的保鲜，有效地防止外界因素，特别是氧化和微生物对食品造成的不良影响。目前应用于水产品保鲜中的有葡萄糖氧化酶、溶菌酶、谷氨酰胺转氨酶、脂肪酶、甘油三酯水解酶等。溶菌酶是一种专门作用于微生物细胞壁的水解酶，可选择性杀灭微生物而不作用于水产品中的其他物质，对于革兰氏阳性菌中枯草芽孢杆菌、耐辐射微球菌具有较强的分解作用。利用溶菌酶对水产品进行保鲜，只要把一定浓度的溶菌酶溶液喷洒在水产品上即可起到防腐保鲜效果。尽管如此，使用溶菌酶作为防腐剂有很多限制因素，如卵清蛋白酶对革兰氏阴性菌无效。但将溶菌酶与其他控菌技术或其他酶类一起复合运用，其溶菌能力会明显提高。例如由溶菌酶、Nisin 和 EDTA 3 种抑菌剂共同组成的生物活性膜抗菌能力明显高于对照组，说明这 3 种抑菌剂在抑制细菌生长和繁殖方面具有协同作用。

噬菌体处理可以解决由于产生抗生素残留和细菌多重耐药性问题，可靶向杀死贝类产品中的特定致病菌，作用效果很明显。用噬菌体 VPp1 对牡蛎进行净化，在 16℃条件下处理 36h，当感染复数（MOI）为 0.1 时 VPp1 对副溶血弧菌杀灭效果最好，可达到 2.35～2.76 log cfu/g。若能将噬菌体与其他杀菌类物质结合使用，杀菌效果则会大幅提高。添加一定量的溶菌酶可明显增强噬菌体制剂的杀菌活性，从而有效控制水体中的副溶血弧菌含量。随着我们对噬菌体特性及噬菌体与宿主菌间相互作用机制的理解不断深入，研发新型噬菌体制剂和整合噬菌体治疗技术来设计新抗菌策略将会有更广阔的应用前景。

9.1.4　生物保鲜技术与其他技术相结合

栅栏技术是一套将多种技术结合在一起的提高产品货架期的综合保藏方法。栅栏技术将多种保鲜方法结合起来，更加有效地抑制产品中微生物的生长和繁殖，保持产品品质，延长货架期。目前，生物保鲜剂与其他保鲜技术结合衍生的新型保鲜技术在不断发展，并被应用于贝类产品的保鲜。

9.1.4.1　生物保鲜技术与低温保鲜技术结合

低温可以有效降低贝类产品在贮藏过程中的生物化学变化的反应速度以及抑制微生物的繁殖。但低温贮藏过程中肉质易老化，同时低温还会造成蛋白质变性，影响产品的风味。生物保鲜剂与低温结合可以使产品的蛋白质结构更加稳定，有效地抑制脂肪氧化，延长产品的货架期。将扇贝肉应用花椒多酚-金褐霉素复合保鲜剂结合冰温和冷藏的方式进行保鲜处理，发现花椒多酚和金褐霉素可以良好地抑制扇贝肉蛋白质的降解及酶活力，可延长扇贝 2～3d 的货架期。将扇贝肉浸泡在 2% 姜汁、0.6% 茶多酚、3.5% 壳聚糖的复配溶液 2min，并在冷藏（4℃）条件下贮存，发现与对照组相比保质期延长了 3d。将贻贝肉浸泡在 30mg/mL

茶多酚、2.75mg/mL姜黄素复配溶液中，并研究了贻贝肉在冻藏期间感官、微生物、理化等指标变化，发现一定比例的茶多酚-姜黄素复配溶液可以有效抑制微生物生长，缓解脂肪氧化，货架期延长了14d。将1%普鲁兰多糖与0.1%竹叶黄酮、1.5%柠檬酸、0.6%茶多酚进行复配保鲜葡萄牙牡蛎，并将其贮藏在-3℃下，研究表明复配组可以有效地延缓蛋白质的降解和脂肪的氧化，货架期能延长23.46%。

9.1.4.2　生物保鲜技术与臭氧保鲜技术结合

臭氧又称三分子氧。臭氧在常温常压下容易分解产生具有强氧化能力的原子氧，具有很强的杀死微生物的能力。臭氧作用于食品后会分解成O_2，无有毒有害物质的残留。臭氧作为一种冷杀菌技术，与生物保鲜剂结合能够更好地杀灭微生物，进一步延长产品的货架期。利用1mg/L臭氧水处理缢蛏10min，再结合低温保鲜、气调包装、壳聚糖涂膜进行复合处理，结果表明臭氧保鲜、气调包装和壳聚糖涂膜的复合保鲜要优于单独处理的保鲜方法，其保质期可以延长至16d。

9.1.4.3　生物保鲜技术与纳米包装技术结合

纳米技术已被公认为21世纪最重要的前沿技术之一，它在解决食品包装和贮藏保鲜方面发挥了重要作用。但目前对于纳米颗粒安全特性的研究有限，纳米包装技术仍处于实验室发展阶段。通过纳米包装技术与一些天然活性物质结合制得的复合包装材料能够进一步改善食品保鲜效果。将大蒜提取物和TiO_2纳米颗粒结合制得一种基于羧甲基纤维素、阿拉伯胶和明胶的新型生物纳米复合材料，大蒜提取物和TiO_2纳米颗粒结合可以增强保鲜性能的协同性，大幅降低罗非鱼鱼片的失重现象。将迷迭香提取物加入纳米黏土中制得生物薄膜对蜡样芽孢杆菌、大肠杆菌、铜绿芽孢杆菌和金黄色葡萄球菌的抑制率达到99%。离子凝胶法制得壳聚糖纳米颗粒（壳聚糖-三聚磷酸盐），并将其加入鱼糜中，可以有效延缓鱼糜的脂肪氧化，抑制微生物生长，可以在贮存期间保证产品品质。

9.1.4.4　生物保鲜技术与辐照技术结合

辐照保鲜是利用[60]Co产生的γ-射线和加速器产生的电子束、X射线等对食品进行辐照，杀灭食品中的微生物，达到延长保质期的效果。随着加速器设备的日益完善，电子束技术在贝类保鲜领域的应用也日益扩大。杨文鸽等用NBL1010电子直线加速器处理新鲜牡蛎，发现经1～9kGy电子束照射后，牡蛎的组织结构没有发生变化，且在冷藏条件下，5kGy 剂量的电子束照射后，牡蛎的保质期可以由原来的 3d 延长至 11d。用 NBL1020 电子直线加速器处理泥蚶，研究发现经 3～5kGy 照射处理后，泥蚶的货架期由对照组 5d 延长至 15～19d。尽管辐照技术可以杀灭贝类中的微生物，但辐照处理贝肉会伴随着自由基的形成导致脂肪和蛋白质的氧化，从而导致贝肉风味变化。因此，天然抗氧化剂与辐照技术结合可以在保鲜的同时防止营养物质的氧化。目前，天然抗氧化剂与辐照技术结合的复合保鲜技术已经应用于鱼类，这将为贝类产品的生物保鲜技术与辐照技术的结合提供参考，辐照技术与天然抗氧化剂的结合使用是贝类保鲜领域值得研究的一个内容。

9.2
贝类保活运输技术装备

9.2.1　基于底层冷海水的船载贝类保鲜系统

近年来，随着贝类底播增养殖技术的迅猛发展，捕捞运输量日益增大。在渔获物的运输过程中，海产品的新鲜度及成活率是保持其商品价值的关键。为减少水温波动对海产品转运过程中鲜活度的影响，开发中、小型渔船保鲜制冷装置，已成为船用制冷行业的一个重要研究课题。目前，近海捕鱼的中小型渔船一般是带冰作业，但带冰保鲜能力有限，短时间内细菌在密封鱼舱内快速繁殖，致使渔获物鲜度较快下降，不能达到较长的保鲜期。为了提高保鲜效果常采用如下方式：采用臭氧处理渔获物船舱保鲜，可以在较短时间内快速杀灭渔获物表面有害微生物，延长水产品保鲜期；渔船无冰保鲜技术，将渔获物清洗分类后装入依靠制冷机组降温的激冷水箱，并根据渔获物的温度情况喷淋冷海水，以防止渔获物干耗，试验表明每年可节省费用 16 万元；利用生物保鲜剂结合气调保鲜的方式处理南美白对虾（*Penaeus vannamei Boone*），可保持感官品质、减缓黑变速率，但该方法成本较高，且操作繁琐；柴油机余热驱动的渔轮吸附式制冰系统被用于渔船鱼品的冷藏保鲜，然而该设备体积大、耗材多、压降大、热传系数小、启动慢且回收效率低。本研究结合我国底播贝类养殖海域底层海水的温度及盐度等理化指标与捕贝作业船制冷保鲜方式的调研与分析后，提出一种节能高效保鲜技术——底层取冷海水保鲜技术，并进行实船改造试验。提取底层海水保鲜技术方案的提出，将为贝类保鲜向资源节约、环境友好的生产方式转变提供技术支持。

9.2.1.1 船载扇贝保鲜系统设计

（1）设计依据 夏季在黄海底层存在范围广阔的低温、高盐水体，即黄海冷水团，是巨大的绿色能源，但这一巨大的绿色能源目前还并未被实际应用。因此，如果能够充分利用自然界中稳定存在的冷水团绿色能源作为捕贝作业船的制冷源，将大幅节能减排，改善虾夷扇贝的活度及减少轮机员的作业时间。由于底层海水的理化指标更接近贝类生存环境，因此利用船载低温海水抽提系统将底层海水直接抽入活体保鲜舱内，冷存捕捞后的鲜活海产品，可使捕捞后的鲜活海产品在海上运输过程中更接近其在海底长期的生存环境，能够达到保持其鲜度和活度的目的。

（2）船载扇贝保鲜系统设计 船载扇贝保鲜系统主要由位于渔船中前部的扇贝活体保鲜舱和位于渔船前舱的底层冷海水抽提系统组成（图9-1）。保鲜舱舱壁设有隔热层，底层冷海水抽提系统主要由离心泵（ISG125-250）、取水管道（管材选用TPU塑筋增强螺旋软管）和起吊装置等组成，其中安装在捕捞船和运输船前舱的离心泵与前舱海底门之间的取水管路上配置三通阀及开关控制阀，以接塑筋螺旋软管，塑筋螺旋软管末端设置单向吸水阀及配重（根据塑筋螺旋软管的直径及海域情况设置）。进行海域底层冷水抽提作业时，利用船上吊杆将塑筋螺旋软管放入低温冷水层，关闭机舱海底门、前舱海底门和开关控制阀，开启开关

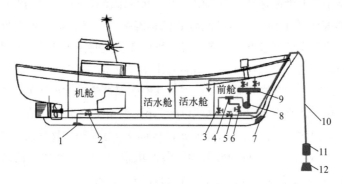

图9-1 底层冷海水船载扇贝保鲜系统结构示意图

1，7—海底门；2，3，5，6—阀门；4—三通阀；8—离心泵；9—分流箱；
10—塑筋螺旋软管；11—单向吸水阀；12—配重

控制阀和离心泵，此时塑筋螺旋软管末端的单向吸水阀将在负压的作用下自动打开，将低温冷水吸入分流箱内，开启分流箱与活体保鲜舱连接管路的控制阀，将低温冷水引入活体保鲜水舱中。取水完毕时由吊杆将塑筋螺旋软管吊回甲板并盘放在甲板上。

9.2.1.2 经济性分析

（1）节能效果分析 将 $1m^3$ 水体从 $20m$ 深处提升到海面，仅耗电 $0.2kW \cdot h$，而将 $1m^3$ 水体温度降低 $10℃$，却要耗电 $10kW \cdot h$。表层海水与制冷海水保鲜试验所用海水分别取自 10 个调研海域深 $-1m$ 表层海水，每次制冷海水所需时间约 $6h$，底层海水保鲜所用海水取自 $-25m$ 深海域，3 种保鲜方式每次抽取海水容积均为 $8m^3$。节能效果对比，如表9-1所示。

表9-1 节能效果对比

保鲜方式	制冷耗能/（kW·h）		抽取海水耗能/（kW·h）	保鲜总耗能/（kW·h）
	6、7月份15℃降至10℃	8、9月份22℃降至15℃		
抽取表层海水（-1m）	—	—	3.2	3.2
制冷海水（-1m）	800	1120	3.2	1923.2
提取底层海水（-25m）	—	—	80	80

注：试验历时4个月（120d），每3天试验1次，3种保鲜方式4个月各抽取海水约320m³，共计960m³。

由表9-1可知，捕贝作业船4个月抽取表层海水保鲜总耗能约为 $3.2kW \cdot h$，而抽取底层冷海水保鲜总耗能约为 $80kW \cdot h$，约为表层海水保鲜耗能的25倍，但表层海水保鲜效果较差，故要取得较好保鲜效果，需要采用制冷方法；而采用制冷表层海水4个月总耗能多达 $1923.2kW \cdot h$，约为海底取水保鲜耗能的24倍。因此采用抽取底层海水保鲜贝类不仅能够保证贝类鲜活度，而且实现了节能减排，符合绿色环保企业发展要求。

（2）改造费用分析 每艘渔船制冷机组技术改造投入资金6万元，安装及培训需资金3万元。而底层冷海水抽提系统改造费用包括TPU塑筋增强螺旋软管45m、离心泵（ISG125-250）、截止阀、吸水龙头、管卡及安装等费用，合计金额约1.5万/艘。由此可见，制冷机组改造费用约为底层冷海水抽提系统改造费用的6倍，因此底层海水抽取系统具有投资小、改造难度低等优势。

9.2.2 模拟生态保活技术

模拟保活是依据贝类的生存环境及习性，在保活运输装置中调节运输环境的水况、温度和盐度等条件，使其接近贝类的生存环境，从而模拟各种贝类的生长环境进行保活运输。魁蚶在近似静水中、饵料含量适宜、水温不超过28℃的近似生长环境的条件下生长良好，而在风浪大（水流波动大）、水温超过28℃的条件下容易死亡，且死亡率较高。贝类在模拟保活时需根据生长条件确定不同的运输环境，在运输过程中条件控制较复杂，运输成本较高。

中国鲍鱼主产地分布于北方的辽宁、山东半岛与南方的福建、广东沿海地区。近年来一种将北方鲍鱼冬季南迁、夏季北归，实现持续快速生长的"北鲍南养"技术被广泛应用。这种南北异地养殖模式不仅迁徙的鲍鱼数量巨大，路程较远，而且必须保证迁徙后的鲍鱼不死亡，并保持其原有良好生理状态，以便能继续养殖成长。目前中国"北鲍南养"技术采用模拟保活运输法进行南北迁徙，保活贮运容器采用食品级塑料或玻璃钢材质制作，在容器底部预先铺设缓冲垫或一层新鲜大叶海藻，随后将鲍鱼与海藻依次交替叠放其上，最后注入经过过滤的新鲜海水，鲍鱼与海水比例控制在1∶5左右。另配备循环式冷水机组调控维持水体温度，同时辅助空气泵或氧气罐向容器中的水体进行连续曝气充氧。运输时保活贮运容器采用封闭式集装箱卡车陆路运送或海路船运。从辽宁大连至福建宁德，单程运输30h后，鲍鱼仍能维持极高活性。

另据国外媒体报道，澳大利亚运输设备制造公司（Fish Pac Pty Ltd）使用全球唯一获批的由氧气维持的保活运输系统模拟澳洲青边鲍鱼生活环境，成功完成了活鲍鱼运输。该设备成功地以零死亡率将400～900 g规格澳鲍从澳大利亚墨尔本运到美国洛杉矶，将以前使用的任何运输设备所能实现的鲍鱼运输最低死亡率又进一步降低了30%。预计运输量可比采用原有设备提升20%。

9.2.3 低温保活技术

根据保活运输途中贝类是否处于离水状态可分为无水低温保活与有水低温保活。温度是贝类活体运输的重要影响因素之一，在保活过程中，随温度的上升贝类新陈代谢加快，其耗氧率和排氨量均增加，运输环境氧气含量下降加快，最终导致贝类因氧气不足而窒息死亡。而采用低温条件运输可降低贝类的活动能力、新陈代谢速率和氧气的消耗，同时可以避免应激反应，降低死亡率，提高保活效果，为水产活物的长距离运输提供了重要保障。双壳贝类的活体运输多采用低温运输，蛤仔在 1 ～ 1.7℃ 保藏 13d，存活率为 91%；泥蚶在 0℃ 条件下可保活 11d，存活率为 100%。但并不是温度越低越有利于贝类存活，过低的温度会造成贝体出现微冻结甚至完全冻结，加快贝类死亡。

9.2.3.1　有水低温保活技术

目前贝类加工企业常用的保活手段是有水低温保活，主要采用加冰的方式，相关装备主要是制冷设备和循环水装备，运输过程一般采用保活运输车和保活运输箱。但是活贝有水运输需要考虑运输距离、氧气和换水量等因素，对养殖水体要求严格、运输过程载运量小、废弃物处理困难，总体成本过高。其关键技术是在运输过程中良好的水质管理，及时检测水体的溶氧、pH、CO_2、氨氮等指标。在 15℃ 和 20℃ 时不利于文蛤的有水保活，而 5℃ 条件下的保活效果最好，第 11d 存活率仍可达到 95%。有研究通过模拟保活流通运输环境，结合保活流通过程控制技术，构建了贝类冷海水喷淋冰温保活系统，系统由预处理模块、梯度降温模块、喷淋模块、海水净化模块组成，具有保活时间长、节水、操作工艺简洁、自动化程度高等特点，适合大规模产业化应用。

国家贝类产业技术体系研究人员研制了现代化的高值贝类保活运输车，可实现保活运输过程中对水温、溶氧和水质等关键存活参数的精确控制。贝类保活运输车采用冷却海水喷淋的保活方式，海水采用梯度降温模式，该保活运输车具有制冷、循环水喷淋、增氧、杀菌和水质净化等功能。贝类保活运输车主要包含贝类装载区以及保活功能实现区。保活功能实现区包括智能控制系统、冷热调节子系统、雾化喷淋子系统、曝气增氧子系统、净化杀菌子系统、环境监测子系统和电力供应设备。

智能控制系统的主体为嵌入式工控机，其连接着智能数据采集器、无线数据传输模块、GPS 定位模块、驾驶室触控屏和智能控制系统触摸屏；冷热调节子系统可在制冷和制热间切换；雾化喷淋子系统用于保活流通过程中的环境控制，维持高值贝类保活所需的环境；曝气增氧子系统包括曝气装置和溶氧传感器，通过曝气装置向水箱内的水体曝气，溶氧传感器检测水体的溶氧量；净化杀菌子系统包括紫外杀菌装置、次氯酸消毒液装置、次氯酸浓度传感器和过滤装置；环境监测子系统主要由车厢内的气压传感器和温度传感器、湿度传感器和水槽内温度传感器组成，可实时监测车内环境。

利用高值贝类保活运输车开展了保活运输鲍鱼的试验，并与传统的保活运输车进行了存活率和经济性能比较。针对实际保活流通效果进行分析，相对于传统保活运输车，高值贝类保活运输车运输7d后，鲍鱼的平均存活率为96.57%，单次运输能力提高了63.6%，长途往返宁德和大连之间运输120t鲍鱼可减少运输次数21次，总费用降低了23%。此贝类保活运输车特别适用于运输量大、运输距离长的保活运输，经济效益较好。

9.2.3.2　无水低温保活技术

相对于有水运输，无水运输具有运载量上升、运输和贮藏成本降低、无运输废水污染等优势。无水运输为我国活体水产运输带来了一次技术革命，例如从烟台到济南利用无水运输技术，可将成本降低约30%。贝类无水低温保活技术主要是运用活贝在低温时的生态机能调节，低温使其呼吸功能减弱，消耗能量减弱，减少了新陈代谢，增加它们的存活时间。相比于冰块降温法以及常温无水法，文蛤采用4℃低温无水法保活效果最好，第7天文蛤的存活率达到78%，而在常温无水条件下，第2天文蛤的存活率就仅有49%，第3天几乎全部死亡。保活温度越高，菲律宾蛤仔死亡速度越快，低温保活能有效延长贝类的存活期，大大提高保活效果。而保存方式对菲律宾蛤仔的存活率也有较大的影响，相比于直接放入塑料筛篮、网袋，使用纱布保存的菲律宾蛤仔存活率最高，采用0℃冰箱和冰水混合保活9d时存活率仍为100%。对彩虹明樱蛤的无水低温保活研究表明，彩虹明樱蛤在1～3℃条件下保活效果最好，保活3d后的存活率为92%；放在塑料筐内的彩虹明樱蛤，堆放比平铺效果好；彩虹明樱蛤低温保活受湿度影响很大，在相对湿度100%条件下保活效果最好。

活贝无水低温保活技术成本较低、污染小，其温度控制是关键，往往需要一个相对稳定的冷源，国内运输车在大部分状况下都是运用冰块来制冷，其缺点是冰块耗量大、存储难。日本研制了一种无水喷雾保活装置，可在厢式运输车内形成低温高湿环境，促进水产品在低温下进入冬眠状态，降低新陈代谢水平，使其在离水条件下长时间维持生存。这种方法运输成本低、运输密度大、存活率高、节约用水、避免了环境污染，同时对人体无害，但由于处理能力不够，在国内企业应用比较少。

9.2.3.3　低温充氧运输技术

溶氧量是影响贝类存活率的重要因素之一，在高密度、长时间、远距离的保活运输过程中要保持充足的氧气供给，才能保证较高的存活率。在低温充氧保活运输时，水温较低，有利于提高氧气的溶解度。当贝类处于应激状态时，会加速氧气消耗，为保证贝类能够获得足够的氧气，需要连续向水中充氧。目前使用比较多的水体充氧方式是机械式增氧，如淋浴法、射流机增氧等；还可以通过在密封的装置中充氧实现短时间增氧。活体水产运输过程中在水中加入一定量的增氧剂可以快速提高水体含氧量。使用氧化钙作为增氧剂可以迅速增加水体局部区域的氧气，且维持的时间较长，并且残渣不会污染水体，可以在水产运输中广泛运用。近年来也出现了磁化增氧、分子筛制氧、超声波增氧、光催化产氧、电解水增氧等新兴增氧技术。一种新型的电解水增氧装置，可适用于不同规模的活体水产运输箱，在保证水产存活的条件下达到节能效果。目前常用的增氧技术主要有以下5种。

（1）曝气增氧技术　曝气是指利用机械搅动或充气等方法增加水与氧气接触，从而增加溶氧或散出水中溶解性气体和挥发性物质的过程。曝气增氧技术是使用鼓风机通过扩散装置将空气或者纯氧打散成气泡从而将氧气快速地溶解在水中。传统的曝气增氧产生的气泡较大，氧气分子的传质效率比较低，造成了能量的大量浪费，目前增氧效率比较高的曝气方式是微孔曝气增氧，这种增氧技术能够使增氧气泡更加均匀高效的溶解在水中，传质效率高且安全环保。微孔曝气增氧机的增氧能力与曝气流量和曝气管的长度、形状有关，并随着配套机型的功率和曝气管的长度、布置深度增加而增加。微孔曝气增氧不仅可以增加水体的溶氧，还能改善水质，减少水质改良剂，降低生产成本。曝气增氧在应用上优势明显，但是鼓风机的能耗较大，且曝气管中的微孔容易发生堵塞，如果采用纯氧进行增氧，纯氧瓶需要照看维护，以免发生危险。

（2）循环水淋浴增氧技术　循环水淋浴增氧技术是使用循环水泵将装有活体水产的装置中的水喷射到空气中，并且水体在空中分散成液滴，增加与空气的接触面积，使空气中的氧气能够更多、更高效地溶解在水中，之后水回到运输装置中，完成一个周期的水体增氧，循环往复，不断给装置的水体进行增氧。

（3）叶轮式增氧技术　叶轮式增氧技术是采用机械方式给水体增加氧气，叶轮通过电机的带动在水面上旋转，叶轮搅动水面产生水花，增加空气与水之间的接触面积，扩大水中氧气的浓度梯度，增加水中氧气的扩散速率，同时叶轮式增氧机可以实现底层水与表层水进行水体交换，从而可以对底层水进行增氧。微孔曝气式的增氧与叶轮式增氧机相比效率、性价比更高，但是叶轮式增氧速度更快，因此常用于应急设备。叶轮式增氧适用于大规模的活体水产运输，但是叶轮转动耗能较大，旋转的叶片容易刮伤活体水产，产生的巨大噪声会使活体水产出现应激反应，增加活体水产的运动量，大量消耗活体水产的能量。

（4）密封充氧技术　密封充氧技术是指按相应比例将贝类、水、氧气放入装有水的密封装置中，然后在装置中充入氧气，氧气在密封装置中缓慢溶解在水体中。密封充氧装置用得比较多的是尼龙袋和橡胶袋，并且最常用的是厚度为0.1mm的双层塑料尼龙袋。尼龙袋密封充氧操作简单，成本较低，但是一次性充氧所能维持的运输距离较短，若要长途运输，需要携带氧气瓶或者携带备用尼龙袋，且途中需要注意检查密封袋是否破损，给活体贝类运输造成一定的运输风险。

（5）化学剂增氧技术　增氧剂是一种能够与水发生反应产生氧气的化学物质，试验证明一些过氧化物或者超氧化物具有这样的化学特性，常见的增氧剂按照形态可以分为液体剂、粉剂和颗粒剂三种；按照生效时间可以分为速效剂和缓释剂两种类型，尽管品种多样，但是大多的成分主要是双氧水或者过碳酸钠。增氧剂多用于缺氧快速急救，其短时间内快速增氧效果显著，但是有些化学反应物会影响水质，可能会对活体水产的生理造成一定的影响，所以一般在没有增氧设备情况下使用，且不适用于长距离活体水产运输。

9.2.4　无水生态冰温保活技术

在无水低温保活过程中逐渐提出了生态冰温技术。贝类存在一个区分生死的临界温度，即生态冰温零点，当环境温度下降到贝类的生态冰温时，呼吸和代谢下降到最低点，使贝类处于休眠状态，延长其存活时间，为活体运输和销售提供条件。从生态冰温零度到冻结点这段温度范围为生态冰温区，无水生态冰温保活法是控制运输温度维持在生态冰温范围内的保活运输方法。表9-2列出了部分贝类的临界温度和冻结点。

冰温是介于冷冻和冷藏之间的生命可存活空间，冰温技术不仅可以有效抑制腐败微生物的生长，延长水产品贮藏期，还能避免因冻结而导致的蛋白质变性和干耗等一系列质构劣化现象，该技术具有安全、高效、成本低、无污染等优势。

表9-2　部分贝类的临界温度和冻结点

种类	鲍鱼	半边蚶	大獭蛤	扇贝	魁蚶	青蛤
临界温度 /℃	0	5～7	1.9～5	−0.5～1	−1～0	−2～0
冻结点 /℃	−1.5	−2.0	−1.9	−2.2	−2.3	−2.0

生态冰温零点受品种、肌肉含水量、季节、生长环境的影响，把生态冰温零点降低或接近冰点是活体长时间保存的关键。具体操作：根据种类、生活环境的不同分类暂养；确定生态温度区，依照此温度，梯度缓慢降温诱导其进入深度休眠；将贝类捕捞后充氧包装、运输；到达目的地后梯度升温唤醒，然后暂养销售。

在进行生态冰温运输前，将贝类根据种类、生活环境进行分类暂养，确定各种贝类的生态冰温区。临界温度到冻结点这段温度范围为生态冰温区，实验测定鱼贝类的生态冰点时常采用冻结曲线法，通过绘制冻结曲线得到鱼贝类的初始冻结点。鱼贝类的组织温度一旦达到冻结点（即组织结冰），将严重影响存活率。

确定生态冰温后，应采用适当的梯度降温，以使贝类缓慢进入呼吸和新陈代谢极低的休眠状态。不耐寒的贝类可经过"冷驯化"降温至临界温度，即将水温降低至贝类临界温度，通过梯度降温的方式缓慢降温，并在此温度范围内停食暂养，待其适应暂养环境后再将临界温度降至接近活贝的结冰点，经过低温驯化的贝类可在比原临界温度低的温度下保持冬眠状态继续存活。降温梯度一般不超过 5 ℃/h，降温速度过快会导致鱼贝类细胞功能紊乱，细胞会自动启动防御机制以保持组织细胞的生存状态，采用缓慢梯度降温法，可减少贝类的低温应激。

在运输过程中应采用封闭控温方法，并保持容器内的湿度和适当氧气，使活体处于半休眠或者完全休眠状态。对于无水运输，包装内部首先要具备适当的湿度，保证休眠状态下的鱼贝类正常的体表状态；其次，在无水状态下，包装内充入纯氧可以保证水产动物进行正常的呼吸代谢，延长存活时间，充氧量根据包装密度决定。包装内如果缺少氧气和水分，贝类机体将因为缺少能量和水分而导致功能障碍，甚至不可逆损伤，最终促使贝类死亡。

运输箱内部环境情况主要是温度控制，以及减少运输中的实际震动等。运输箱具有保温控温功能，箱内温度以运输产品的生态冰温为准，箱内配有控温设施，温度波动以小于1℃为宜。包装内应考虑湿度控制，充入纯氧后密封。在运输箱内部结构设计与布置时应使用减震材料，以降低贝类损伤或死亡。为及时掌控运输箱内的环境变化，维持箱内环境"持恒状态"，应用运输箱环境调控机制，实现对贝类长途运输的智能化监控与管理，避免因设备故障引起鱼贝类品质变化。实际应用中，有独立运输箱和一体式运输箱两种模式。前者可用于以飞机、火车为交通工具的远距离、长途运输；后者即交通工具（货车）和运输箱一体化，适用于短程陆路货运。

"唤醒"是指将运至目的地并还处于休眠状态下的贝类转入水温为生态冰温

范围的暂养池内，通过梯度升温方式使贝类苏醒。这一过程的关键点在于暂养池内的初始水温与梯度升温速率。初始水温设置应与运输温度相同，若初始水温与运输温度差别较大，易导致活贝温度不适，唤醒率降低，直接降低复活率。升温速率需根据鱼贝的品类不同而适当调控，可参考梯度降温时的速率。已有的研究多数侧重于诱导鱼贝类进入休眠状态的降温环节，而对运输后的唤醒环节表述不多。笔者认为此项步骤是鱼贝类运输过程中最危险的步骤，鱼贝类经过上述降温、包装、运输过程中的应激，体内能量不足，免疫系统紊乱，适应环境能力差，将此时的鱼贝类放入与之前运输箱内环境差异较大的地方，往往会导致鱼贝类的大量死亡。

在鲍鱼保活研究方面，有研究在确定鲍鱼保活运输过程中环境温度、海水水温、海水溶氧、鲍鱼到达目的地前的适应性苏醒时间、循环水系统灭菌与过滤调控等主要环境调控内容的基础上，应用工控技术、无线传感技术、嵌入式计算技术、分布式信息处理技术及无线通信网络技术于一体的无线传感器网络，构建了集数字化、网络化、智能化于一体的鲍鱼保活运输实时动态监测系统，实现对保活运输中环境检测指标（溶解氧、水温、pH等）的实时监测，并集成了保活运输车。运输车采用具有多种制冷模式和热泵制热模式的冷热供给系统，能将鲍鱼在运输途中采用多种模式保活，GPS定位模块保证接近运输目的地后进行逐步唤醒，对鲍鱼的整个运输过程都进行了保活控制。GPS定位模块和无线数据传输模块能实现对保活运输系统的远程控制，报警或发生意外后能进行远程控制或重启系统，且能实时规划最有利的运输行车路线。采用此运输车进行鲍鱼保活运输，可显著提高鲍鱼的存活率，降低运输成本，大大提高保活运输的经济效益，保活运输时间可达30小时以上，鲍鱼成活率95%以上，节水50%以上。

低温保活与生态冰温保活都是通过控制运输环境维持低温状态的保活技术。两者的区别在于生态冰温保活法需将温度调至贝类的冰温状态，使贝类进入深度休眠；低温保活是将温度根据不同贝类的生活习性降低至一定区间，此温度区间通常高于生态冰温，使贝类进入休眠或者半休眠状态。该方法成本较低，无污染，所需设备是一个温度较恒定的冷源，在保活技术中发挥了巨大作用。

9.2.5　化学保活技术

化学方法保活借助各种化学药物的麻醉作用或高渗透压作用使贝类处于麻醉或休眠状态，达到延长存活时间的目的，包括麻醉法和盐溶液法。用于水产品的麻醉剂主要有间氨基苯甲酸乙酯甲磺酸盐（MS-222）、三氯乙醛、丁香酚、乙醚、苯佐卡、CO_2、巴比妥钠和磺酸间氨基苯甲酸乙酯等。这些物质可抑制中枢神经，使水产动物失去反射功能，从而降低呼吸强度和代谢强度，避免过度的应激反应导致外部损伤，提高存活率。保活运输过程中使用麻醉剂可大幅提高存活率，且运输成本低，经济效益高。无水保活运输时使用化学药剂麻醉具有一定的危险性，因此常用一定浓度 CO_2 作为麻醉剂来进行麻醉。化学麻醉剂的作用效果主要取决于水产品的种类、个体大小，所用麻醉剂的品种、用量、操作方法以及温度等。鱼类的麻醉已相对成熟，麻醉剂种类也比较繁多，而贝类的麻醉研究与应用较少。贝类产品活动量较小，不能及时将化学麻醉药剂通过生理反应代谢排出，易造成体内残留或对贝类有促死作用，引起食品安全问题，因此贝类保活中较少运用麻醉保活的方法。另外，也可以将水产动物贮藏于盐溶液中，通过盐的高渗透性使水产品处于休眠状态，从而减少新陈代谢，延长存活时间。

9.2.6　冷链物流技术

水产品冷链物流技术以水产品加工工艺为基础，以人工制冷技术为手段，以生产流通为衔接，通过在物流技术中进行温度控制，实现水产品全程处于规定的低温环境，以保证产品的质量，减少损失。近年来我国的水产品冷链物流形成了依托公路、铁路、机场、水运等交通网络和各类运输工具（冷藏汽车、冷藏集装箱），以生产性、分配性水产冷库为主，加工基地船、渔业作业船为辅的冷藏链。与欧美发达国家相比，我国水产品冷链物流的建设亟须通过人工智能技术和信息技术进行跟踪和动态监控，确保物流信息快速可靠传递和有效应用，推动水产品冷链物流的快速发展。

实现温度实时监测既是食品（冷冻水产品）安全监管的要求，也是冷链物流技术发展的要求，更是保证食品质量安全的关键。

食品安全监管要求。实时监测和记录产品温度是食品安全的重要一环。根据危害分析和关键控制点（HAC-CP）的要求，必须对食品运输过程中的温度变化进行严格检查。冷链运输过程中对温度变化进行实时监测和预警，可以减少食品变质损耗；有了明确的温度记录，可以确定食品环境温度是否超标，减少因估测而造成的不必要损失。

物流技术发展的要求。传统的温度管理方式是在冷藏运输工具和仓库安装温度计，当一次运输过程结束后，通过人工将温度计与电脑进行物理连接，把温度数据导入电脑中以备查询。随着物流技术的进步，对温度监测技术提出了更高的要求，传统的温度采集方式已不能满足快速物流的需要，无线传感器网络（WSN）技术以快速、便捷、无线传输的温度采集优势受到一致好评。

食品质量安全的关键。温度的控制是保证食品安全、延长货架期的关键。微生物的生命活动和酶的催化作用，都需要在一定的温度下才能进行。如果降低贮藏温度，微生物的生长、繁殖就会减慢，酶的活性也会减弱，就可以有效地保证食品在流通中的安全和品质。

9.2.6.1　无线传感器网络

先进的食品冷链物流技术可以有效地促进食品冷链物流业的发展。条形码技术的应用对水产品从生产源头到消费市场实施精细化管理，全程记录下生产、加工、流通各个环节的质量安全信息，使水产品质量有了较强的可追溯性。但是这种方法缺乏时效性，不能对冷链物流中的温度进行有效监控，易造成不必要的损失。无线传感器网络（WSN）技术的应用很好地解决了这些问题。无线传感器网络就是由部署在监测区域内大量的廉价微型传感器节点组成，通过无线通信方式形成一个自组织网络系统。其目的是协作地感知、采集和处理网络覆盖区域中被感知对象的信息，并发送给观察者。国内外学者对WSN在冷链物流中的应用做了大量的研究。西班牙开发了应用于食品冷链和追溯系统的射频识别技术（RFID）智能标签监控系统，可监控温度、湿度和光照度等指标，并通过生鲜鱼类的洲际物流供应链进行了系统验证。法国图鲁兹大学研究人员提出了一种基于WSN的自组织低能耗冷链温度控制系统，该系统采用对等结构并且不需要基站的支持。目前，国外冷链物流信息化发展较国内领先，射频识别（RFID）技术实现较多。国内学者也开发了基于RFID的冷链物流温度监控系统，利用RFID标签、温度传感器和GPS技术，实现冷链物流过程中温度监控和实时定位。RFID传感器通过射频信号自动识别标签并获取数据，而且识别过程中无须人工干预，可适用于各种恶劣的工作环境。冷藏集装箱（冷藏车）内部参数监控的无线传感器网络，可通过智能终端与无线移动网络和因特网的无缝连接，将数据传输到指定数据服务器。无线传感器网络采用星型拓扑结构，通过软件设置在需要时唤醒无线传感器网络节点。实际应用表明，该系统工作性能稳定，在数据采集和传输等方面均达到了设计要求。可以看出，目前RFID在食品冷链领域应用主要有冷藏车实时定位、追溯食品的来源、产品温度记录、仓储与运输管理等。而基于WSN的监控系统正越来越多地出现，说明无线传感网络在冷链物流上的应用是一种趋势。WSN 温度采集技术以其独特的优势越来越受到青睐，基于 WSN 技术开发冷链物流温度监测系统已变得切实可行。

9.2.6.2　温度监控

冷链物流依赖于对冷链的进一步有效管理，它是一系列相互依存的作业，在采购、生产、运输、储存、销售、售后等过程中，加强控制以保持冷链物流中的安全和质量是非常重要的。加强对整个冷链物流系统的控制必须确定控制的关键点，而温度就是最易把握控制的关键点，对于温度的监测控制是冷链物流的安全和质量的关键所在。具体来讲，水产品冷链物流中最重要的是保持低温条件，但现实中由于受许多客观因素的影响，很难把温度保持在低温条件下，并且同一冷藏车内的不同位置，其温度也不相同，这就造成了冷链运输过程中产品品质的差异。因此，如何在冷链物流车中对温度进行实时准确的监控成为研究的重点。如何使用 RFID 标签分析局部差异、观察温度梯度、确定保证冷藏车中温度数据准确的最少传感器数量。通过布置多个温度传感器监测冷链条件下运输车内温度曲线，分析冷藏车内温度变化，并且应用克里金插值法确定了监控车内温度最小的传感器数量和温度梯度差异。由于装载的货物抵消了电磁波的反射，因此在狭窄的密闭环境中很难通过接收信号的强度指标进行直接定位，为了测量精确的距离，应用了空间动态 RSSI-filtering 算法，在加载过程中补偿电磁波的反射效果。为了解决超声波传感器在运输车中的距离测量误差，应用超声波传感器和时间差异（TdoA）算法对系统进行测试并且矫正了距离差，然后通过多阶段滤波来提高测量的稳定性。基于 C8051F040 单片机、GPS 定位、GPRS 无线传输及 RFID 识别技术的物流车辆监控终端装置，GPS 和 RFID 技术的综合应用可以实现车辆定位、车辆控制、货物在途温度监测等功能。大量研究表明，通过传感器在冷藏车中的合理优化布局，能够降低布设的传感器数量以降低成本，也能提高信息传输的准确性，从而准确监控整个冷藏车中的温度情况。

9.2.6.3　品质变化建模

冷链物流过程中温度的变化，对产品的品质会产生很大的影响。实际冷链过程中对商品整个货架期中的一些关键参数进行监控和记录，通过时间温度积累效应指示食品的温度变化过程和剩余货架期信息。例如，电子式时间—温度指示器（TTI）主要用于反映冷藏或冷冻时对储藏温度敏感的食品的温度变化过程，同时也可以反映食品的剩余货架期，以便控制食品的销售。水产品化学成分的变化与温度之间存在着密切的联系，可以通过实验的方式确定不同温度下水产品体内蛋白质、氨基酸、脂肪等成分的变化速率，从而确定水产品在不同温度下的货架期。利用酵母菌发酵产气特性，开发生物传感器以检测冷链过程中是否经历过不适宜的温度，研究发现该传感器能够很好地预测冷链过程中是否经历不同温度。通过测定不同温度条件下虾中的挥发性盐基氮（TVB-N）和三甲胺（TMA）的含量，利用Arrhenius式建立货架期模型，在实际冷链中用来预测货架期。国内外学者通过分析水产品中温度的变化对水产品成分或微生物的影响，建立了基于温度变化的货架期预测模型，预测产品的货架期。这些方法都是从以前的实验方法借鉴过来的，构建了快速的水产品品质预测模型和方法，符合冷链物流快速发展的需求。

9.3
滩涂贝类运输中的品质变化及影响因素

9.3.1　贝类运输中的品质变化

贝类在运输过程中，由于受环境变化和外界刺激等影响，会引起应激反应等一系列变化，由此引起部分机能和代谢的改变。运输过程会致使其机体发生生理变化，生理平衡被破坏，引起机体内成分含量异常，导致贝类呼吸频率增加，大量消耗糖原、粗脂肪等能源物质，造成营养物质和呈味物质的流失，以及非愉悦性物质的产生，最终导致贝类风味和口感的劣变。

当贝类失活后，在开始阶段，肝糖原无氧降解生成肌酸，肌磷酸也分解成磷酸。肌肉变成酸性，pH值下降，同时肌肉中的ATP分解释放出能量而使体温上升，这样将导致蛋白质酸性凝固和肌肉收缩，使肌肉失去伸展性而变硬。接着，在ATP分解完后，肌肉又逐渐软化而解硬，并进入自溶作用阶段，蛋白质分解成一系列的中间产物及氨基酸和可溶性含氮物，而失去原有弹性，而又由于多酚氧化酶（PO）的作用生成黑色素物质，出现黑斑。包括腐败微生物在内的各种微生物会通过甲壳、胃、肠腺进入肌肉组织，在自溶后期，微生物在体内迅速繁殖，将肌肉组织中的蛋白质、氨基酸以及其他含氮物进一步分解成NH_3、三甲胺、硫化氢、硫醇、吲哚、尸胺以及组胺等，使水产品不堪食用。

9.3.1.1　外部物理损伤

受到激烈的外界刺激时，会引发贝类躁动不安、开合外壳呼吸频率增加，产生逃避行为，逃避行为造成贝类之间发生碰撞，外壳具有刺突的贝类相互之间刺伤贝肉，产生机械外伤；不同的贝类外壳硬度不同，负荷重量范围不同，在运输过程中，为提高运输效率，超密度运输的情况时有发生。贝类堆积严重时，外壳较薄的贝类不能负担超负荷堆积重量，造成堆积底部的贝类外壳破碎、压迫机体，甚至导致贝类挤压死亡。

9.3.1.2　内部生化反应

捕获后的贝类在储存过程中其体内进行着一系列的物理、化学和生理上的变化，如水分干耗、糖原和 ATP 的消耗、脂质和蛋白质的降解、风味物质和维生素的化学变化。由于自身各种酶及微生物的作用蛋白质被分解产生各种游离氨基酸和胺类物质从而导致鲜度下降，这些指标的变化也可以在一定程度上反映贝类离水后的鲜度变化。

机械刺激会导致贝类呼吸速率以及血糖发生变化。糖原是许多组织能量代谢的必需能源，对维持贝类正常生命活动有重要的作用，在保活运输期间，由于贝类停止摄食，需要分解糖原为机体提供能量，因此糖原的变化情况是反映贝类生理状态的重要指标。有水保活运输和无水保活运输对贝类引起的应激反应程度不同，对糖原含量变化的影响也不同。虾夷扇贝在有水保活运输中，扇贝的糖原消耗量高于无水保活运输，其原因是有水运输过程中，外界运输环境的复杂多变性容易造成急性的颠簸震动刺激，引起贝类的急性应激，进而贝类逃避行为产生的运动量需要大量的能源维持，此时糖原被大量消耗；无水运输能够避免运输中水体的晃动，降低应激反应造成的糖原消耗。

乳酸是机体无氧代谢的产物，同时可作为肝脏中合成葡萄糖和糖原的底物。应激后有氧呼吸能量供应不足而肌肉的无氧代谢增强是导致血浆乳酸浓度升高的主要原因。大多数水产品力竭性运动后的典型特征是乳酸浓度迅速上升到达峰值，乳酸峰值水平是衡量无氧代谢能力的重要指标。贝类保活流通过程中，作为贝类无氧呼吸的产物，乳酸含量初期呈现先急剧上升而后缓慢下降的趋势，主要是因为进入低温无水保活环境初期需要适应低温环境，相对较大的温差，导致无氧呼吸加强，产生大量乳酸。贮藏时，贝类的排泄系统受阻，也会导致乳酸的大量堆积。保活后期随着新陈代谢的减弱，能量消耗减小，无氧呼吸同时降低，乳酸含量有所下降。

随着保活时间的延长，粗脂肪含量呈逐渐下降趋势。贝类在保活过程中，维持正常的生命体征需要不断的能量供应，而在运输环境中贝类无法摄食，在糖原物质被消耗后，脂肪作为储备能量物质被消耗，进一步影响贝类的感官品质。

鲜活贝类的肌肉、内脏和体液都是无菌的，但因为贝类的滤食特性，当皮肤、鳃等部位与海水直接接触，捕获前附着于体表的水中细菌、渔获后空气中的细菌、搬运时与手及器具接触时感染的细菌等，导致捕获后的贝类身上带有多种微生物。贝类离水后在不同温度条件下其细菌总数都呈增加的趋势，环境温度越低细菌总数上升的趋势越缓和。贝类进入低温环境一段时间后，体内细菌新陈代谢速度下降，开始出现停止生长，而随着低温保存时间的增加，一些不适应低温条件的细菌受到抑制，甚至出现死亡，因此检测结果中菌落总数变化不大。此后，存在于贝类中的嗜冷菌大量繁殖，一些较强势的常温菌在适宜低温环境时也开始繁殖，导致贝类的菌落总数在保活后期出现显著上升趋势。贝类在冷藏过程各个温度条件下的样本，其细菌总数都呈增加的趋势，且贮藏温度越低细菌总数上升的趋势越缓和。引起贝类品质变化的细菌，如李斯特菌、沙门氏菌、肠类弧菌等，这些细菌都是37℃左右为最适温度的中温性细菌，多数在10℃以下不能繁殖，低温可以限制损害贝类品质的细菌生长。

9.3.2 引起品质变化的主要因素

胁迫因子是指任何能对生物体的生存或内稳态造成威胁的刺激。胁迫因子在破坏生物体内稳态的同时会激发生物体调节自身的生理和行为反应以适应或克服这种刺激，在这种重建自身内部平衡的过程中称为胁迫反应，胁迫反应增加了生物存活的机会，但对生物体的生存状态、生殖生长均有不同程度的影响。在实际流通过程中贝类一般会受到多个胁迫因子的作用，如短暂的露空和机械胁迫，但是对贝类影响最大的胁迫因子是温度和氧气含量，低温和持续通氧气也是实际市场贝类活品流通过程中主要控制因素。在进行流通期间的扇贝生存状态考察时，要综合考虑贝龄、生殖周期、生理状态、流通环境等多方面因素，在上述条件一致的情况下进行感官、生理生化、微生物等方面的考量。

9.3.2.1 机械胁迫

运输工具以及路况的复杂性造成的震动、摔落、碰撞、堆积等机械胁迫是贝类运输过程中常见的应激源。机械胁迫一般不会直接造成贝类的死亡，其对贝类的危害主要在于刺激机体产生应激反应，导致能源物质大量消耗和有害代谢产物积累。在这些机械胁迫的作用下，一方面会导致神经内分泌活动的变化，影响生理、生化和免疫反应的变化，刺激贝类产生逃避行为，大量消耗糖原等能源物质。另一方面可能会对贝类造成壳体破碎等器质性损伤，甚至导致死亡。因此，为了保持贝类在流通过程中的高品质和高存活率，尽可能减少前处理、贮藏和运输过程中的机械胁迫是非常必要的。

9.3.2.2　温度胁迫

温度会对生物机体中生化反应过程代谢能力以及生物体中某些生物大分子的活力产生影响。贝类不是恒温动物，故生理活动会因温度的变化发生明显改变，温度胁迫是影响贝类正常生理机能的主要因素之一。温度不仅影响贝类滤水率，同时也对贝类耗氧率和排氨率有着重要的影响。在合适的温度范围内，贝类代谢率将随温度的升高而升高，超出合适温度范围则出现生理功能紊乱甚至死亡。温度为35℃时，48h文蛤死亡率为51.16%，72h死亡率达到97.03%。一般认为温度升高，贝类器官活动会增强，且体内酶活性会升高，这两个因素都增加了贝类体内代谢水平，表现出耗氧率和排氨率的升高。温度过高或过低，会导致贝类血细胞存活率和吞噬能力下降，而呼吸爆发等细胞功能的增强，最终会降低贝类抵抗病原的能力。除温度本身变化之外，水温变化还会引起盐度、水中氧含量等其他环境因子的变化。

对于变温动物来说，低温对其生理代谢、免疫反应和死亡有减缓作用。通过降低水体和贝类机体的温度，可以达到缓解运输应激的目的。贝类的新陈代谢速率和耗氧量在低温环境下显著降低，从而抑制了氨类物质、二氧化碳等代谢产物的生成，并且低温环境下贝类进入休眠或者半休眠状态，活动量较少，可减少碰撞和摩擦，避免激烈应激反应的产生。当贝类所处的环境温度产生较大梯度的温度骤降时，将会引起贝类的温度应激反应，为了适应环境温度的变化，维持机体温度的正常水平，贝类短时间内将进行大量的产能活动，大量消耗糖原等储能物质，造成营养和呈味物质损失，影响贝类的口感。此外，并不是温度越低越有利于贝类的保藏和运输，在温度低于1℃时蛤仔会因不能保持贝壳紧闭，而导致水分流失死亡。在运输和保藏过程中，尤其在干运或干藏条件下，保持相对较低的环境温度（2～10℃）有利于贝类保持较高的活力；在湿藏条件下，较低的环境温度有利于贝类活力的恢复。

9.3.2.3 氨氮胁迫

在运输环节中,水体中的氨氮是主要的环境胁迫因子,主要来源于贝类的排泄物。运输水体中的氨氮主要以非离子氨(或称游离氨NH_3)和离子氨(NH_4^+)的形式存在,两者的存在受水体pH、温度、溶解氧等因素影响。氨的毒性主要来源于非离子氨,离子氨无毒或毒性很小。非离子氨不带电荷,半径小,更易透过脂质性生物膜的疏水性微孔进入生物体内,造成生物体氨中毒。水体在运输过程中,由于排泄物不能及时清除,氨氮持续累积,含量逐渐升高。高浓度的氨氮胁迫会破坏渗透平衡,引起组织器官病变,降低机体免疫力,严重时可造成机体衰竭而死。

9.3.2.4 干露胁迫

水生动物一生基本生活在水中,但短时间内离开水并不会对生物机体产生致命影响。贝类自采捕离水开始频繁经历无水环境,不同贝类对无水条件耐受程度也存在较大差异。虾夷扇贝干露超过24h后其生理状态快速恶化进而导致死亡,但4℃条件下短期(24h内)无水贮藏处置后复水,扇贝仍具有较好的恢复能力。菲律宾蛤仔在4℃条件下干露24h,复水后生理状态几乎能完全恢复。而牡蛎具有更强的抗干露能力,4℃条件下无水贮藏后的半数致死时间为47.8d。

贝类完全离水干运,受到低氧、pH和盐度等胁迫因子间的联合作用,对贝类的危害性增大,引发的机体应激反应更为复杂。干露胁迫能够影响贝类的多种生理过程,给贝类造成严重生理压力,包括缺水、缺氧和饥饿。贝类在干露胁迫下会将能量供应模式转变为无氧代谢,以减少耗氧量。干露还会导致乳酸、章鱼碱、丙酮酸等厌氧代谢产物积累,最终影响贝类的活力,甚至导致死亡。贝类在运输过程中的存活的能力与贝龄、生理状态以及运输前后的环境条件有关,贝类在运输后恢复力会随运输时间的延长而降低,如果能够合理控制干露条件,是可以保证存活率的。滩涂贝类在自然状态下不会离水生活,应当尽量避免干露操作。若无法避免,应选择短时低温干露,以最大限度保持贝类的生理状态。明确不同贝类干露耐受能力和生化代谢变化机理,对贝类捕后无水贮藏工艺的设定至关重要。

9.3.2.5 盐度胁迫

海水养殖贝类都属于变渗透压动物,当海水盐度发生变化时,贝类可通过自身能量代谢，以及调节离子浓度和组成做出应激反应，以避免造成机体损伤。渗透调节是一个复杂的生理过程，它允许贝类在自然栖息地的不同盐度下生存。当贝类体内体液的渗透压与外界环境的渗透压相等时，调节渗透压所消耗的能量最少，能量转换效率最高，可获得最大的生长速度。在盐度超过贝类最适盐度后，贝类会出现闭壳现象以隔离器官与海水的接触，不能完全闭壳的贝类受盐度的变化影响更敏感。当闭壳现象出现后，耗氧率明显降低。但是随着时间延长，低盐或高盐胁迫将对贝类造成死亡。众多研究者表明，盐度的变化不仅影响贝类的滤水率，而且对贝类的呼吸代谢也具有显著影响。盐度对贝类耗氧率和排氨率的影响呈现峰值变化，即先升高后急剧下降。不同的是不同种的贝类在到达最大耗氧率和排氨率时的盐度不同，且幼贝较成贝具有更显著的变化，这可能与物种间的机体适应性有关。

9.3.3　保持运输中贝类品质的主要措施

9.3.3.1　严格挑选活贝

运输的鲜活贝类必须经过严格挑选，要求体格健壮，身体无病、无伤。因为带病带伤的鲜活贝类经不起运输刺激，极易造成死亡，因此运输之前，该类水产品一定要剔除。运输之前要停喂 1 ～ 2 天，以减少其在途中排泄，提高成活率。鲜活贝类在下网、起鱼、过数、装袋、进箱、搬移等一系列操作中应力求动作轻快，以减少鲜活水产品机械性损伤，提高鲜活水产品运输的成活率。

9.3.3.2　活贝运输前暂养

暂养工艺可将采捕于天然水域或人工养殖中的水产生物转移到人工条件下进行停饵驯化保活，避免运输过程中排泄物对运输生存环境造成污染，驯化过程能使水产生物降低新陈代谢，逐渐适应低温运输环境，避免其发生应激反应。驯化过程作为水产品运输前的必要环节，直接影响运输时间长短。近年来随着生态冰温的研究，往往通过暂养进行梯度降温以减少贝类无水运输的应激反应。

9.3.3.3　运输前冷却与运输温度的控制

低温运输前要进行梯度低温驯化，不适当的低温驯化会造成贝类死亡。随着保活时间的延长，糖原含量的下降会降低贝类的感官品质，采用低温无水保活工艺，可以在延长贝类存活期的同时，降低糖原的损耗，使营养损失最低，是目前贝类保活的良好方法。贝类运输过程中，温度过低易造成贝类部分冻结甚至死亡；温度过高时，贝类活动强，新陈代谢加快，排泄物增多，易使腐败作用加快恶化水质，损耗增加。夏季贝类新陈代谢加快，应采取降温措施，例如放置冰袋，也可安排凌晨或者夜间运输，避开高温；冬季过冷时也不适宜运输，运输时间最好安排在白天，以防冻伤或者冻死，以提高运输成活率。

9.3.3.4 药物缓解调节

利用药物缓解运输应激反应是运输过程中广泛采用的有效手段。常用的药物主要有免疫增强剂类、麻醉以及镇静药物等。水产免疫增强剂有五类，分别是人工合成免疫增强剂、维生素类、动植物提取物类、微生物类及微量元素类。这几类免疫增强剂主要是添加到饲料中，鱼贝摄食后在机体内发挥作用，增强鱼贝类的抗应激能力。在饲料中添加维生素C能显著提高牙鲆仔鱼高温应激后存活率，增强鱼体抵抗运输应激的能力。除此之外，饲料中添加动植物提取物、微生物和微量元素等都可以增强抗应激胁迫能力。麻醉以及镇静药物主要有MS 222、丁香酚、苯唑卡因等，主要用于大型鱼类的麻醉，其中以MS 222应用最为广泛。麻醉、镇静类药物主要是降低代谢水平和对应激的敏感度，在运输、疾病治疗、科研方面应用广泛，以缓解操作刺激引起的应激反应，减小对机体的损伤。在贝类的保活运输中，使用麻醉镇定药物时，不易确定麻醉剂的使用浓度以及贝类在某一浓度下是否已被麻醉，或者已被高浓度的麻醉剂麻醉过度导致死亡；而且此类药物使用后，往往需要一定休药期以排出体内残留药物。由于贝类活动量较少，药剂代谢缓慢，此类药物在贝类商业运输中运用较少。

9.3.3.5 低温保活

温度是影响水产品正常生理机能的重要因素之一。低温运输是指通过降低水体和贝类温度以达到缓解运输应激的目的，因为低温环境下鱼体的新陈代谢速率和耗氧量显著降低，从而抑制了氨氮、二氧化碳等代谢产物的生成和微生物的生长，并且低温环境下贝类活动量减少，减少碰撞和摩擦，避免疾病感染和应激反应的产生。低温环境可以在一定程度上降低机体的应激敏感度。低温运输前要进行梯度低温驯化，不适当的低温驯化会造成贝类死亡。随着保活时间的延长，糖原含量的下降会降低贝类的感官品质，采用低温无水保活工艺，可以在延长贝类存活期的同时，降低糖原的损耗，使营养损失最低，是目前贝类保活的良好方法。

9.3.3.6　充氧保湿

溶氧量的调节是无水低温保活运输的关键点之一。运输过程中，氧气缺失导致贝类有氧代谢受到限制，机体被迫进行无氧代谢，乳酸大量积累，影响贝肉的口感，乳酸含量累积达到极限则会引起贝类死亡。在运输过程实施增氧措施，可大幅缓解贝类呼吸氧气不充足的状况，减少乳酸等无氧代谢产物的积累，保证运输品质。采用有水保活运输，可以避免无水保活过程中环境水分缺失引起的贝类水分流失以及贝类体液流失，在水的保护下，可以保持保活温度的恒定，避免温度波动；但持续的水体振动会导致贝类能源物质大量损耗，导致贝类生理状态下降，同时运输过程需要携带大量海水，降低了运输效率，增加了运输成本；而在无水保活运输中增设喷淋设备等保湿措施，既可有效缓解无水干运水分散失的状况，又能避免贝类能源物质大量损耗，维持贝类较好的生理状态，保证贝类口感，提高运输效果。

9.3.3.7　防压减震

为避免在贝类的保活运输过程中造成严重的内外部机械损伤，在采取有水保活运输时，应在运输箱底部增加防震减震材料，尽量减少运输车辆晃动以及路况复杂颠簸造成的水体晃动，而达到减少外界震动、拥挤引起的贝类应激反应的效果。要注意水体和贝类之间的比例，不能为提高运输量而大量增加贝类运输数量，避免运输空间拥挤导致贝类相互挤压。无水运输在运输箱内叠放贝类时，要注意叠放密度，避免叠放较多，对底层贝类造成堆积压迫，从而减少外壳裂缝缺损以及碎壳等机械性损伤，尽量采用底面积大的运输箱，适当叠放，进而缓解保活运输产生的应激反应，达到较好的保活运输效果。

当外界条件剧烈改变时，如水中积累的排泄物、温度、氧气、pH 以及运输震荡等条件剧变情况下，水产品将产生应激反应，水产品无氧呼吸、剧烈挣扎，鱼体损伤，导致存活率下降。因此，避免水产动物的运输过程中挣扎，保持镇定状态具有重要的作用。

9.3.3.8　加强运输途中管理

运输之前或者途中都要检查盛装容器是否破损、贝类是否正常、水温及含氧量是否有显著变化。运输用水一定要保证清洁且溶解氧含量要高，途中要勤换水。在运输过程中，由于水产动物生命活动的进行，水体中积累了排泄物、氨氮等，导致水质恶化，微生物滋生，这都将降低运输存活率。因此，有效地改善运输水质条件是重点。

9.4
展望

　　当前我国渔业正处在产业结构战略性调整的关键时期，调整的重点不是水产品数量的简单增减，而是在保障供给的基础上，全面优化产业结构，提高产品质量，其中一个最为重要的目标是提高水产品的质量和效益，解决优质水产品相对不足，进一步提高水产品出口创汇能力。因此，对水产品保鲜的要求也愈来愈高。水产品保鲜工艺技术和装备技术是水产品保鲜不断优化的保障，也是标准化的前提。随着一些新技术的不断研究开展运用，必将对水产品加工与保鲜流通产业链产生深刻影响。产业链的升级必将形成对新标准的需求。推进渔业标准化是渔业产业结构战略性调整的必然要求，加强水产品保鲜标准化，实现技术创新与标准化的结合，二者相互促进和转化，是我国水产品产业可持续发展的重要保障。

　　近年来，贝类保活运输与品质调控技术取得了较快发展，贝类品质和安全进一步提升。但在保活流通与品质调控过程中还存在冷链物流不完善、标准化程度低、品质劣变严重及物流损耗、能耗和成本过高等问题。随着人们生活水平的提高，消费者对贝类等水产品的要求逐渐向鲜活卫生、营养美味、健康安全转变，贝类采捕后的保活流通与品质保持是保障贝类品质与安全的关键，已经成为贝类供应链不可或缺的环节，重要性日益凸显。未来的贝类保活运输与品质保持将向以下几方面发展：①保活流通将与智能冷链物流技术密切结合，通过构建完整的冷链物流体系，实时监测保活流通过程中的状态与参数，并根据需要及时进行调控；同时通过建立追溯平台，实现贝类保活流通的全过程追溯，保障产品的质量与安全；②结合国家节能减排战略，提高运输效能将是贝类保活运输未来的研究重点，节水运输、无水运输将是主要的发展趋势；③贝类品质保持朝规模化、工厂化方向发展。为了提升贝类的品质，在贝类产地和大型集散地建设品质保持车间，解决贝类净化后流通过程中贝类品质和风味劣变的问题；④保活流通与品质保持装备将朝多功能、智能化方向发展，结合保活工艺需求，开发适合中国贝类消费特点的保活流通装备。

第 **10** 章
贝壳后处理装备开发、利用与产品生产指导

贝壳的外层由外套膜分泌的一层透明的有机物质构成，这一层有机物质主要是蛋白质和多糖类物质，它们起到保护和加固贝壳的作用；在贝壳的内部，主要是由钙质组成的晶体结构。贝壳中的钙质以碳酸钙的形式存在，晶体结构呈现出不同的形态。这些钙质晶体排列紧密，形成了贝壳坚硬的外壳。从资源角度来看，贝壳是一种天然的生物矿物资源。虽然贝壳种类众多，但大部分都是由约95%的$CaCO_3$晶体和少量有机质构成。因此，合理开发利用废旧贝类资源可推动我国贝类养殖产业的健康发展，增加海洋碳汇储量。

随着贝类养殖和加工业的快速发展，大量产生废弃的贝壳，截至2021年我国的废弃贝壳量为931.26万吨，且逐年堆积对环境污染愈加严重。据统计，每加工1kg贝类，就会产生300～700g废弃贝壳。上千万吨的贝类加工后，废弃贝壳数量庞大。传统处理方法中，贝壳被随意地堆放或作为固体垃圾统一焚烧处理。虽然此方法可大量处理废弃贝壳，但存在很大的弊端。这样做一方面造成了巨大的资源浪费，堆积如山的废弃贝壳，占用了大量宝贵的土地资源，而且如果废物长时间未经处理，由于附着在贝壳上的肉体残留物的腐烂或微生物将盐分解成气体，可能会造成倾倒场地一片恶臭。另一方面，也给贝类养殖加工业发达地区带来了严重的环境问题，焚烧处理不仅对建设运行、管理水平和设备维修成本要求较高，而且其产生的废气若处理不当，会对环境造成二次污染。

贝壳因其特殊的组成结构、结晶形貌、功能特性及巨大的资源量受到研究者的广泛关注。目前指导开发的主要生产技术较为成熟的产品有牡蛎壳（工艺品、仿生材料、中药材等产品）、不同粒径贝壳颗粒（养殖饲料添加剂、建筑材料等产品）、贝壳粉（装修涂料、水处理吸附材料、缓控释材料、工业添加剂等产品）、氧化钙（化工原料、洗菜粉等产品）。其他可开发指导项目包括贝壳珍珠层粉、环保系列融雪剂产品（颗粒型融雪剂、包覆型颗粒融雪剂、车用及道路液体除冰剂、具有修复路面功能融雪剂等）、珊瑚盐等高附加值产品。

10.1
产品介绍

10.1.1　贝壳颗粒

　　将贝壳直接打成不同粒径的贝壳颗粒产品。由于贝壳中含钙量大于90%，同时含有畜禽体内所需的微量元素，具有促进畜禽骨骼生长、血液循环、增加蛋奶产量等优点，因此可根据需要把滩涂贝壳打成不同粒径的颗粒，作为畜禽饲料的补钙添加剂产品，实现养殖业高质化、环保化的养殖业发展目标。

10.1.2　贝壳粉

　　将贝壳直接打磨成粉，用于装修涂料应用。贝壳粉具备环保功能，能吸附和分解甲醛、苯、TVOC、氨气等有害气体分子；还具有抗菌、抑菌、防火阻燃、避免光污染、防静电、调节室内空气湿度等功能；贝壳粉施工简单，适合大面积涂装；贝壳粉呈白色粉末状，方便储运和施工，干燥时间短，当天施工，当天就可以入住。大面积涂刷的价格适中，适用人群广泛，因此市场承载量比较充分，且原材料纯天然、无污染，可在生态环境中重复循环利用。

10.1.3　贝壳氧化钙

　　贝壳氧化钙由贝壳经过高温炉煅烧而成，可作化工原料，及多种环保产品的原料使用。例如可做成贝壳洗菜粉产品等。农药进入粮食、蔬菜、水果、鱼、虾、肉、蛋、奶中，会造成食物污染，危害人的健康。一般有机氯农药在人体内代谢速度很慢，累积时间长。有机氯在人体内残留主要集中在脂肪中。食用含有大量高毒、剧毒农药残留的食物会导致人、畜急性中毒事故。长期食用农药残留超标的农副产品，虽然不会导致急性中毒，但可能引起人和动物的慢性中毒，导致疾病的发生。贝壳经高温烧炼后研磨成粉末状而制成的贝壳洗菜粉，能有效去除残留农药、蜡质。

10.1.4 贝壳珍珠马赛克及珍珠层粉

贝壳中的珍珠层是由占壳重95%的 $CaCO_3$ 晶体和占壳重仅5%的有机体构成的，由角柱状方解石构成，具有金属光泽。珍珠层中含有丰富的钙质、有机质等成分，可将其打磨成片用于装修背景墙等轻奢装饰材料，磨成珍珠层粉可应用于医疗、美容等行业，还可将其酸解、酶解制成水溶性珍珠层粉，既保持珍珠原有成分和功效，又易溶于水、易吸收利用，是传统珍珠粉的换代产品，水溶性珍珠层粉的药理作用明显优于普通珍珠粉。

10.1.5 贝壳礁

人工鱼礁种类繁多，按材料可分为钢筋混凝土、钢制、石料、玻璃钢、竹制、木制、塑料和废弃物鱼礁。早期用作人工鱼礁材料的轮胎、汽车、船体等废弃物，如果处理不当可能会对海水环境造成污染。贝壳礁是一种新型的环保人工鱼礁，是将废弃贝壳固装制成礁体，投放入海作为人工鱼礁。贝壳礁作为人工鱼礁投入建设和使用，能够降低人工鱼礁建设成本，促进生态渔业和生态旅游的发展，发挥蓝色碳汇的功能，满足保护海洋环境和可持续发展的需求。以废弃贝壳作为贝壳礁材料具有以下优点：来源广，易获得，建设投资少；具有良好的生物亲和性，不会释放碱性物质；表面结构复杂，粗糙度高，能为附着生物提供良好附着基，充分发挥固碳能力；贝壳礁生态系统可更快达到稳定阶段，有利于发挥人工鱼礁生态效应、修复海洋生态环境。

利用废弃贝壳制作人工鱼礁，已成为世界上建设人工鱼礁保护海洋资源环境的重要发展趋势。在国外，20世纪50年代中期，美国就将贝壳（牡蛎壳、扇贝壳、蛤壳和海螺壳等）作为人工鱼礁的材料。但由于不同种类贝壳的性质差异，美国后期的贝壳礁建设主要依赖于牡蛎壳。到2000年，亚拉巴马州近岸共投放 $39500m^3$ 牡蛎贝壳礁。进入21世纪后，日本的人工鱼礁建设就朝着贝壳型鱼礁和高层鱼礁发展，扇贝壳是其贝壳礁建设的主要材料。如在正四棱台框架内放置4组由36个扇贝壳填充的不锈钢网状管道，构成扇贝贝壳礁；将扇贝壳作为人工藻礁新型材料的添加原料；将完整扇贝壳和扇贝壳碎片分别装入圆柱体框架内制成圆柱形贝壳礁单体，再将贝壳礁单体放入正方体架台内，形成贝壳礁。

在中国常使用袋装贝壳礁作为刺参养殖礁体。国内学者通过将贝壳嵌在钢筋混凝土方形框架表面的方法制成了贝壳方礁，如图10-1所示。

图 10-1　抗风浪贝壳礁

常见贝壳礁还有由钢筋混凝土、尼龙网绳和废弃贝壳进行组合而成的方形笼式增殖贝壳礁，如图10-2所示。

图 10-2　废吊笼贝壳礁

针对沿海资源环境状况，研究人员设计并制作了可形成较好流场效应、阴影效应和具抗风浪等作用的贝壳礁，如图10-3所示。

图 10-3 贝壳方礁

10.2
滩涂贝类目标产品生产工艺设计案例

10.2.1 贝壳颗粒、氧化钙、融雪剂等产品

将不同种类滩涂贝壳进行筛选分类后首先要在生产车间进行清洗，根据目标产品进行工艺流程设计，以生产贝壳颗粒、氧化钙、融雪剂等产品为例设计工艺流程图，贝壳生产工艺流程图如图10-4所示，产品如图10-5～图10-9所示。

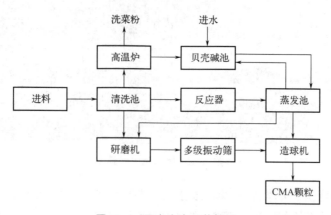

图 10-4 贝壳生产工艺简图

图 10-5　不同粒径贝壳颗粒

图 10-6　珍珠层粉

图 10-7　颗粒型融雪剂　　　　　　图 10-8　环保型融雪剂

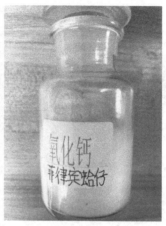

图 10-9　氧化钙

10.2.2　贝壳礁生产工艺案例

10.2.2.1　贝壳装包造礁

采用尼龙网包，网目大小以5cm为宜；选择壳长10cm以上的牡蛎壳，每包装20kg。根据养殖面积的大小，计算需用的网包数量和牡蛎壳重量，装包扎口。选择低潮位（3m左右），用船装运至海区沉底。每公顷选取450个投放点，并用GPS定位定点，每个投放点投放网包5～8个，投放时要快，尽可能做到层叠，每公顷放3000包为宜。

10.2.2.2　苗绳—贝壳复合式人工藻礁

用钢筋焊接成框架式底槽，底槽具有一个底面和四个侧面，该底面的中心焊接一钢板，钢板的中心焊接一立杆，立杆的另一端焊有一个钢环，钢环与底槽用苗绳相连，底槽内盛有贝壳网袋。

框架式钢筋底槽由直径为8mm的钢筋焊接而成，由一个底面和四个侧面组成，规格为80cm×80cm×30cm。底面由相互垂直的两组钢筋焊接而成，相邻钢筋之间的距离均为20cm；四个侧面的规格为80cm×30cm，横向钢筋的间距为15cm，纵向钢筋的间距为20cm；底槽的中心处焊接一个正方形的钢板，规格为20cm×20cm。立杆采用脚手架钢管，管的直径为48mm，长度为70cm，钢环由直径为8mm的钢条围成，直径为10cm。苗绳采用直径为6cm的麻绳，共8根，每根长度在1m左右。贝壳网袋盛有牡蛎和扇贝的贝壳，长约40cm，宽与高约30cm，可装贝壳300～500枚，重量为20kg左右。苗绳与贝壳网袋可投放时组装，钢环与底槽之间可拴8根苗绳，底槽内可装6～8袋贝壳网袋。

10.2.2.3　饵料培养型贝壳混凝土礁

由混凝土制成的空心六面体，在空心六面体的面上均设有开口，贝壳串两端与开口相接，在空心六面体的上面还设有拴耳。

将木头制作成模子，以混凝土浇灌固定于一体，形成空心六面体，六面体尺寸为长80～150cm，宽80～150cm，高80～150cm，在空心六面体的各个表面都开有方形开口，开口为长50～90cm、宽50～90cm，将直径3～6mm的钢筋或不锈钢丝绳穿过相同规格的贝壳制成贝壳串，长度70～110cm，灌注水泥时，将贝壳串拉直两端嵌入开口水泥中。为便于操作，在灌注混凝土时，在六面体顶部对角线两端配设便于拴系投放的拴耳。现场海区布设以群为单位进行投放，礁群每行个体间距2～4m，行间距3～5m，每行投放礁体50～100个，每群20～30行。

10.2.2.4　贝壳方礁的制备方法

选择合适尺寸的钢筋搭建贝壳方礁的底座、支撑柱和横梁结构；对搭建好的贝壳方礁钢筋结构浇灌混凝土；在贝壳方礁浇筑成型且表面混凝土未干时，在支撑柱和横梁表面插入贝壳；待混凝土完全干燥成型，贝壳方礁即可投放使用。

贝壳方礁设有底座、支撑柱和横梁，底座成矩形或正方形，支撑柱有4根，分别位于矩形底座的四个直角处，支撑柱之间连接横梁，构成立方体形，顶部横梁上设有钢筋挂钩，所述的支撑柱和横梁表面上均插有贝壳。底座为边长2.5m的正方形钢筋混凝土结构，底座高20cm，内部镶嵌有钢筋，钢筋直径2～10cm，混凝土材料选用425号硅酸盐水泥。我国2007年颁布的175号通用硅酸盐水泥标准中规定，根据抗压和抗折强度，将硅酸盐水泥划分为325、425、525、625 4个标号。425表示的是水泥的强度等级，其28天的抗压强度不小于42.5MPa。以上结构可以充分保证底座强度；支撑柱有4根，高1.9m，分别位于矩形底座的4个直角处，相邻支撑柱之间各连接5根外横梁，外横梁和支撑柱构成立方体结构，外横梁与支撑柱构成的立方体的一个对面上外横梁之间连接内横梁，支撑柱和横梁内部也镶嵌有钢筋，支撑柱内部钢筋直径为4～10cm，横梁内部钢筋直径为2～10cm；贝壳方礁礁体部分为整体浇筑成型，在礁体浇筑完成之后，待表面未干时，将厚壳贻贝壳整齐插入支撑柱和横梁，贝壳间距以3cm为佳，贝壳采用厚壳贻贝壳，硬度较大，不容易被水流冲击掉落；贝壳方礁在预制时，顶部外横梁设有孔洞，外横梁内钢筋折弯成钩状形成挂钩并露出外横梁，利于投放混凝土方礁时使用自动脱钩装置固定并沉放。

10.2.2.5　贝壳粉末人工鱼礁

首先收集池塘污泥，将其晾干并过筛，收集得50～100目池塘污泥，再按质量比1:5，将池塘污泥颗粒与去离子水搅拌混合，在200～300W下超声分散处理10～15min后，静置8～10h，过滤并收集滤饼，用去离子水洗涤3～5次后，再在65～80℃下干燥6～8h，制备得干燥池塘污泥颗粒；再收集废弃贝壳，将其洗净并晾干，用液压破碎机压碎贝壳并置于65～80℃下干燥6～8h，制备得干燥碎贝壳，随后按质量比1:5，将上述制备的干燥池塘污泥颗粒与干燥碎贝壳混合并置于球磨罐中，球磨3～5h后并过筛，制备得80～120目混合颗粒；接着按重量份数计，分别称量45～50份上述制备的混合颗粒、20～30份复合硅酸盐水泥、55～60份去离子水和2～3份聚羧酸系减水剂置于砂浆搅拌机中，搅拌混合25～30min后，将其浇筑至木质模具中，控制养护温度为20～25℃。相对湿度为95%～96%，待养护20～24h后，脱模制备得鱼礁材料基质；最后按质量比1:5，将上述制备的鱼礁材料基质置于海水中，随后密封浸泡15～20天后，撤去密封条并置于65～80℃下旋转蒸发至干，收集干燥鱼礁材料，再用海水冲洗3～5次，自然晾干后即可制备得一种贝壳粉末人工鱼礁材料。

10.2.2.6　以牡蛎壳为材料的刺参增养殖海珍礁

以牡蛎壳为材料的海珍礁单体包括牡蛎壳、包裹牡蛎壳的网衣、捆扎海珍礁单体的绳索，牡蛎壳装于包裹牡蛎壳的网衣中，包裹牡蛎壳的网衣通过捆扎海珍礁单体的绳索封口；多个（两个以上）以牡蛎壳为材料的海珍礁单体相互堆砌组成以牡蛎壳为材料的海珍礁；多组（两组以上）以牡蛎壳为材料的海珍礁按一定布局投放入养殖海区形成以牡蛎壳为材料的海珍礁群；通过人工投放刺参苗种或者自然采苗，实现刺参的增养殖；经过一年至一年半的时间，刺参可达到商品规格，经人工采捕回收刺参。

牡蛎壳为活体牡蛎加工食用或自然死亡后的普通牡蛎单壳或其他双壳贝类、螺类等的外壳，牡蛎壳的壳高为5cm以上（一般为5～10cm）；包裹牡蛎壳的网衣为多股聚乙烯绳或其他类似的绳索编制而成的网目大小为3cm左右的、一端开口的大网袋；捆扎海珍礁单体的绳索为普通市售聚乙烯绳或其他可用于捆扎的材料。

　　将牡蛎壳投放入包裹牡蛎壳的网衣中，待投放到一定量，海珍礁单体形成直径在40 ～ 100cm的扁圆球体，球体高度在20 ～ 80cm，重量在25 ～ 75kg时，用捆扎海珍礁单体的绳索捆扎网衣端部开口，形成以牡蛎壳为材料的海珍礁单体。

　　多个以牡蛎壳为材料的海珍礁单体相互堆砌组成以牡蛎壳为材料的海珍礁，一般为4 ～ 10组，其堆砌方式为三角锥形，以利于形成上升流，促进营养盐的对流和交换。

　　多组以牡蛎壳为材料的海珍礁按一定布局投放入泥底海域的养殖海区形成以牡蛎壳为材料的海珍礁群；相邻以牡蛎壳为材料的海珍礁之间的距离为2 ～ 5m，具体间距根据养殖海区的底质特征、营养物状况与海流情况确定。

　　在以牡蛎壳为材料的海珍礁群放置的海区，通过人工投放刺参苗种或者自然采苗，实现刺参的增养殖；经过一年至一年半的时间，刺参可达到商品规格，经人工采捕回收刺参。

参考文献

[1] 周大正,丁文勇.耕海牧渔,科技强所[N].温州日报,2023-12-15 (6).

[2] 张品,袁跃峰,黄永赟.多功能滩涂贝类采捕机设计[J].农村经济与科技,2023,34 (23): 74-78.

[3] 吴海玲,吴旗韬,廖开怀,等.全球养殖牡蛎碳汇能力评估[J].水产养殖,2023,44 (10): 75-80.

[4] 任安琪,侯昊晨,王海姮,等.中国水产行业绿色供应链管理综述[J].环境污染与防治,2023,45 (8): 1164-1168.

[5] 王玉瑞,张国琛,张寒冰,等.滩涂贝类采捕机路径跟踪控制仿真分析[J].渔业现代化,2023,50 (4): 41-50.

[6] 孟祥河,李明智,于功志,等.履带式滩涂贝类采收机设计与试验[J].渔业现代化,2023,50 (4): 30-40.

[7] 陈晓军,常力丹,刘雯雯,等.贝壳废弃物资源化利用研究进展[J].山东化工,2023,52 (13): 82-84+88.

[8] 刘法伟.滩涂埋栖贝类振动采捕装备改进及性能试验研究[D].大连:大连海洋大学,2023.

[9] 施恬,李东萍.牡蛎的营养价值及加工利用[J].中国水产,2023, (6): 95-96.

[10] 彭湃,张禹.基于机器视觉的水下视觉成像分析及优化[J].机电信息,2023, (12): 39-41+45.

[11] 安平,王亭亭,赵渊,等.基于深度学习的AUV水下视觉导引检测方法[J].水下无人系统学报,2023,31 (3): 421-429.

[12] 代贤军.滩涂贝类采捕设备初步研究及应用[D].沈阳:沈阳农业大学,2023.

[13] 李明智.海洋牧场贝类播采装备流固耦合分析与试验研究[D].大连:大连海事大学,2023.

[14] 王玉瑞.滩涂贝类采捕机自动行驶控制技术研究[D].大连:大连海洋大学,2023.

[15] 邓越新,郑龙,刘祥鹏,等.扇贝初加工技术研究现状及发展趋势[J].中国食品工业,2023, (5): 80-83.

[16] 潘澜澜,黄炜雯,王泳杰,等.菲律宾蛤仔清洗分级整机设计及参数优化[J].渔业现代化,2023,50 (2): 102-112.

[17] 程海艳,盖广清.废弃贝壳的资源化利用现状[J].建材技术与应用,2022, (6): 29-33.

[18] 郝恩瑞,柴春祥.贝类生物保鲜技术研究进展[J].食品安全质量检测学报,2022,13 (19): 6361-6368.

[19] 许裕良,杜江辉,雷泽宇,等.水下机器人在渔业中的应用现状与关键技术综述[J].机器人,2023,45 (1): 110-128.

[20] 李明智,何瑞麟,陈海泉,等.环境友好型虾夷扇贝捕捞网具优化设计与试验[J].农业工程学报,2022,38 (11): 21-30.

[21] 黄伟.离心式贝类播苗设备设计与试验研究[D].大连:大连海洋大学,2022.

[22] 李航企.滩涂埋栖贝类振动采捕动力学与装备研究[D].大连:大连海洋大学,2022.

[23] 纪登杰.基于扇贝壳的保鲜材料制备及应用[D].连云港:江苏海洋大学,2022.

[24] 邱赛西.利用贻贝壳对TiO_2光催化剂的改性及对室内VOCs的降解研究[D].青岛:青岛大学,2022.

[25] 毕诗杰.太平洋牡蛎在保鲜保活过程中品质变化及其机理的研究[D].保定:河北农业大学,2022.

[26] 黄伟,李秀辰,母刚,等.离心式滩涂贝类播种装置设计与试验[J].大连海洋大学学报,2022,37 (2): 320-328.

[27] 滕炜鸣,郑杰,谢玺,等.大连市牡蛎产业发展现状与建议[J].中国渔业经济,2022,40 (2): 84-90.

[28] 喻俊志,孔诗涵,孟岩.水下视觉环境感知方法与技术[J].机器人,2022,44 (2): 224-235.

[29] 闫春晖.工厂化暂养模式下牡蛎提质净化研究[D].大连:大连海洋大学,2022.

[30] 冯卓意,陈雪梅.贝壳资源的深加工利用[J].材料科学与工程学报,2022,40 (1): 123-128.

[31] 李明智,张光发,刘鹰,等.基于区块链的贝类设施养殖产业资源共享平台[J].海洋科学,2022,46 (1): 76-82.

[32] 杨怡红.滩涂贝类产业发展新契机[J].水产养殖,2021,42 (10): 73-76.

[33] 陆建,周宇,申诚,等.自走式滩涂贝类采捕机研究设计与试验[J].渔业现代化,2021,48 (5): 85-90.

[34] 林恒宗,高加龙,范秀萍,等.双壳贝类净化技术研究进展[J].食品工业科技,2022,43 (11): 449-457.

[35] 陆小鑫.滩涂贝类采捕机研究与试验[J].农机科技推广,2021, (06): 50-51.

[36] 王浩.水下目标物体快速检测与位姿估计方法[D].哈尔滨:哈尔滨工业大学,2021.

[37] 王洪波.废弃贝壳资源化利用现状及研究进展[J].水产养殖,2021,42 (5): 15-19.

[38] 邱天龙,陈文超,祁剑飞,等.贝类净化技术研究现状与展望[J].海洋科学,2021,45 (3): 134-142.

[39] 卢宏博, 李明智, 李尚远, 等. 扇贝苗规格识别与计数统计装置的设计研究 [J]. 海洋科学, 2021, 45 (2): 59-67.

[40] 李明智, 陈海泉, 刘鹰, 等. 扇贝苗规格识别与计数装置优化设计与试验 [J]. 农业工程学报, 2021, 37 (3): 37-46.

[41] 孙天泽, 李明智, 于功志. 虾夷扇贝筏式养殖作业设施装备设计优化 [J]. 乡村科技, 2020, 11 (36): 124-126.

[42] 李莉, 吴莹莹, 宋娴丽, 等. 浅析山东省滩涂贝类养殖现状与技术发展对策 [J]. 水产养殖, 2020, 41 (10): 78-80.

[43] 刘鹰, 张达. 改变低成本同质化竞争现状为 "智慧海洋" 建言 [J]. 东北之窗, 2020, (5): 28-30.

[44] 王清, 朱效鹏, 赵建民. 滩涂生态牧场构建与展望 [J]. 科技促进发展, 2020, 16 (2): 219-224.

[45] 孟磊. 贝壳用于土壤改良的研究进展 [C] // 中国环境科学学会. 2019.

[46] 欧阳杰, 高翔, 徐文其, 等. 中国贝类收获与加工装备研究现状与展望 [J]. 科学养鱼, 2019, (4): 74-76.

[47] 赵晖, 宣卫红, 封家菘, 等. 废弃贝壳循环再生利用技术研究进展 [J]. 金陵科技学院学报, 2019, 35 (1): 34-39.

[48] 王万通, 母刚, 张国琛, 等. 滩涂底质改良与贝类采捕集成设备研制 [C] // 中国水产学会. 2018.

[49] 李海芸. 牡蛎采苗串生产装备控制系统设计与实现 [J]. 中国农机化学报, 2018, 39 (9): 91-94+99.

[50] 欧阳杰, 张军文, 谈佳玉, 等. 贝类开壳技术与装备研究现状及发展趋势 [J]. 肉类研究, 2018, 32 (5): 64-68.

[51] 李明智, 张俊新, 赵学伟, 等. 虾夷扇贝苗计数装置的设计与应用 [J]. 渔业现代化, 2018, 45 (2): 29-35.

[52] 王帅, 刘志东, 曲映红, 等. 贝壳利用研究进展 [J]. 渔业信息与战略, 2018, 33 (1): 30-35.

[53] 李永仁, 张超, 梁健, 等. 天津潮间带春季贝类资源调查 [J]. 海洋科学, 2017, 41 (11): 113-118.

[54] 张德立, 庞洪臣, 庄集超, 等. 一种新型牡蛎壳粉烘干装备结构设计 [J]. 农业装备技术, 2017, 43 (4): 10-12.

[55] 赵学伟, 海水贝类增养殖系列装备研发与示范应用. 辽宁省, 獐子岛集团股份有限公司, 2017-06-12.

[56] 张问采, 贾文月, 张翔. 缢蛏采收机械化的现状与发展趋势 [J]. 福建农机, 2017, (1): 29-30+37.

[57] 代银平, 王雪莹, 叶炜宗, 等. 贝壳废弃物的资源化利用研究 [J]. 资源开发与市场, 2017, 33 (2): 203-208.

[58] 李振华, 滩涂贝类自动化采收技术与装备的研发. 浙江省, 浙江海洋大学, 2016-07-19.

[59] 关天许, 林进杰. 滩涂贝类收取装置设计及效能 [J]. 山东工业技术, 2016, (9): 198.

[60] 陈正, 朱从容, 李振华, 等. 履带式滩涂贝类采收机设计 [J]. 机械工程师, 2015, (12): 136-137.

[61] 李明智, 张光发, 于功志, 等. 扇贝苗分级计数装置的设计与试验 [J]. 农业工程学报, 2015, 31 (21): 93-101.

[62] 刘鹰, 郑纪盟, 邱天龙. 贝类设施养殖工程的研发现状和趋势 [J]. 渔业现代化, 2014, 41 (5): 1-5.

[63] 欧阳杰, 沈建. 中国贝类加工装备应用现状与展望 [J]. 肉类研究, 2014, 28 (7): 28-31.

[64] 赵启蒙, 许澄, 黄雯, 等. 贝类保鲜技术研究进展 [J]. 广东农业科学, 2014, 41 (6): 117-121.

[65] 徐文其, 沈建. 中国贝类前处理加工技术研究进展 [J]. 南方水产科学, 2013, 9 (2): 76-80.

[66] 滕瑜, 刘从力, 沈建. 我国贝类产业化现状及存在问题 [J]. 科学养鱼, 2012, (6): 1-2.

[67] 郑晓伟, 欧阳杰, 沈建. 蛤类滚筒式分级工艺参数优化 [J]. 食品与机械, 2012, 28 (3): 180-182+239.

[68] 杨勤成. 双壳贝类分选装置的研制 [D]. 厦门: 集美大学, 2012.

[69] 陈坚, 柯爱英, 洪小括. 泥蚶与牡蛎净化工艺优化初探 [J]. 上海海洋大学学报, 2012, 21 (1): 132-138.

[70] 郑晓伟, 沈建. 贝类前处理加工质量控制技术初探 [J]. 中国渔业质量与标准, 2011, 1 (3): 38-40.

[71] 郑晓伟, 主要经济贝类前处理技术及装备. 上海市, 中国水产科学研究院渔业机械仪器研究所, 2011-11-28.

[72] 黄丽卿. 福建贝类的资源概况、加工利用现状与发展措施 [J]. 漳州职业技术学院学报, 2011, 13 (2): 48-52.

[73] 乔庆林. 我国贝类净化产业发展战略探讨 [J]. 现代渔业信息, 2010, 25 (10): 3-4.

[74] 徐皓, 张建华, 丁建乐, 等. 国内外渔业装备与工程技术研究进展综述 (续)[J]. 渔业现代化, 2010, 37 (3): 1-5+19.

[75] 徐皓, 张建华, 丁建乐, 等. 国内外渔业装备与工程技术研究进展综述 [J]. 渔业现代化, 2010, 37 (2): 1-8.

[76] 邹新财, 贝类 (活杂色蛤) 保鲜加工技术. 辽宁省, 大连海琳水产食品有限公司, 2006-12-11.

[77] 姜守轩, 杨化林. 贝类养殖技术之四 太平洋牡蛎浅海筏式育肥技术 [J]. 中国水产, 2006, (12): 48.

[78] 刘红英. 贝类深加工产品的研究与开发. 河北省, 河北农业大学, 2002-11-22.